Kants Übergangskonzeption im Opus postumum

Zur Rolle des Nachlaßwerkes für die Grundlegung der empirischen Physik

von

Dina Emundts

Walter de Gruyter · Berlin · New York

♾ Gedruckt auf säurefreiem Papier,
das die US-ANSI-Norm über Haltbarkeit erfüllt.

ISBN 3-11-018052-9

Bibliografische Information Der Deutschen Bibliothek

Die Deutsche Bibliothek verzeichnet diese Publikation in der Deutschen Nationalbibliografie; detaillierte bibliografische Daten sind im Internet über http://dnb.ddb.de abrufbar.

Printed in Germany
Umschlaggestaltung: Christopher Schneider, Berlin

Vorwort

Bei der Entstehung der vorliegenden Arbeit haben mich verschiedene Personen unterstützt, denen ich an dieser Stelle meinen Dank aussprechen möchte. Mein besonderer Dank gilt Rolf-Peter Horstmann. Ebenso danke ich Michael Theunissen. Sie waren Gesprächspartner und Betreuer, wie ich sie mir besser nicht hätte wünschen können. Einen unverkennbaren Einfluß auf die Arbeit hat auch Eckart Förster durch seine Arbeiten und durch unsere Gespräche gehabt. Auch ihm möchte ich an dieser Stelle herzlich danken. Matthias Schloßberger danke ich für seine Anteilnahme, seine Anregungen und für vieles mehr. Weiterhin möchte ich Paul Emundts, Volker Gerhardt, Béatrice Longuenesse, Cathrin Nielsen und Bernhard Thöle für ihre hilfreiche Kritik meinen Dank sagen. Sabine Hassel danke ich für die kompetente Herstellung des Typoskripts, Jacqueline Karl für Hinweise zur Edition von Kants Nachlaßwerk.

Die vorliegende Arbeit wurde von der Philosophischen Fakultät I der Humboldt-Universität zu Berlin im Sommersemester 2003 als Dissertation angenommen. Sie wurde gedruckt mit Hilfe der Geschwister Boehringer Ingelheim Stiftung für Geisteswissenschaften in Ingelheim am Rhein.

Berlin, den 10.3.2004 Dina Emundts

Inhalt

Einleitung

Die vorliegende Arbeit beschäftigt sich mit dem von Kant in seinem Nachlaßwerk, dem sogenannten Opus postumum, geleisteten Beitrag zur philosophischen Fundierung der empirischen Wissenschaften. Der Gehalt der Teile des Nachlaßwerkes, die bis Mitte 1799 entstanden sind, sowie ihre Beziehung zu Kants früheren Schriften erschließt sich durch eine Explikation des Titels ‚Übergang von den Metaphysischen Anfangsgründen der Naturwissenschaft zur empirischen Physik', unter den Kant das in den neunziger Jahren ausgearbeitete Projekt stellt. Dieser Titel läßt sich durch die folgende Frage erläutern: Wie können die durch die *Metaphysischen Anfangsgründe der Naturwissenschaft* zur Verfügung gestellten a priori gültigen Prinzipien in den Erklärungen der empirischen Wissenschaft systematisch zugrundegelegt werden?

Die Aufmerksamkeit wird sich somit besonders auf das Projekt eines Übergangs von den apriorischen Prinzipien der Metaphysischen Anfangsgründe der Naturwissenschaft zu den Prinzipien der empirischen Physik richten. Da weder unmittelbar einsichtig noch unumstritten ist, welche Stellung einem solchen Projekt in der Philosophie Kants zukommt, kann sich die Arbeit nicht nur dem Übergangsprojekt selbst zuwenden. Vielmehr muß sie darüber hinaus die Frage nach der Bedeutung dieses Projekts stellen. Intention ist, das Argumentationspotential der darin angestellten Überlegungen herauszuarbeiten und die Möglichkeit einer Begründung der von Kant unternommenen Schritte bis einschließlich seines sogenannten Ätherbeweises aufzuzeigen. Die Grundzüge von Kants Philosophie werden hierbei weitgehend vorausgesetzt und nicht eigens erörtert. Auch entsprechende Literaturhinweise werden nur angegeben, wenn sie sich direkt auf ein Argument dieser Arbeit beziehen.

Schon ein flüchtiger Blick auf das in dem vorliegenden Buch zu behandelnde Textkorpus wird wohl die Erwartung einer eingehenden Auseinandersetzung mit dem Stand der Naturwissenschaften zu Kants Zeit wecken. Ein Hinweis auf selbstgesetzte Grenzen mag hier hilfreich sein. Inhaltliche physikalische Fragen spielen zwar in der vorliegenden Arbeit (besonders im zweiten Kapitel) durchaus eine wichtige Rolle. Jedoch bleiben die diesbezüglichen Ausführungen aus zwei Gründen grundsätzlich ergänzungsbedürftig. Zum einen werden Kants Erörterungen physikalischer Fragen kaum in den Kontext der zur damaligen Zeit geführten Diskussionen gestellt – wenngleich dies zweifellos möglich wäre und beispielsweise bei der Äthertheorie auch nahe liegt. Diese Diskussionen im Detail auszuführen, wäre eine andere Arbeit gewesen. Zum anderen werden Kants Betrachtungen mehr aus der Perspektive seines philosophischen Systems, weniger als eigenständige Beiträge zur Diskussion physikalischer Fragen betrachtet.

Mein Vorgehen ist durch eine These der vorliegenden Arbeit begründet: Kants Nachlaßwerk verfolgt das Projekt einer philosophischen Fundierung der empirischen Wissenschaften. Dieses Projekt muß zwar auf naturwissenschaftliche Erkenntnisse Bezug nehmen, es befindet sich aber doch auch in einer Distanz zu den physikalischen Erörterungen, indem es diese einer philosophischen Prüfung unterzieht. Zu den im Zusammenhang der Prüfung zu stellenden Fragen gehören nicht zuletzt die nach der Möglichkeit und der Methode einer solchen Fundierung der empirischen Wissenschaften. Da die vorliegende Arbeit vor allem diesen Fragen nachgehen möchte, räumt sie der Frage nach der Funktion eines Übergangs von den Metaphysischen Anfangsgründen zur empirischen Physik vor der Diskussion physikalischer Fragen nicht nur einen Vorrang ein; sie betrachtet auch Kants physikalische Ausführungen vor allem im Lichte der Frage, was sie für die philosophische Fundierungsaufgabe bedeuten.

Noch eine andere Erwartung, die mit der Lektüre der vorliegenden Arbeit verbunden sein könnte, möchte ich möglichst früh enttäuschen. Gegenstand der Arbeit ist nicht das gesamte Nachlaßwerk, sondern nur der Textbestand aus der Zeit bis Mitte 1799. Das Nachlaßwerk umfaßt verschiedene Themen. Neben dem Thema der Fundierung der empirischen Wissenschaften finden sich hier Überlegungen Kants zum Thema ‚Selbstsetzung des Subjekts', zur Idee Gottes und zur Einheit des philosophischen Systems. Ich werde mich mit diesen Themen hier nicht beschäftigen. Ihre Ausblendung ist sowohl im Hinblick auf die Entstehung der hier zu behandelnden Teile des Nachlaßwerkes als auch sachlich gerechtfertigt. Was die Entstehung anbetrifft, so gilt als sicher, daß das Textkorpus, mit dem sich die vorliegende Arbeit beschäftigt, mehr oder weniger zusammenhängend in den Jahren bis einschließlich 1799 entstanden ist, während Kant die oben genannten Themen in der Zeit nach 1799 behandelt hat. Die in den Jahren bis 1799 entstandenen Überlegungen zum Übergang von den Metaphysischen Anfangsgründen zur empirischen Physik hat Kant folglich ohne Rekurs auf die weiterführenden oben genannten Themen angestellt. Dafür, daß eine Auseinandersetzung allein mit den Überlegungen bis Mitte 1799 sachlich interessant ist, muß die vorliegende Arbeit einstehen. Für eine Unabhängigkeit in der Sache zu argumentieren, bedürfte im Fall der Grundlegung der empirischen Wissenschaften und den oben genannten Themen einigen Aufwands. Etwas leichter läßt sich aber eine schwächere These als die der Unabhängigkeit verteidigen: Der in dem Projekt des Nachlaßwerkes bis 1799 verfolgte Anspruch Kants, sein System der Philosophie zu vervollständigen, bezieht sich auf die theoretische Philosophie. Die Gültigkeit der theoretischen Philosophie ist in Kants Philosophie nicht von den Ideen der praktischen Philosophie und auch nicht von dem Nachweis der Einheit der Philosophie abhängig.

Denn Kant greift in der *Kritik der reinen Vernunft* (und auch in anderen Schriften zur theoretischen Philosophie) bei der Rechtfertigung der Erkenntnisse a priori nicht auf diese Themen zurück. Diese These läßt es unter anderem zu, eine Abhängigkeit in umgekehrter Richtung zu behaupten: Die Weise, wie der Nachweis der Einheit der Philosophie erbracht werden kann, könnte abhängig sein von der Ausführung des Systems der theoretischen Philosophie - in all ihren Teilen. So gesehen kann die Auseinandersetzung mit Kants späten naturphilosophischen Ausführungen für die Behandlung der Thesen zur Idee Gottes und zur Einheit der Philosophie interessante Anknüpfungspunkte bieten, jene Themen stellen für das in der vorliegenden Arbeit behandelte Thema aber keine Rahmenbedingungen dar. Da die hier angestellten Überlegungen zur Frage der Gültigkeit von Teilen des Kantischen Systems nicht für das Thema ‚Selbstsetzung' gelten, da dieses in den Bereich der theoretischen Philosophie gehört, wird auf dieses Thema im Zusammenhang der genaueren Explikation der Fragestellung dieser Arbeit im Rahmen dieser Einleitung noch zurückzukommen sein.

Vorab muß aber in das Thema der Fundierung der empirischen Wissenschaften eingeführt werden. Dies soll so geschehen, daß der Aufbau des Kantischen Systems der Naturerkenntnis aufgezeigt wird. Die hier relevante Frage ist die, welche Schritte Kant für die Fundierung von empirischem Wissen als erforderlich ansieht. Den einzelnen Schritten widmet sich Kant mehr oder weniger nacheinander in seinen verschiedenen Schriften zur theoretischen Philosophie. Wichtig für das Projekt der Fundierung der empirischen Wissenschaften sind, wenn man vom Nachlaßwerk zunächst absieht, die folgenden Abhandlungen: die *Kritik der reinen Vernunft*, die *Metaphysischen Anfangsgründe der Naturwissenschaft* - und zwar, wie darzulegen ist, sowohl ihre Hauptteile als auch ihre Anmerkungen - und die *Kritik der Urteilskraft*. Bei diesen einleitenden Betrachtungen wird ferner versucht werden, die Forschungsliteratur zum Nachlaßwerk in den Blick zu nehmen und erste Positionierungen vorzunehmen.

Der Anspruch der kritischen Philosophie Kants ging unter anderem darauf, Notwendigkeit und Allgemeingültigkeit von Gesetzesaussagen zu rechtfertigen und dadurch auch eine Fundierung von Naturwissenschaft liefern zu können. Diesen Anspruch erhebt sie im Zusammenhang mit einem Vorhaben, das, so unterschiedlich man es auch beschreiben kann, jedenfalls darauf zielt, die Quellen, die Möglichkeitsbedingungen und die Reichweite von Erkenntnissen aufzudecken, die nicht aus der Erfahrung gewonnen werden. Vom Resultat dieses Vorhabens hängt folglich auch ab, ob es möglich ist, einen Erkenntnisanspruch bzw. Urteile zurückzuweisen, wenn der für diesen Anspruch erforderliche Bezug der Urteile auf Gegenstände möglicher Erfahrung nicht gegeben ist. Etwas vereinfacht ausgedrückt: In seinem Hauptwerk, der *Kritik der reinen Vernunft*, bestimmt Kant die Grenze sicheren Wissens dadurch, daß er die Möglichkeit einer Erkenntnis a priori erklärt und Erkenntnisse, die zu Recht Notwendigkeit beanspruchen, vollständig inventarisiert.[1]

Eine Fundierung der Naturwissenschaft leistet die *Kritik der reinen Vernunft* selbst noch nicht. Die Grundsätze der Transzendentalphilosophie sind nicht so formuliert, daß sie als inhaltliche Gesetze der Naturwissenschaft gelten könnten, weil in ihnen der Bezug auf etwas, das dem äußeren Sinn gegeben werden kann, noch nicht hergestellt ist. In der *Kritik der reinen Vernunft* ist nur gezeigt, (1) daß sich Begriffe a priori auf etwas, das Gegenstand möglicher Erfahrung werden kann, beziehen müssen, (2) wie sich Begriffe auf Gegenstände beziehen können und (3) wie der Gebrauch dieser Begriffe unter sinnlichen Bedingungen möglich ist. Deshalb muß man die Grundsätze des reinen Verstandes als synthetische Urteile ansehen, die nur die *formalen* Voraussetzungen für den Bezug auf etwas darstellen, das dem äußeren Sinn gegeben ist.

Den Bezug der formalen Gesetze auf etwas herzustellen, das dem äußeren Sinn gegeben werden kann, ist jedoch für das Kantische System von kaum zu überschätzender Bedeutung, weil davon letztlich die Möglichkeit empirischer Erkenntnis und das heißt Erfahrung abhängt. Die diesbezügliche These Kants läßt sich so zusammenfassen: Es ist nur die rationale Physik, die als gültig einzusehende synthetische Sätze a priori über sinnlich Gegebenes aufzustellen und mit ihnen den Nachweis zu erbringen vermag, daß sich mittels der in der Transzendentalphilosophie gewonnenen Begriffe bzw. Grundsätze Objekte der Erfahrung konstituieren lassen. Daß die rationale Physik hiermit eine einzigartige Funktion ausübt, kann man sich durch einen Blick auf die Gesamtanlage des Systems vergegenwärtigen. Kant demonstriert dies im Methodenkapitel der *Kritik der reinen Vernunft* (A 845/B 873 ff).[2]

1 Nimmt Kant in der Vorrede der ersten Auflage der *Kritik der reinen Vernunft* die metaphysikkritische Pointe seines Projekts zum Ausgangspunkt der Darstellung seines Vorhabens (A VII), so gibt er selbst v.a. in der zweiten Auflage seine Metaphysikkritik als Resultat der Erklärung der Möglichkeit einer Erkenntnis a priori aus (B XIX).
Ein Hinweis zur Zitierweise: Die beiden Auflagen (A/B) der *Kritik der reinen Vernunft* und die *Kritik der Urteilskraft* werden wie üblich nach der Originalpaginierung zitiert. Die anderen Schriften Kants werden unter der Abkürzung AA mit Angabe von Band und Seitenzahlen nach der Akademie-Ausgabe von *Kant's Gesammelte Schriften* (hg. von der Preußischen Akademie der Wissenschaften. Berlin 1900 ff) angeführt. Ausnahmen bilden die *Metaphysischen Anfangsgründe der Naturwissenschaft* und der im zweiten Kapitel oft zitierte Briefband XI, die nur mit Band- (IV bzw. XI) und jeweiliger Seitenzahl zitiert werden, sowie die Bände XXI und XXII der Akademie-Ausgabe, in denen der größte Teil des Nachlaßwerkes abgedruckt ist, die nur mit I (statt XXI) bzw. II (statt XXII) und jeweiligen Seitenzahlen (und wenn es zur eindeutigen Lokalisierung der Textstelle erforderlich schien, auch mit Zeilenangabe) zitiert werden. Die Forschungsliteratur wird mit Erscheinungsjahr und Seitenzahl angegeben. Die genaueren bibliographischen Angaben finden sich im Literaturverzeichnis.

2 Die Transzendentalphilosophie gibt danach die Voraussetzung für *reine Vernunfterkenntnis* aus bloßen Begriffen, d.i. philosophische Erkenntnis aus reiner Vernunft. Kant bezeichnet das System der ganzen philosophischen Erkenntnis – und zwar der wahren und der scheinbaren – aus reiner Vernunft als Metaphysik. Da nun im praktischen Teil der Metaphysik die Gesetzmäßigkeit der Handlungen völlig a priori aus Prinzipien abgeleitet werden können soll, meint Kant diesen

Wenn es sich so verhält, dann hängt das Gelingen des Kantischen Projekts zumindest in der Form, in der Kant es präsentiert, unter anderem von der Frage ab, ob sich die Naturwissenschaft unter diesen Voraussetzungen als Wissenschaft mit begründetem Erkenntnisanspruch ausweisen läßt. Wie immer man auch die Einlö-

---

Teil von der Metaphysik als System von Erkenntnissen im engeren Sinne ausschließen zu können. Demgegenüber soll der spekulative oder theoretische Teil der Metaphysik, Metaphysik der Natur genannt, aus der Transzendentalphilosophie und aus der Physiologie der reinen Vernunft bestehen (A 845/B 873). Erstere soll sich nicht auf gegebene Objekte beziehen, sondern die Bedingungen eines solchen Bezugs aufstellen. Sie gehört also als Voraussetzung für philosophische Erkenntnis aus reiner Vernunft zum theoretischen Teil der Metaphysik. Die auf der Transzendentalphilosophie aufbauenden weiteren Teile der Metaphysik der Natur unterscheidet Kant wie folgt: Sie beschäftigen sich insgesamt – im Unterschied zur Transzendentalphilosophie – mit dem Inbegriff *gegebener* Gegenstände. Als gegebene Gegenstände können dann aber zunächst sowohl Gegenstände einer sinnlichen als einer anderen Anschauungsform angesehen werden. Es ergibt sich also die Möglichkeit, zwischen der physischen, die sich ausschließlich auf Gegenstände möglicher sinnlicher Anschauung bezieht, und der hyperphysischen Abteilung der Metaphysik der Natur zu unterscheiden. Erstere unterteilt sich dadurch noch einmal, daß man sich auf Gegenstände des inneren oder des äußeren Sinns beziehen kann, so daß man eine rationale Psychologie von einer rationalen Physik unterscheiden kann; letztere läßt sich aufgliedern dadurch, daß erstens eine Verknüpfung aller empirisch gegebenen Gegenstände als Welt zum Erkenntnisgegenstand gemacht werden soll. Dieser Gegenstand ist kein möglicher Gegenstand einer sinnlichen Anschauung und daher Teil der hyperphysischen Abteilung der Metaphysik. Zweitens kann man über diese Verknüpfung hinausgehend den Grund dieser Verknüpfung in einem höchsten Wesen liegend und dieses höchste Wesen als (hyperphysischen) Gegenstand denken. Diese beiden hyperphysischen Abteilungen der Metaphysik stellen für Kant die rationale Kosmologie und rationale Theologie dar. Prüft man nun die Systemteile darauf, in welchem Bereich nach den Vorgaben der *Kritik der reinen Vernunft* synthetische Erkenntnisse a priori als philosophische Vernunfterkenntnisse möglich sind, die nicht als scheinbare Erkenntnisse gelten müssen, so kommt nur die rationale Physik und Psychologie in Frage. Aufgrund der Vorgaben der Transzendentalphilosophie kann es in der rationalen Kosmologie und Theologie keine Erkenntnisse geben, da sie sich auf etwas beziehen, das nicht Gegenstand möglicher Erfahrung werden kann. Die Psychologie wird von Kant in den *Metaphysischen Anfangsgründen der Naturwissenschaft* mit der Begründung aus dem Bereich genuiner Vernunfterkenntnis ausgeschlossen, daß für Erkenntnisse a priori die Darstellbarkeit der das Objekt dieser Erkenntnisse bezeichnenden Begriffe in der reinen Anschauung eine notwendige Bedingung ist und daß diese Bedingung bei den für die Vorstellungen des inneren Sinns relevanten Begriffen nicht erfüllt werden kann. In der Psychologie können folglich nur empirisch gültige Urteile formuliert werden. Ohne dies hier näher rechtfertigen zu müssen, ist deshalb klar, daß Erkenntnisse a priori in einem System der Metaphysik, welches auf der Transzendentalphilosophie beruhen soll, nur im System der rationalen Physik möglich sind. Damit stellt dieser Bereich innerhalb der Metaphysik für die Transzendentalphilosophie den Bereich dar, dem allein die Aufgabe zukommen kann zu zeigen, wie deren Begriffe Objekte der Erfahrung konstituieren und wie sich allgemeine Gesetze als Gesetze von möglichen sinnlich gegebenen Gegenständen der Erfahrung interpretieren lassen.

Plaaß (1965) hat die hier angeführten Ausführungen des Methodenkapitels seiner These zugrundegelegt, daß die für die Möglichkeit der Erfahrung konstitutiven transzendentalen Begriffe erst in den *Metaphysischen Anfangsgründen* eine sichere Grundlage erhalten. Dagegen hat Hoppe (1969) argumentiert, daß der Bezug dieser Kategorien auf mögliche Erfahrung schon durch die transzendentale Deduktion der *Kritik der reinen Vernunft* gegeben werde. Dies ist nur dann ein berechtigter Einwand, wenn man (wie Plaaß ansatzweise) die Aufgabe der *Metaphysischen Anfangsgründe* darin sieht, diesen Bezug zu ermöglichen (nicht z.B. auszuführen). Die These von Hoppe, daß Kant in der oben angeführten Stelle (A 845/B 873) nicht sein Projekt beschreibe, sondern sich auf die traditionelle Ontologie beziehe, ist darüber hinaus auch nicht überzeugend, vgl. dazu Wolff-Metternich (1995),113 ff.

sung dieser Aufgabe näher kennzeichnen mag – es ist bereits hier einsichtig, daß eine Kritik des Projekts der Transzendentalphilosophie in Form einer Kritik an der Durchführung dieser Aufgabe möglich ist. Bei der Auseinandersetzung mit Kants Nachlaßwerk, dem sogenannten Opus postumum, ist schon immer diskutiert worden, ob eine solche Kant-Kritik sich bei Kant selbst findet, indem er sich mit seinem Nachlaßwerk in diesem Sinne kritisch auf seine früheren Schriften bezieht. Denn einerseits ist es offensichtlich so, daß Kant darin das Projekt einer Fundierung der Naturwissenschaft weiterführt. Andererseits scheint er im Zuge seiner Überlegungen zur Fundierung der Naturwissenschaft zentrale Aspekte seiner kritischen Philosophie zu modifizieren.

Diesen Modifizierungen nachzugehen, ihre Gründe aufzuspüren und ihre Richtung zu bestimmen, ist daher im Zusammenhang mit dem Nachlaßwerk eine der wichtigsten Interpretationsaufgaben. Der Ausgangspunkt der meisten einschlägigen Arbeiten ist die sich hier unmittelbar anbietende These, das Nachlaßwerk ziehe die Konsequenz aus der Einsicht Kants, daß sein transzendentalphilosophisches, durch die drei Kritiken und die *Metaphysischen Anfangsgründe der Naturwissenschaft* repräsentiertes Programm einer Grundlegung der Naturwissenschaft als gescheitert anzusehen sei. Die These ist in unterschiedlicher Weise ausgeführt worden. Es gilt nun, die in diesen Arbeiten ausgezogenen Interpretationslinien nachzuzeichnen und vor ihrem Hintergrund die Perspektive und Linie der vorliegenden Arbeit zu entwickeln.

A. Kants Nachlaßwerk. Seine Rolle bei der Grundlegung der Naturwissenschaft

Das Projekt einer Fundierung der Naturwissenschaft ist in der bisherigen Darstellung implizit mit dem gleichgesetzt worden, was Kant in den *Metaphysischen Anfangsgründen der Naturwissenschaft*[3] (1786) ausgeführt hat. Diese Schrift nimmt auch die kenntlich gemachte Aufgabe wahr, indem sie alles, was wir a priori über einen möglichen Gegenstand der äußeren Sinne wissen können, systematisch entfaltet. In diesem Zusammenhang führt Kant den Begriff der Materie als einen Begriff ein, der den möglichen Gegenstand der äußeren Sinne bezeichnet.

Dennoch wird man mit Blick auf die dritte Kritik, die *Kritik der Urteilskraft*, ergänzen müssen, daß eine vollständige Einlösung des Anspruchs einer Fundierung der Naturwissenschaft die Lösung einer zweiten Aufgabe verlangt. Denn es besteht nicht nur die im letzten Absatz dargelegte Aufgabe (1), allgemeine apodiktisch gewisse Naturgesetze aufzustellen, sondern man muß darüber hinaus (2) auch aufzeigen, wie Gesetze über spezifische Formen der Erscheinungen, also ‚empiri-

---

3 Im folgenden werde ich oft verkürzt nur von den *Metaphysischen Anfangsgründen* sprechen. Wenn sie nicht kursiviert sind, ist nicht der Titel von Kants Werk, sondern der so betitelte Systemteil gemeint.

sche Gesetze', sich mit dem Anspruch auf Notwendigkeit formulieren lassen. Die Überlegung in Bezug auf (2) ist kurz gesagt etwa die, daß ‚empirische Gesetze' die Idee der Natur als für uns prinzipiell erkennbaren und durchgängig systematisierbaren Gesetzeszusammenhang voraussetzen. Dies deshalb, weil erst diese Idee das Geltungskriterium für empirische Gesetze an die Hand gibt, demzufolge ein hypothetisch formuliertes Gesetz sich in den Gesamtzusammenhang der (empirischen) Gesetze einordnen lassen muß, um als Gesetz zu gelten. Geht man nun weiterhin davon aus, daß die Erkenntnis empirischer (Kausal-)Gesetze möglich sein muß, um überhaupt Erfahrungserkenntnisse (im Unterschied zu bloßen Verknüpfungen von Wahrnehmungen) haben zu können, dann kann man unter Zugrundelegung einer bestimmten Vorstellung dessen, was die Transzendentalphilosophie zu leisten hat, behaupten, daß der Nachweis der Möglichkeit empirischer Gesetze Bestandteil der Transzendentalphilosophie werden muß. Gleichwohl verbieten die Vorgaben der *Kritik der reinen Vernunft* zu sagen, die Natur sei objektiv so verfaßt, daß wir solche spezifischen Gesetze erkennen können. Daher, so die Überlegung, führt Kant in der *Kritik der Urteilskraft* das Prinzip der Zweckmäßigkeit als *transzendentales* Prinzip der *Urteilskraft* ein.

Was das Nachlaßwerk und seinen Anteil an der Aufgabe der Grundlegung der Naturwissenschaft angeht, so lassen sich die vorliegenden Interpretationen zunächst auf zwei Hauptlinien anordnen. Sie unterscheiden sich darin, daß die eine die oben erwähnte rationale Physik und deren Programm der Aufstellung apodiktisch gewisser Naturgesetze selbst für gescheitert erklärt,[4] während die andere davon ausgeht, daß die späte Selbstkritik Kants die weitergehenden Ausführungen der dritten Kritik betrifft.[5] So wurde in mehreren Varianten die Interpretation vorgetragen, daß das Nachlaßwerk und insbesondere das darin zum *Äther* Ausgeführte als Versuch Kants anzusehen sei, gewissen Schwierigkeiten zu begegnen, auf die er entweder bei der Aufstellung apodiktisch gewisser Naturgesetze oder bei der Rechtfertigung der Möglichkeit, von empirischen Gesetzen zu sprechen, gestoßen ist.

Beide Annahmen führen schnell dazu, die Gedankengänge des Nachlaßwerkes für eine Revision der kritischen Philosophie insgesamt zu halten. Sie machen das Nachlaßwerk zur Reaktion auf Probleme, die, grob gesagt, so grundsätzlicher Natur sind, daß sie nur mit radikalen Mitteln zu lösen wären. Schon vor jeder näheren Ausführung dürfte deutlich sein, daß sowohl das Projekt der Fundierung der Naturwissenschaft im engeren Sinne – das heißt die rationale Physik als System apodiktisch gewisser Gesetze – als auch das um die Annahme eines transzendentalen

---

4 Tuschling (1968). In anderer Weise gilt dies auch in Försters Augen (2000). Es gibt, wie sich später zeigen wird, noch weitere Varianten dieser These, als deren Vertreter z.B. Hoppe (1969), Blasche (1991), gelten können.

5 Als Vertreter dieser These können beispielsweise gelten: Lehmann (1939); Mathieu (1989); Schulze (1994).

Prinzips der Urteilskraft erweiterte Projekt zu der Behauptung einladen, Kant habe, durch Zweifel an seinen bisherigen Realisierungen von verschiedenen erforderlichen Fundierungsaufgaben veranlaßt, sein kritisches Unternehmen im Ganzen als gefährdet betrachtet und diese Aufgaben erneut und mit der Bereitschaft zu grundlegenden Änderungen in Angriff genommen.

Gegenüber den ausgezogenen Interpretationslinien will ich in meiner Arbeit eine andere These zur Rekonstruktion des Nachlaßwerkes verfolgen. Sie läßt sich kurz so formulieren: Kant setzt sich im Nachlaßwerk (bis Ende 1799) mit einer spezielleren Frage im Zusammenhang der Fundierung empirischer Physik auseinander.[6] Es ist, grob gesagt, die Frage, wie a priori gültige Prinzipien und Urteile von der Art der in den *Metaphysischen Anfangsgründe der Naturwissenschaft* betrachteten, in der empirischen Physik als systematischer Wissenschaft zugrundegelegt werden können.

Bei dem Versuch einer Ausweisung dieser These müssen wir das Projekt der Fundierung einer Naturwissenschaft selbst noch einmal genauer in den Blick nehmen und die einzelnen sich mit ihm stellenden Aufgaben prüfen. Gegen die zwei Aufgaben, von denen die den oben skizzierten Linien folgenden Interpreten annehmen, daß Kant ihre Lösung als für die Fundierung der Naturwissenschaft unbedingt notwendig erachtet, hebt sich noch eine dritte Aufgabe ab. Die erste oben erwähnte Aufgabe einer Fundierung der Naturwissenschaft, die Aufstellung apodiktisch gewisser Naturgesetze, erfüllt er in den auf die Grundsätze bezogenen Lehrsätzen der *Metaphysischen Anfangsgründe*. Mit der zweiten, nämlich zu zeigen, wie man innerhalb der Anlage seiner Philosophie von ‚empirischen Gesetzen' reden kann, befaßt sich die *Kritik der Urteilskraft*. Von beiden zu unterscheiden ist die Frage, wie *empirische* Naturforschung systematisch auf Prinzipien und Urteile der *Metaphysischen Anfangsgründe* Bezug nehmen kann. Sie stellt die dritte Aufgabe dar und wird ansatzweise in den Anhängen zu den einzelnen Hauptabschnitten der *Metaphysischen Anfangsgründe* beantwortet. Sie ist dann aber ausführlich Thema im Nachlaßwerk.

---

6 Es gibt in der Forschungsliteratur verschiedene Positionen, die der These zugeordnet werden können, daß das Opus postumum eine an die *Metaphysischen Anfangsgründe* anschließende, aber von diesen zu unterscheidende Fragestellung hat. Adickes (1920) hat die These vertreten, daß Kant sich hier (zunächst) Thesen der Naturphilosophie zuwendet, die er als ‚zu spekulativ' zurückgestellt hatte. Gloy (1976), die die Frage nach dem Thema des Opus postumum allerdings sehr kurz abhandelt, meint, Kant beschäftige sich hier mit der spezielleren Aufgabe der Aufstellung des Systems der spezifischen Verschiedenheit der Materie. Friedman (1992a) hat die These ausgeführt, daß Kant sich im Opus postumum mit neueren naturwissenschaftlichen Fragen (v.a. der Chemie) beschäftige, die der reflektierenden Urteilskraft unterstünden, und deren Verhältnis zu den *Metaphysischen Anfangsgründen* zu klären sei. Gegenüber diesen Thesen, die das Verhältnis zu den früheren Schriften für weitgehend unproblematisch halten, will ich zeigen, daß der Zusammenhang sehr viel komplizierter und mit philosophisch-systematischen Vorstellungen Kants verknüpft ist.

Wie die These, im Nachlaßwerk gehe es um die Fundierung der empirischen Physik als Wissenschaft, im Einzelnen durchzuführen ist und wie das Nachlaßwerk von ihr aus auf die früheren Schriften zu beziehen ist, läßt sich hier noch nicht zeigen. An dieser Stelle ist nur erst zu fragen, was man sich unter dem Projekt einer Fundierung der empirischen Wissenschaft eigentlich vorzustellen hat. Die folgenden Ausführungen nehmen ihren Ausgang bei Kants Wissenschaftsbegriff. Angeleitet sind sie von der Frage, wie die (empirische) Physik als Wissenschaft ausgewiesen werden kann. Vorausgesetzt wird allerdings, daß es synthetische Urteile a priori gibt.

Wissenschaft ist für Kant ein System, das synthetische Sätze a priori enthält. Was die Physik betrifft, so muß Kant also aufweisen, daß (und inwiefern) die Physik ein System darstellt und wie sie dem Anspruch auf Notwendigkeit ihrer Sätze gerecht werden kann. Geometrie und Aritmethik als Beispiele für Wissenschaften zeigen, daß das System einer Wissenschaft auch ausschließlich aus Sätzen *a priori* bestehen kann (B 14 ff), welche im Allgemeinen synthetisch sind. Da dies auf die Physik evidenterweise nicht zutrifft, so ist erst zu klären, inwiefern sie synthetische Sätze a priori enthält.

Ein System der a priori gültigen Sätze der Naturwissenschaft stellen die *Metaphysischen Anfangsgründe der Naturwissenschaft* dar. Sie bilden, folgt man Kants in dieser Schrift gegebenen Charakterisierung, – gemeinsam mit mathematischen Prinzipien und Konstruktionen – den reinen Teil der Naturwissenschaft, auf dem sich die apodiktische Gewißheit der Naturwissenschaft gründet (IV, 470 vgl. auch A 846/B 874). Man kann daher sagen: Wenn ein physikalisches Gesetz auf die Naturgesetze der *Metaphysischen Anfangsgründe* direkt zurückführbar ist, ist es ein apodiktisch gewisses Naturgesetz. Eine Wissenschaft muß aber nach der oben herangezogenen Charakterisierung Kants nicht nur synthetische Sätze a priori enthalten, sondern auch ein System darstellen. Ein System ist, so Kant, die Ordnung mannigfaltiger Erkenntnisse unter einer ‚Idee'. Diese ist „der Vernunftbegriff von der Form eines Ganzen, sofern durch denselben der Umfang des Mannigfaltigen sowohl, als die Stelle der Teile untereinander, a priori bestimmt wird." (A 832/B 860) Unter einer ‚Idee' versteht Kant also einen architektonisch gegliederten Plan des Ganzen einer Wissenschaft. Da jeder architektonisch gegliederte Plan erstens Rechenschaft über den Status seiner Prinzipien ablegen und zweitens die Form eines ‚Ganzen' haben muß, die nur die Vernunft vorgeben kann, ist die Aufstellung eines Plans in Kants Augen immer eine philosophische Aufgabe.[7] Wenn die *Metaphysischen Anfangsgründe der Naturwissenschaft* sich als System der synthetischen Sätze a priori ausweisen lassen, welche die Physik enthält, machen sie diese zur Wissenschaft.

7 Vgl. hierzu Horstmann (2004).

Nun gilt es jedoch zu bedenken, daß die *Metaphysischen Anfangsgründe* nicht mit der Physik als Wissenschaft insgesamt zu identifizieren sind. Die Physik läßt sich als eine Bewegungslehre begreifen, die sowohl reine als auch empirische Prinzipien hat. Mit Rücksicht darauf unterscheidet Kant zwischen reiner (rationaler) Naturwissenschaft oder Physik und der „eigentlichen (empirischen)“ Physik (B 20 Anm. vgl. auch A 846/B 874). Und mit Blick auf den Begriff der Physik als ‚empirischer', der gegenüber dem der rationalen einen größeren Umfang hat, ist auch beispielsweise folgende Stelle aus der *Ersten Einleitung* der *Kritik der Urteilskraft* zu lesen:

> „Wenn zu dem, was geschieht, blos der Erklärungsgrund gefunden werden soll, so kann dieser entweder ein empirisches Prinzip, oder ein Prinzip a priori, oder auch aus beyden zusammengesetzt seyn, wie man es an den physisch//mechanischen Erklärungen der Eräugnisse in der körperlichen Welt sehen kann, die ihre Principien zum Theil in der allgemeinen (rationalen) Naturwissenschaft, zum Theil auch in derjenigen antreffen, welche die empirische Bewegungsgesetze enthält.“ (AA XX, 237).

Bedenkt man dies, so stellt sich erneut die Frage, wie die synthetischen Sätze a priori der empirischen Physik zugrundeliegen und wie sie ein System bilden können. Bevor diese Frage beantwortet werden kann, ist zunächst zu klären, was empirische Physik ist.

Die ‚empirische' Physik kann auf Gesetze zurückgreifen, die in den *Metaphysischen Anfangsgründen* als apodiktisch gewisse Naturgesetze ausgewiesen wurden. Diese Gesetze werden mit Bezug auf bestimmte empirische Phänomene spezifiziert. Ein Beispiel hierfür ist das Verhältnis des Gesetzes der Anziehungskraft (aus dem Dynamikhauptteil der Schrift) zum Gravitationsgesetz, das die Gravitationskonstante als ein empirisch ermitteltes Element einführt. Ein anderes (allerdings von Kant selbst später problematisiertes) Beispiel wäre der synthetische Satz: Alle Körper sind schwer. Da a priori gewiß zu erkennen ist, daß allem Beweglichen im Raum Anziehungskräfte als Fernwirkungskräfte zukommen, die Wirkung der Anziehungskräfte darin besteht, daß Körper auf den Körper, der mit der größten Anziehungskraft ausgestattet ist, zustreben und dieses Streben die Schwere genannt wird, läßt sich auch a priori gewiß erkennen, daß Körper (relativ aufeinander) schwer sind (IV, 518). Den von der Physik aufgestellten Gesetzen liegen also in solchen Fällen a priori erkennbare Naturgesetze zugrunde. Aufgrund dieser notwendigen Gesetze gilt die Physik als strenge Wissenschaft. Die *Metaphysischen Anfangsgründe* schließen sich, wie gesagt, zu einem System der strengen Wissenschaft zusammen, zu einer gegliederten Darstellung von allem, was vorkommen kann.

Die Physik erschöpft sich aber nicht in der Aufstellung bzw. Spezifikation a priori gewisser Gesetze. Sie hat es in weit größerem Umfang mit, vage ausgedrückt, Körpern und ihren Bewegungen zu tun. Dabei gilt zwar von Körpern, was nach den *Metaphysischen Anfangsgründen* auf jeden Materieteil im Raum zutrifft, da die

Metaphysischen Anfangsgründe die apodiktisch gewissen Gesetze über etwas Bewegliches im Raum formulieren. Jedoch unterliegen die Körper und ihre spezifischen Bewegungen auch Wirkungen, die nicht a priori erkannt werden können. Auf sie Bezug nehmende Gesetze sind, was ihre Gültigkeit anbetrifft, nicht durch die allgemeinen Naturgesetze der *Metaphysischen Anfangsgründe* gedeckt.[8] Diese Wirkungen sind bei der Formulierung und Überprüfung von spezifischen physikalischen Gesetzen aber zu berücksichtigen. Möglicherweise kann die Physik sogar Bewegungsgesetze aufstellen, in denen diese empirischen Prinzipien eine beweistragende Rolle spielen. In jedem Fall hat die Physik als empirisch verfahrende, auf Beobachtung und Experiment angewiesene Wissenschaft unterschiedlichste Phänomene einzubeziehen, wie verschiedene Dichtigkeiten von Materien[9], Magnetismus oder auch Kohäsionskräfte. Man kann sie daher als eine (reine oder angewandte) Bewegungslehre bezeichnen, die alle Wirkungen, denen die Körper unterliegen, auf *bewegende Kräfte* zurückführen muß. Daß die Physik in Kants Augen alle Wirkungen auf bewegende Kräfte zurückführen muß, ist hier vorerst nur zu konstatieren. Diese Auffassung hängt mit Kants im Dynamikteil der *Metaphysischen Anfangsgründe* entwickelten These zusammen, daß die Qualität der Materie (nur) durch Kräfte erklärbar ist (vgl. Kapitel 1).

Es ist nun, Kants Einsicht zufolge, nicht möglich, daß die empirische Naturforschung ohne einen ihren Experimenten und Beobachtungen zugrundeliegenden Plan dem Anspruch einer systematischen Wissenschaft genügt (B X). Um Physik als eine (auch) empirische Wissenschaft zu etablieren, ist erstens a priori ihr Umfang anzugeben, das heißt: ein vollständiger Plan ihrer Glieder aufzustellen und zweitens aufzuzeigen, wie die für sie relevanten Prinzipien und Begriffe systematisch zusammenhängen. Man wird demnach zwei Systeme der Physik anbieten müssen: dasjenige, welches die reinen Prinzipien enthält und die Sätze, die „im Anfange der eigentlichen (empirischen) Physik vorkommen" (B 20 Anm.), und das

---

8 Ihren Anspruch auf Geltung, der mit der Form des Gesetzes zusammenhängt, begründen die transzendentalen Grundsätze, wie sie in der *Kritik der reinen Vernunft* formuliert sind. (Das Verhältnis von Grundsätzen und empirischen Gesetzen ist viel diskutiert worden. Vgl. u.a. Beck (1981) und Buchdahl (1992). In der vorliegenden Arbeit wird vorausgesetzt: Mit der Aufstellung der Grundsätze wird behauptet: (1) daß jedes Ereignis eine Ursache hat und (2) von uns, wenn wir uns auf es mit einem objektiven Urteil beziehen wollen, unter die Form des Kausalgesetzes zu bringen ist.) Was die Geltung der *spezifischen* Prinzipien und Erklärungen anbelangt, so ist hier auf die *Kritik der Urteilskraft* zu verweisen (vgl. Kap. 1 C). Von der Frage der Gültigkeit muß die nach dem Inhalt unterschieden werden: Der Inhalt, also dasjenige, was in den Gesetzen an Erklärungsprinzipien vorkommen kann, ist, wie sich in der vorliegenden Arbeit zeigen wird, allerdings durch die allgemeinen Naturgesetze und Prinzipien der *Metaphysischen Anfangsgründe* vorgegeben. Denn empirische Gesetze bedürfen eines Bezugs zu dem, was a priori gewiß ist, und die Grundsätze geben gar keinen Inhalt vor.

9 Ich habe in dieser Arbeit zumeist (dem Sprachgebrauch Kants folgend) von ‚Materien' (im Plural) und nicht von ‚Materie' gesprochen, um an den entsprechenden Stellen den Unterschied zur ‚Materie überhaupt' auf der einen Seite und zur (später wichtigen) ‚formlosen Materie' auf der anderen Seite hervorzuheben.

umfänglichere, welches auf einem systematischen Plan aller (möglichen) bewegenden Kräfte basiert. Wie das im Detail auszusehen hat, läßt sich an dieser Stelle noch nicht zeigen. Jedoch können wir im Rahmen dieser ersten Vorverständigung das Projekt einer Fundierung der empirischen Physik dadurch noch genauer bestimmen, daß wir die Chemie in unsere Überlegungen einbeziehen.

In den *Metaphysischen Anfangsgründen* führt Kant die Unterscheidung von eigentlicher und uneigentlicher Wissenschaft ein. Anders als die Gesetzesaussagen der Physik stellen die der Chemie niemals nur eine Spezifikation von apodiktisch gewissen Gesetzen dar. Die Physik ist eigentliche Wissenschaft, sofern ihr reiner Teil ihren (empirischen) Gesetzen apodiktische Gewißheit verleiht. Ist die Physik, wie oben behauptet, nicht mit den *Metaphysischen Anfangsgründen* zu identifizieren, so ist dieses ‚sofern' auch im Sinne von ‚soweit' oder ‚so viel' zu verstehen. Wenn die empirische Physik in ihren Erklärungen dem für eine Naturwissenschaft wesentlichen Anspruch auf Notwendigkeit im strengen Sinne nicht genügt, dann ist sie keine eigentliche Wissenschaft. Andernfalls wäre Kants Bemerkung unverständlich, daß in jeder besonderen Naturlehre nur so viel eigentliche Wissenschaft anzutreffen sei, als Mathematik in ihr anzutreffen ist.

Darin, daß die Physik durch diese Festlegung einen eigentümlichen Zwischenstatus erhält, nämlich eigentliche und uneigentliche Wissenschaft zu sein – je nach dem Typ ihrer Gesetze – , sieht Kant offenbar kein Problem. Vielmehr bildet der Zwischenstatus der Physik in seinen Augen nur die Tatsache ab, daß in dieser Wissenschaft verschiedene Arten von Prinzipien sich mischen. Kant meint mit dieser Tatsache besonders gut umgehen zu können, weil er die Mittel dafür bereitstellt, die jeweiligen Aussagen der Physik leicht auf ihre Gültigkeit zu prüfen (IV, 473). Man könnte auch sagen: Weil die empirische Physik als Wissenschaft sich sowohl auf empirische als auch auf apriorische Prinzipien bezieht, ist sie für Kant von besonderem Interesse.

Die Chemie ist, wie Kant in der Vorrede zu den *Metaphysischen Anfangsgründen* nachdrücklich behauptet, keine eigentliche Wissenschaft. Die Erklärung dafür, daß deren Gesetzesaussagen nicht den Ansprüchen einer eigentlichen Wissenschaft genügen, lautet kurz zusammengefaßt: Der Erklärungsgrund für dasjenige, was hier erklärt werden soll, ist ein bloß empirisches Prinzip. Ein Beispiel für einen derartigen Erklärungsgrund wäre eine Materie, die andere Materien aufgrund bestimmter Eigenschaften chemisch durchdringt und so eine Ausdehnung des eingenommenen Volumens bewirkt.

Will man etwas ausführlicher werden, so kann man auf die Hauptteile der *Metaphysischen Anfangsgründe* hinweisen, die nach ihrer inhaltlichen Seite die Grenze der eigentlichen Wissenschaft festlegen und damit auch die mangelnde Wissenschaftlichkeit der Chemie begründen. Es ist für die Wissenschaften erforderlich, sich jenseits der Grenze dessen, was a priori gewußt werden kann, als empirische, wenn auch anhand eines Planes vorgehende Wissenschaft zu betätigen. Die *Meta-*

physischen Anfangsgründe bestimmen die Materie als etwas Bewegliches im Raum. Chemische Wirkungen (von Materien aufeinander) definieren sie als solche, die Materien unabhängig von einer Bewegung im Raum (also auch in Ruhe durch eigene Kräfte) aufeinander ausüben können. Als nicht auf Bewegung im Raum zurückführbare Bewegungen fallen chemische Wirkungen damit aus dem Bereich heraus, über den man apodiktisch gewisse Aussagen machen kann.

Im Ausgang von diesen Überlegungen läßt sich das Projekt einer Fundierung der empirischen Physik in folgenden Gedankenschritten weiter verständlich zu machen:

(1) Angenommen, alle Körper unterliegen Wirkungen, die von bewegenden Kräften verursacht sind, welche durch Materien in Ruhe oder durch im Raum bewegte Materien ausgeübt werden, so sind die von in Ruhe befindlichen Materien ausgehenden Wirkungen als chemische Wirkungen zu bezeichnen, während die Wirkungen der zweiten Art, also die, welche im Raum bewegte Materien ausüben, letztlich auf die apriorischen Prinzipien der *Metaphysischen Anfangsgründe* zurückführbar, weil sie als Bewegungen im Raum darstellbar sind.[10] Folglich gilt, daß Erklärungen der Wirkungen von Körpern aufeinander entweder auf reine oder auf empirische Prinzipien oder auf beide zugleich verwiesen sind, wobei die empirischen sich nun als chemische definieren lassen.

(2) Wenn das so ist, dann bilden chemische Wirkungen als Wirkungen von Materien aufeinander einen Teilbereich der empirischen Physik.[11] Denn die empirische Physik, die nicht mit der rationalen Physik zu identifizieren ist und ihr gegenüber einen weiteren Umfang hat, untersucht Körper und deren Wirkungen aufeinander auch umfassender. Die Gültigkeit ihrer Aussagen ist dabei an ihrer Beziehung zu den *Metaphysischen Anfangsgründen* abzulesen. Eine strenge Wissenschaft ist die Physik verstanden als die Wissenschaft, die nur Bewegungsgesetze von Beweglichem im Raum aufstellt. Insofern ist sie der Chemie als uneigentlicher Wissenschaft entgegengesetzt.

---

10 Hier könnte man einwenden, daß beispielsweise die Gravitationskraft eines *ruhenden* Körpers auf andere Körper wirke, diese Kraft aber gleichwohl als eine ‚physikalische Kraft' angesehen werden muß. Jedoch ist nach dem (an Newton orientierten) Mechanikteil der *Metaphysischen Anfangsgründe* eine solche Wirkung mit einer Gegenwirkung verbunden, die eine (sei es auch minimale) Veränderung im Raum ist.

11 Dafür spricht folgendes: In der *Allgemeinen Anmerkung zur Dynamik* werden chemische Wirkungen unter dem vierten Moment (also nach Dichtigkeit etc.) analysiert. In der *Kritik der reinen Vernunft*, Einleitung der 2. Auflage, führt Kant (B XII f), Stahl und Torricelli neben Galilei als Vertreter für die Naturwissenschaft an, sofern sie auf empirischen Prinzipien beruht. Er scheint hier also zwischen Chemie und Physik keinen prinzipiellen Unterschied zu sehen. Im Nachlaßwerk (I, 288) wird Kant explizit sagen, daß die ganze Chemie zur Physik gehört. Das Verhältnis von Physik und Chemie ist insgesamt zu dieser Zeit ein wichtiges, nicht leicht zu erschließendes Thema. Vgl. beispielsweise zu Newton: B.J.T. Dobbs (1991).

Als Resultat dieser beiden Gedankenschritte läßt sich festhalten: Gesetze, die ausdrücklich als chemische bezeichnet werden (wie in der Vorrede der *Metaphysischen Anfangsgründe*), sind *bloße* Erfahrungsgesetze, weil sie nur auf empirischen Prinzipien beruhen. Bei Gesetzen der empirischen Physik dagegen vermischen sich möglicherweise reine und empirische Prinzipien. Als streng physikalische Gesetze haben schließlich solche zu gelten, die nach den *Metaphysischen Anfangsgründen* als apodiktisch gewiß ausgewiesen sind.

(3) Für die Möglichkeit empirischer Physik muß, so wurde gesagt, a priori ein systematischer Plan aller (möglichen) bewegenden Kräfte entworfen werden. Nun läßt sich darüber hinaus behaupten, daß dieser Plan der empirischen Physik den Begriff der Materie und insbesondere den des Körpers so analysieren oder darlegen muß, daß verschiedene Typen von bewegenden Kräften, die Materien zukommen, systematisch unterscheidbar werden. Die Analyse muß vor allem deutlich machen, welche Eigenschaften Körpern (aufgrund der Lehrsätze des Dynamikhauptteils) notwendig zukommen. Bereitzustellen sind aber auch die Mittel zur Analyse der Eigenschaften, die man Körpern aufgrund von Erfahrung zuspricht. All das würde erlauben, chemische und mechanische Wirkungen von Materien klar voneinander zu unterscheiden, was wiederum ermöglichen würde, sie in der Naturforschung leichter zu identifizieren und besser zu erklären. Dieses Programm läuft auf die Ausarbeitung einer alle möglichen bewegenden Kräfte systematisch ordnenden Materietheorie hinaus, und zwar einer solchen, die gegenüber der rationalen Physik (die durch die Hauptteile der *Metaphysischen Anfangsgründe* bestimmt ist) einen reicheren Materiebegriff zugrundelegt. Rationale Physik betrachtet Materie als Name für den möglichen Gegenstand der äußeren Sinne, empirische Physik exponiert in ihrem Plan einen Begriff der bestimmten empirisch gegebenen Materie oder der *Körper*.

Obwohl das System der empirischen Physik demnach in der Ausarbeitung einer Materietheorie besteht, kann man es nicht einfach von der (empirischen) Physik abkoppeln und es als System der Chemie auffassen. Denn es ist nicht (bloß) ein System von den in chemischen Erklärungshypothesen relevanten Prinzipien (wie beispielsweise das der speziellen Wirkung einer magnetischen Materie), sondern das hier aufgestellte System der empirischen Physik ist grundlegender in dem Sinne, daß es Begriffe und Prinzipien bereitstellt, die für die Erklärung von chemischen und mechanischen Wirkungen von Materien aufeinander schon vorausgesetzt werden müssen. Oder, vager formuliert: In dem System werden reine und empirische Prinzipien sowie ihr Verhältnis zueinander untersucht. Das System ist ein System der empirischen Physik, weil zum Verständnis dessen, was chemische Wirkungen von Materien im Unterschied zu physikalischen sind, notwendig ist, den Begriff des Körpers zu analysieren und dafür – aus gegenwärtig noch nicht bestimmbaren Gründen, die mit der Apriorität des Planes zusammenhängen – auf die *Metaphysischen Anfangsgründe* zurückzugreifen.

Gelingt es, der Naturforschung eine solche systematische Grundlage zu geben, so ist auch empirische Wissenschaft bis zu einem gewissen Grad in der Lage, dem Anspruch auf Wissenschaftlichkeit gerecht zu werden. Dies könnte Kant im Blick haben, wenn er in der Vorrede zu den *Metaphysischen Anfangsgründen* sagt, daß jede Naturlehre zuletzt auf Naturwissenschaft hinausgehen und in dieser sich endigen müsse.

Der Interpretation dieser Arbeit zufolge ist das Projekt einer Fundierung der *empirischen* Physik bereits in den *Metaphysischen Anfangsgründen* – und zwar in der *Allgemeinen Anmerkung zur Dynamik* – angelegt. Die Wiederaufnahme dieses Themas wird sich dadurch begründen lassen, daß Kant die dort gegebene Antwort auf die Frage, wie die apodiktisch gewissen Prinzipien der Naturwissenschaft auch der empirischen Naturwissenschaft zugrundegelegt werden können, später meint zurückweisen zu müssen. Für einen philosophischen Entwurf, wie dem Kantischen, der eine komplizierte Anlage von verschiedenen Wissensarten geben und die systematischen Beziehungen zwischen diesen Wissensarten herstellen will, ist dieses Unternehmen jedoch unverzichtbar.[12] Die Unzulänglichkeit der in der *Allgemeinen Anmerkung* gegebenen Antwort kann Kant nicht hinnehmen. In ihr muß er eine Lücke in seinem System sehen.

Wenn die 1786 versuchte Lösung der Aufgabe einer Fundierung der empirischen Physik Probleme birgt, dann muß Kant zur Verwirklichung dieses Programms neue Strategien entwickeln, mit der Folge, daß sein Fundierungsprogramm zunehmend an Komplexität gewinnt. In den Entwürfen des Nachlaßwerks findet man nicht nur Konzeptionen, welche die Frage nach dem Verhältnis von apriorischen und empirischen Prinzipien unterschiedlich beantworten, sondern auch kritische Reflexionen auf diese Unterscheidung selbst. In ihrem Umkreis werden in einem späteren Stadium dieser Untersuchung wichtig werdende Begriffe wie ‚Übergang' und ‚Zwischen-' oder ‚Mittelbegriffe' eingeführt. In all diesen Entwürfen geht es, etwas schlagwortartig gesagt, um die Möglichkeit und den Status von empirischem Wissen. Zu bedenken ist aber: Sie nehmen nicht unmittelbar die Frage der dritten Kritik auf, sondern die Frage, wie genau der Zusammenhang zwischen a priori gültigen Prinzipien und Urteilen der *Metaphysischen Anfangsgründe der Naturwissenschaft* und empirischem Wissen zu konstruieren ist.

In Anbetracht der – sehr genau auszuführenden – Anforderungen, die sich aus Kants Verständnis von Wissen ergeben, läßt das Projekt und seine Entwicklung im Nachlaßwerk die Frage aufkommen, welche Möglichkeiten formaler und inhaltlicher Art Kant denn überhaupt zur Verfügung stehen, um ein System von ver-

12 In diesem Sinne kann man die Ausführungen des Nachlaßwerkes unter Kants Ausspruch aus der *Kritik der reinen Vernunft* stellen: „es gibt üble Wirtschaft, wenn man blindlings ausgibt, was einkommt, ohne nachher, wenn jene in Stecken gerät, unterscheiden zu können, welcher Teil der Einnahme den Aufwand tragen könne, und von welcher man denselben beschneiden muß." B X; vgl A 842/B 870. Zur stufenartigen Wissenskonzeption bei Kant, vgl. Falkenburg (2000).

schiedenen Wissensansprüchen und Absicherungen auf der Grundlage der Transzendentalphilosophie aufzustellen. Denn wenn die mit der obigen These gemachte Annahme richtig ist, daß die Beantwortung der Frage, wie a priori gültige Urteile und Prinzipien in einer empirischen Wissenschaft zugrundegelegt werden können, zu Problemen führt, muß Kant auf diese Probleme mit *neuen* Strategien antworten. In den Rahmen dieser neuen Strategien zur Bewältigung des Programms gehören auch die verschiedenen Ausführungen zum ‚Äther'.[13] Insofern darf man tatsächlich von einem Prüfstein für die Kantische Transzendentalphilosophie sprechen, aber nicht so, als sei Kant durch eine Revision der seine Transzendentalphilosophie tragenden Theoriestücke zu seinem Nachlaßwerk genötigt, sondern in dem Sinne, daß er im Zusammenhang mit Fragen zu empirischem Wissen prüfen muß, was er im Anschluß an seine Transzendentalphilosophie und seine Überlegungen zur Naturwissenschaft innerhalb des bisher vorgegebenen Rahmens behaupten kann, wenn er an seiner Wissenskonzeption festhalten will. Die beiden hier aufgeworfenen, für das Programm der Kantischen Philosophie insgesamt entscheidenden Fragen nach den Bedingungen und dem Status von empirischem Wissen und der in diesem Zusammenhang zu überprüfenden Möglichkeiten einer Erweiterung der bisherigen Kantischen Philosophie sind die Leitfragen der vorliegenden Arbeit.

In der vorangegangenen Skizze sind als ein Beispiel für Kants spekulative Gedankengänge im Nachlaßwerk mehrfach seine Ausführungen zum ‚Äther' genannt worden. Die Bedeutung, die bei der Aufgabe einer Fundierung der empirischen Physik der ‚Äther' genannten Materie zukommt, läßt sich gegenwärtig noch nicht angeben. Es ist aber wichtig, sich schon im Vorfeld darüber zu verständigen, wie die Überlegungen des Nachlaßwerkes zum Äther aus der hier eingenommenen Perspektive in den Blick gebracht werden sollen.

Einen ersten Einblick in die Art und Weise, wie die Ausführungen zum ‚Äther' mit dem oben Erörterten zusammenhängen, erhält man, wenn man in diese die bisher weitgehend zurückgestellten Fragen zum inhaltlichen Schwerpunkt des Nachlaßwerkes einbezieht: Das unter dem Titel ‚Übergang von den Metaphysischen Anfangsgründen zur empirischen Physik' stehende Programm faßt primär die Ausarbeitung einer Materietheorie unter sich.

Wenngleich der Begriff des Äthers sich in der Konzeption Kants zu einem zentralen Begriff entwickelt, ist vorderhand Distanz zu ihm geraten. Sie empfiehlt sich schon deshalb, weil die Frage nach der Bedeutung des Ätherbegriffs eine Verständigung darüber voraussetzt, im Kontext welchen Projekts Kant ihn einführt. Es reicht nicht aus, darauf zu verweisen, daß Kant eine Materietheorie entwickelt, solange unklar ist, welche Funktion und welchen Ort sie im Kantischen System

13 Ich werde hier zunächst relativ pauschal von dem ‚Äther' reden. Die eingehendere Untersuchung wird zeigen, daß man mit ‚Äther' sehr Verschiedenes bezeichnen kann.

hat.[14] Nur wenn klar ist, wie das Projekt zu charakterisieren ist und ob es tatsächlich einen Teil dieses Systems bildet, werden auch die weiteren Ausführungen zum Begriff des Äthers verständlich.

Im Verlauf der Entwicklung dieser Materietheorie sieht Kant sich, vorgreifend gesagt, zur Einführung des Prinzips eines Äthers genötigt, das in der bisherigen Konzeption seinem Charakter nach keinen Platz haben konnte, weil es weder ein empirisches noch ein rationales Prinzip sein soll. Nun kann man bereits in der Formulierung dieses Prinzips eine Abwendung von der Transzendentalphilosophie sehen. Die Frage nach den weitreichenden Überlegungen des Nachlaßwerkes zum Äther ist aber nur im Rahmen der schon skizzierten, durchaus komplexen Ausgangssituation zu klären. Es ist zu beachten, daß das Problem eines weder empirischen noch rationalen Prinzips sich bei der Ausarbeitung eines für die Möglichkeit der empirischen Wissenschaft vorgesehenen Teils stellt und daß es nur dann zu lösen ist, wenn die Lösung im Rahmen der bisherigen Philosophie Kants erfolgt. Daher gilt es zu prüfen, welche Möglichkeiten es im Rahmen der Transzendentalphilosophie für die Lösung dieses ‚Problems' gibt. Die Prüfung verlangt, den Ausführungen zum Äther besondere Beachtung zu schenken.

In Kants Ausführungen zum Äther lassen sich verschiedene Schritte voneinander unterscheiden. Kant spricht – in einer hier noch völlig ungeklärten Weise – von der Hypothese eines Äthers und von dem Beweis der Existenz des Äthers. Vor allem die um einen Ätherbeweis bemühten Überlegungen sind in der Forschung zur Grundlage der Behauptung eines Bruchs mit der Transzendentalphilosophie gemacht worden. Darüber hat man aber nicht selten die Bedeutung der Hypothese eines Äthers vernachlässigt, und dies, obwohl in Kants Überlegungen bis Anfang 1799 die Einführung des Äthers als einer *hypothetischen* Annahme im Vordergrund stand. Die anfängliche Dominanz der Ätherhypothese ist für die Einschätzung des ganzen Projekts relevant; sie läßt sich auch gegen die oben skizzierten Interpretationsvorschläge geltend machen. Denn der Status einer hypothetischen Annahme verbietet es, die um sie kreisenden Gedanken als Beitrag zu dem Projekt

---

14 Anders als Friedman teile ich also die Auffassung von Förster (2000), daß man das Nachlaßwerk nicht als ein durch zeitgenössische naturwissenschaftliche Theorien motivierte Auseinandersetzung mit neuen Theorien ansehen kann, die (nachträglich) in einen Zusammenhang zu den *Metaphysischen Anfangsgründen* zu stellen sind. Friedman (1992a) sieht nicht, daß die Weise der Untersuchung von früheren Themen (wie Kohäsion) mit speziellen systematischen und inhaltlichen Problemen der früheren Theorie zusammenhängen. Aus Gründen, die mit seiner Interpretation der Metaphysischen Anfangsgründe zu tun haben, in denen seiner Meinung zufolge der *dynamische* Begriff der Materie nicht konstruiert werden kann und die er als eine auf den Mechanikhauptteil konzentrierte Rechtfertigung von Newtons Physik liest, kommt er auch zu einer anderen Einschätzung der empirischen Physik bzw. Chemie als der hier vorgestellten. Zwar meint auch er, daß alle objektiv gültigen empirischen Urteile die Grundlage der *Metaphysischen Anfangsgründe* haben müssen, dies heißt für ihn aber, daß sie ‚im Rahmen der newtonischen Physik beschreibbar sein müssen'. Folglich entbehrt s.E. die Chemie eines Bezuges zu den *Metaphysischen Anfangsgründen*. Vgl. hierzu auch Friedman (1992b) und (2001), 234 und 237 f. Eine derartige Basis für die Chemie liefert nach Friedman (1992a), 217 Kant mit dem Äther.

einer rationalen Physik (deren Grundlegung in den *Metaphysischen Anfangsgründen* geleistet werden sollte) aufzufassen; und er dementiert auch die Vorstellung, als suche Kant in ihnen einen Ersatz für ein transzendentales Prinzip. Ich werde daher die Frage, inwiefern der Äther eine notwendige Hypothese ist, und die Frage, warum die Existenz des Äthers a priori bewiesen werden soll, voneinander getrennt behandeln.[15] Die zunächst (Kapitel 1-3) leitende Frage nach Bedeutung und Charakter der Übergangskonzeption wird es ermöglichen, die Funktion der Hypothese und des Beweises des Äthers angemessen zu beurteilen. Die Klärung dieser Frage schafft die Basis für die Behandlung des Ätherbeweises. Dessen Rekonstruktion bildet den Abschluß der vorliegenden Arbeit (Kapitel 4).

Gelingt es auf diese Weise, das Programm des Nachlaßwerkes verständlich zu machen und so eine Interpretation des Kantischen Projekts bis Mitte 1799 zu geben, dann eröffnet sich ferner auch die Möglichkeit, die an das Bisherige anschließenden, aber weiterreichenden Gedankengänge Kants neu zu interpretieren. Die sich an den Ätherbeweis anschließenden Überlegungen, datiert auf Ende 1799 bis Anfang 1800 und gesammelt in den Konvoluten X und XI, werfen wiederholt die Frage auf:[16] Wie ist Physik möglich? Diese Texte wurden hier – aus pragmatischen Gründen – von dem Textmaterial, das Gegenstand der Interpretation ist, ausgenommen. Daß sie sich in die hier entwickelte Interpretation gut einordnen lassen, kann daher auch nur thetisch behauptet werden: Mit ihrer soeben erwähnten Fragestellung stehen diese Überlegungen offensichtlich in einem engen Verhältnis zu dem in der vorliegenden Arbeit Behandelten. Sie tragen allerdings nichts mehr zur Aufstellung des Systems der empirischen Physik bei. Vielmehr reflektieren sie damit zusammenhängende Fragen zum Charakter der Physik. Dabei richten sie sich nicht nur auf die Frage, wie es möglich ist, daß empirische Phänomene und Ereignisse anhand a priori aufgestellter Begriffe interpretiert werden (II, 363). Kant zielt mit ihnen auch auf die Unterscheidung zweier Erscheinungsbegriffe ab, den physiologischen und den metaphysischen (II, 320), die für zwei Betrachtungsweisen stehen: Der Gegenstand der Physik kann aus einer anderen Perspektive als etwas betrachtet werden, das (erst) durch die Tätigkeit des Subjekts ein Objekt wird. Damit eröffnet Kant die Diskussion erneut für Fragen seiner Transzendentalphilosophie. Im Rahmen der vorliegenden Arbeit werden diese Überlegungen daher nur dann angesprochen, wenn sich ein Ausblick auf weiterführende Fragen oder Entwicklungslinien anbietet.

---

15 Mathieu (1989) hat allerdings von einer ‚Wende zum Ätherbeweis' gesprochen; er vertritt die These, daß Kant sich im Ätherbeweis dazu entschließt, den Äther konsequent als Idee zur Einheit der Erfahrung (und damit als Ersatz für die Konzeption der dritten Kritik) zu interpretieren. Damit macht er einen ganz anderen Vorschlag zur Unterscheidung von Hypothese und Idee als den in der vorliegenden Arbeit vorzuführenden.

16 Vgl. etwa II, 318.

Aus verschiedenen Gründen wäre es weiterhin durchaus naheliegend, im Rahmen dieser Arbeit selbst noch auf spätere Theoriestücke Kants, insbesondere auf die sogenannte Selbstsetzungslehre, einzugehen. In den so betitelten Überlegungen gibt Kant verschiedene Akte des Vorstellungsvermögens an. Auf welche Weise die sogenannte Selbstsetzungslehre mit dem Projekt der Fundierung der empirischen Wissenschaften zusammenhängt, ist alles andere als klar. So könnten mögliche Einwände gegen meine Interpretation durch einen Rekurs auf diese Passagen gestützt werden. Beispielsweise ließe sich die Selbstsetzungslehre auf die Äthertheorie so beziehen, daß man jene Lehre als eine Reaktion auf ein Defizit liest, welches die Erneuerung der *Metaphysischen Anfangsgründe* durch das Nachlaßwerk mit sich bringt. Eine solche Sichtweise ist aber in einer These über den Zusammenhang der Äthertheorie mit den *Metaphysischen Anfangsgründen* verankert, mit der ich mich im Rahmen meiner Arbeit bereits beschäftige; darum erübrigt sich eine weitergehende Analyse. Man hat auch die Auffassung vertreten,[17] daß die Selbstsetzungslehre als Revision der Äthertheorie zu werten sei. Dies wäre in der Tat nur durch eine Interpretation der späteren Texte zurückzuweisen und muß in der vorgelegten Arbeit offen bleiben. Diese hat aber auch für die in ihr nicht mehr behandelten Themen einen Ertrag: Wenn man nicht von einem Bruch mit der Transzendentalphilosophie ausgehen muß, lassen Kants spätere Theoriestücke sich als eine erneute, aber durch die ihnen vorausgegangenen Erwägungen mitbestimmte Auseinandersetzung mit Themen der Transzendentalphilosophie deuten.

Bevor die genauere Struktur der vorliegenden Arbeit vorgestellt wird, ist noch eine kurze Bemerkung zum Textbestand des Opus postumum einzufügen. Der zu exponierenden Arbeit liegt die Annahme zugrunde, daß die Überlegungen Kants eine mehr oder weniger kontinuierliche Gedankenführung aufweisen und daß sie insofern ein ‚Werk' bilden, als ihre interne Entwicklung sich weitgehend aus dem Textbestand des Nachlaßwerkes erschließen läßt. Einerseits muß sich eine derartige Annahme durch die Interpretation selbst bewähren. Andererseits schließt sie gar nicht aus, daß man dem unfertigen und experimentellen Charakter des ‚Opus postumum' gerecht werden kann, weil sie zwar dazu anhält, die verschiedenen Überlegungen in einen systematisch nachvollziehbaren Zusammenhang zu stellen, aber nicht von einem schon am Anfang durchdachten Gesamtansatz auszugehen braucht.

Das Vorhaben eines neuen Werkes ist zumindest für die Überlegungen der neunziger Jahre belegbar. So schreibt Kant in einem Brief am 19. Oktober 1798 an Kiesewetter:

---

17 U.a. Schulze (1994).

„[...] um eine Arbeit, die er [Kant selbst] unter Händen hat, noch zu Stande zu bringen; womit er das critische Geschäfte zu beschließen und eine noch übrige Lücke auszufüllen denkt; nämlich, den ‚Übergang von den metaph. A. GR. der N.W. zur Physik', als einen eigenen Theil der philosophia naturalis, der im System nicht mangeln darf, auszuarbeiten". [18]

Die Blätter (zumeist Foliobogen) liegen heute in 12 Konvoluten vor.[19] Die Blätter sind von Kant nicht datiert worden. Die Umschläge (nicht deren Nummerierungen), in die die Blätter eingelegt sind, stammen wahrscheinlich noch von Kant. Die von Gerhard Lehmann edierte Fassung des Opus postumum in den Bänden XXI und XXII der Akademie-Ausgabe ist seit längerem gravierenden Einwänden ausgesetzt. Da eine Neuedition noch nicht vorliegt, ist die Akademie-Ausgabe – unter Berücksichtigung der Hinweise der hierfür einschlägigen Literatur[20] – dennoch hier die Grundlage.

Seit der 1920 erschienenen Abhandlung *Kants Opus postumum* von Erich Adickes haben die meisten Interpreten dessen chronologische Anordnung der zum Nachlaßwerk gehörenden Blätter im Groben übernommen. Diese Anordnung gilt auch Heute noch als weitgehend verbindlich. Adickes, der sich auf Zählungen Kants stützt, die aber nur jeweils für zusammenhängende Passagen vorliegen, versucht zusätzlich eine durch thematische Zusammenhänge bestimmte Reihenfolge der Blätter zu erarbeiten, für die er sich auch auf Schriftuntersuchungen und inhaltliche Verweise auf Personen, Ereignisse und Datierungen von zeitgenössischen Publikationen beruft.[21] Auch diese Arbeit folgt in der Regel der von Adickes vorgenommenen Grobeinteilung. Änderungen an der von Adickes erschlossenen Reihenfolge der Blätter werden nur in Einzelfällen diskutiert. Dazu ist zu bemerken, daß die Art und Weise, wie Adickes bei seinen Datierungen vorgeht, hier Änderungsvorschläge durchaus zuläßt.[22] Ebenso müssen die Stellen hinzugezogen werden, die im Band AA XXIII oder überhaupt nicht in der Akademie-Ausgabe erschienen sind.

---

18 AA XII, 256. Vgl. auch den Brief am 21. Sept. 1798 an Garve (AA XII, 254 f).

19 Das Konv. 13 im Band XXII der Akademie-Ausgabe ist eine Vorarbeit zum Streit der Fakultäten.

20 Zum Textbestand vgl. Brandt (1991) und (1999), Stark (1993) sowie Förster (1993). Gefolgt wurde Adickes zumeist auch darin, das Material des Nachlaßwerkes als zusammenhängende Vorarbeiten zu *einem* Werk zu sehen. Aufgrund des Themas der Arbeit ist dies hier nicht zu diskutieren.

21 Die mit Daten versehenen Umschläge (Druckpapiere mit Einladungen etc.) könnten von Kant nachträglich benutzt worden sein und dienen Adickes daher nur dann als Datierungshinweis, wenn sie von Kant beschrieben sind, was bei dem Umschlag des I. Konvoluts (1801) und bei dem Umschlag des IV. Konv. (1798) der Fall ist. Beim IV. Konvolut sind die Beschriftungen allerdings die Anthropologie betreffend, und daher sind Rückschlüsse auf die das Nachlaßwerk betreffenden Passagen nicht ohne weiteres möglich.

22 Widersprochen wurde Adickes z.B. darin, einige frühe Blätter (aus der zweiten Hälfte der 80iger Jahre), in denen Kant zum Problem des Idealismus Stellung bezieht, nicht in einer Beziehung zum Nachlaßwerk zu sehen. Vgl. Adickes (1920), 37.

B. Das Programm des Nachlaßwerkes

Im Mittelpunkt des ersten Teils des Textbestandes, der zum Nachlaßwerk gezählt wird und im Zeitraum 1786-1799 entstanden ist, stehen Überlegungen zu verschiedenen physikalischen Kräften und Erörterungen verschiedener Erklärungsmöglichkeiten von physikalisch-chemischen Phänomenen. Legt man die Zielbestimmung zugrunde, die Kant für diese Erörterungen gibt, so sind sie als Versuche zur Ausführung des Projekts anzusehen, das Kant ‚Übergang von den Metaphysischen Anfangsgründen der Naturwissenschaft zur empirischen Physik' nennt. Das Projekt setzt offenbar die Überzeugung voraus, daß die Verbindung von apriorischer und empirischer Erkenntnis einer Vermittlung bedarf, die Kant in den bisherigen philosophischen Beiträgen noch nicht geleistet hat. Macht man diese Überzeugung zum unhinterfragten Ausgangspunkt der Interpretation des Nachlaßwerkes, so verkürzt man sie um die Frage, was ein solcher Übergang überhaupt sein kann. Sieht Kant sich zu ihm aufgrund einer methodischen Vorüberlegung über empirische Wissenschaft genötigt? Ist dieser Übergang ein Bereich mit eigenständigen Prinzipien? In welchem Verhältnis stünde ein solcher Zwischenbereich zum transzendentalen Teil der Philosophie? Ist mit ihm eine neue Konzeption von empirischem Wissen verbunden? Erwartungsgemäß scheint Kant selbst sich von seinen Überlegungen nicht nur Möglichkeiten der Erklärung physikalischer Phänomene zu versprechen; er erhofft sich von ihnen wohl auch Einsicht in die Rolle und den Status jenes Übergangs. Aus den ihnen gewidmeten Textpassagen lassen sich des Näheren drei Fragen herauskristallisieren: Weshalb ist ein solcher Übergang erforderlich? Auf welche Weise ist ein solcher Übergang möglich? Wie ist ein solcher Übergang zu charakterisieren?

Beim Nachvollzug der von Kant auf diese Fragen gegebenen Antworten kommen jedoch zu der durch die Dunkelheit des Textes bedingten Schwierigkeit verschiedene andere Schwierigkeiten hinzu. Ein noch vor dem Eintritt in die eigentliche Auseinandersetzung mit dem Text zu nennendes Problem ist methodischer Art. Es besteht darin, daß die Textlage im Nachlaßwerk erschwert, die Fragen, die sich auf das Projekt selbst zurückwenden und nach der Notwendigkeit, der Möglichkeit und der Beschaffenheit des Übergangs fragen, von den inhaltlichen Ausführungen zu trennen. Geht man davon aus, daß in dem Übergang Begriffe und Erklärungsprinzipien physischer Phänomene aufgestellt werden sollen, welche die empirische Naturforschung anzuleiten vermögen, so ist die Möglichkeit in Rechnung zu stellen, daß die Konzeption des Übergangs – also die Antwort auf die Frage, wie ein Übergang möglich ist – einem Wandel unterliegt, zu dem bestimmte inhaltliche Überlegungen zu Erklärungsmöglichkeiten physikalischer Phänomene – also die Antwort auf die Frage, welche Prinzipien der empirischen Naturforschung zugrundeliegen müssen – nötigen. Umgekehrt scheint aber die Interpretation der inhaltlichen Ausführungen immer schon Klarheit darüber vorauszusetzen, was erklärt werden soll und welchen Charakter die Erklärungsprinzipien und die Erklärungselemente des Übergangs haben sollen, das heißt ob sie aus der Erfahrung zu gewinnen oder apriorischer Natur sind. Zur Illustration dieses Problems genügt es, auf das Beispiel der Funktionsvielfalt des Äthers zu verweisen: Obwohl eingeführt im Zusammenhang der Erklärung bestimmter physikalischer Phänomene, soll der Begriff des Äthers auch zur Beantwortung der Frage nach der Möglichkeit eines Übergangs zur empirischen Physik beitragen. In dieser letzteren Funktion interessiert er dann nicht, wie bei bestimmten Erklärungen von empirisch gegebenen Vorkommnissen, als eine besondere gegebene Materie, sondern als ein nicht bloß empirisches Prinzip.

Zum Verständnis der Konzeption Kants ist demnach zweierlei erforderlich: Erstens ist das Verhältnis der Reflexionen auf die Übergangskonzeption selbst zu den inhaltlichen Ausführungen zu bestimmen, und zweitens wird zu beachten sein, ob nicht infolge der wechselseitigen Abhängigkeit von formalen und inhaltlichen Aspekten die ganze Konzeption im Nachlaßwerk einem Wandel unterliegt.

In der Entwicklung des Nachlaßwerkes bis 1799 lassen sich grob zwei Phasen unterscheiden, von denen die zweite mit dem sogenannten *Oktaventwurf*[23] beginnt. In der ersten Phase behandelt Kant überwiegend Erklärungsversuche zu Dichte, Kohäsion und anderen Eigenschaften der spezifisch verschiedenen Materien. Der Äther spielt in diesem Kontext die Rolle eines eigentümlichen Stoffs, der zur Erklärung bestimmter Phänomene angenommen werden kann.

In der zweiten Phase setzt Kant zwar die Überlegungen zu Erklärungsmöglichkeiten solcher Phänomene fort, aber so, daß er dafür argumentiert, sie als Beiträge zur Ausarbeitung eines a priori aufzustellenden *Systems der empirischen Physik* anzusehen. Es ist dieses Vorhaben, für das er den Titel eines ‚Übergangs von den metaphysischen Anfangsgründen zur empirischen Physik' verwendet.

Diese noch auszufüllende Skizze erlaubt immerhin eine erste Zuordnung des im Nachlaßwerk in Angriff genommenen Projekts zu Kants früheren Ansätzen. Denn die skizzenhafte Beschreibung der zweiten Phase läßt sich sehr gut in Verbindung mit dem bringen, was Kant an einer Stelle seiner veröffentlichten Schriften bereits durchgeführt hatte: In den *Metaphysischen Anfangsgründen der Naturwissenschaft* analysiert er in vier auf die Kategoriengruppen bezogenen Hauptabschnitten die Bedingungen der Möglichkeit der Materie überhaupt. Im zweiten Hauptabschnitt, der Dynamik, erläutert er in einem Anhang, der *Allgemeinen Anmerkung zur Dynamik*, die Begriffe des Körpers, der Dichte, der Kohäsion, der Elastizität und der Möglichkeit mechanischer oder chemischer Wirkungen von Körpern aufeinander und liefert darüber hinaus Erklärungsmöglichkeiten für diese Phänomene. Dieser Anhang hat in einer noch näher auszuführenden Weise die Aufgabe aufzuzeigen, wie die in dem Hauptabschnitt über die Dynamik eingeführ-

23 I, 373 ff. Der *Oktaventwurf* ist ein Teil des Nachlaßwerkes und wird auf ca. 1796 datiert.

ten Grundkräfte sich als Erklärungsprinzipien für die empirische Physik verwenden lassen. Die im Nachlaßwerk angestrebte Aufstellung eines Systems der Begriffe, die in der empirischen Physik eine Rolle spielen sollen, und der Prinzipien, durch die die Eigenschaften und Wirkungsweisen eines materiellen Körpers erklärbar werden, war also vorher Aufgabe der *Allgemeinen Anmerkung zur Dynamik* der *Metaphysischen Anfangsgründe.*

Nun scheint Kant seine im Nachlaßwerk gemachten Ausführungen zwar in der Tat als Fortsetzung der *Allgemeinen Anmerkung zur Dynamik* der *Metaphysischen Anfangsgründe* anzusehen und damit ihren Anknüpfungspunkt in seinen früheren Schriften zur Naturwissenschaft eindeutig zu bestimmen. Dies zeigt die thematische Nähe und wird von Kant auch ausdrücklich gemacht (I, 408). Aber die These einer Fortsetzung der *Allgemeinen Anmerkung* erweist sich ihrerseits aus verschiedenen Gründen als problematisch.

Drei Schwierigkeiten der These einer Fortsetzung der *Allgemeinen Anmerkung* sollen hier näher betrachtet und auf mögliche Hinweise für die Rolle des Nachlaßwerkes untersucht werden. Schlagwortartig lassen sie sich wie folgt benennen: Erstens (1) steht der Systemcharakter der *Allgemeinen Anmerkung* in Frage, zweitens (2) gibt es Äußerungen des Nachlaßwerkes, die zu dem früheren Projekt nicht zu passen scheinen, und drittens (3) sind spätere Einwände Kants gegen seine Materietheorie zu berücksichtigen.[24]

(1) Erstens: Wenn auch tatsächlich in der *Allgemeinen Anmerkung zur Dynamik* Begriffe und Erklärungsprinzipien, die in der empirischen Naturforschung eine Rolle spielen sollen, aufgestellt werden, so ist doch nicht klar, inwiefern das in ihr Intendierte als ein *System* der empirischen Physik interpretierbar ist. Daß es die Stellung eines solchen Systems beansprucht, soll hier im ersten Kapitel gezeigt werden. In diesem Zusammenhang ist auch auszuführen, wie das Projekt einer Fundierung der empirischen Physik zu charakterisieren ist und welche Aufgabe einem ‚System der empirischen Physik' zukommt.

Weist man der *Allgemeinen Anmerkung zur Dynamik* eine solche Funktion zu, wird weiterhin zu bedenken sein, wie das Projekt eines a priori aufzustellenden Systems der empirischen Physik mit dem Unternehmen der *Kritik der Urteilskraft* zu vereinbaren ist. Es könnte mit der Konzeption der reflektierenden Urteilskraft kollidieren. Auch mit dieser Frage werde ich mich daher im ersten Kapitel auseinander zu setzen haben. Leiten lasse ich mich dabei von der Annahme, daß es sich in der dritten Kritik und im Nachlaßwerk um zwei Arten von Systemen handelt: dort um ein die Annahme der Systematizität der Natur voraussetzendes System aller empirischen Gesetze, hier um ein Elementarsystem von bewegenden Kräften, welches das System der empirischen Physik darstellen soll. Es gibt inso-

24 Darauf nachhaltig hingewiesen hat besonders E. Förster (2000).

fern auch zunächst keinen Grund anzunehmen, die Ausarbeitung eines solchen Elementarsystems der empirischen Physik im Nachlaßwerk ersetze die Überlegungen zur Möglichkeit einer systematischen Naturforschung in der *Kritik der Urteilskraft*. Die Analyse dessen, was ein System der empirischen Physik leisten soll, nämlich eine Materietheorie zu entwickeln und mit ihr den physikalischen Begriff eines Körpers zur Verfügung zu stellen, schließt, wie sich noch des Näheren zeigen wird, auch die Vorstellung aus, daß Kant sich von der Notwendigkeit eines solchen Systems erst nach Abfassung der *Kritik der Urteilskraft* überzeugt hat.

(2) Der zweite Grund, warum die These einer Fortsetzung der *Allgemeinen Anmerkung* durch das Nachlaßwerk problematisch erscheint, ist der, daß viele der neuen Überlegungen scheinbar schwer in die frühere Konzeption der *Metaphysischen Anfangsgründe* zu integrieren sind. Das Projekt, einen Bereich zwischen den Metaphysischen Anfangsgründen und der empirischen Physik auszuarbeiten, wirkt innerhalb der bisherigen Konzeption wie ein Fremdkörper. In diesem Zusammenhang reicht es zunächst aus, auf die wichtige Funktion des Äthers im Nachlaßwerk hinzuweisen, der in der *Allgemeinen Anmerkung* allem Anschein nach kaum eine Rolle spielt. Die Irritation, die von der Ungeklärtheit des Verhältnisses zu Früherem ausgeht, wird noch verstärkt dadurch, daß Kant sein neues Vorhaben mit der Aufgabe betraut, von den Metaphysischen Anfangsgründen eine Brücke zur empirischen Physik zu schlagen, weil sich sonst eine Kluft zwischen diesen Bereichen auftue. Denn daß im Anschluß an die *Metaphysischen Anfangsgründe* ein solcher Brückenschlag zur empirischen Physik nötig sei, war, wie sich gerade der *Allgemeinen Anmerkung* und auch Bemerkungen der *Kritik der Urteilskraft* entnehmen läßt, keineswegs Kants damalige Auffassung.

Für die Klärung des Verhältnisses von Nachlaßwerk und *Metaphysischen Anfangsgründen* stehen hier zunächst drei Möglichkeiten offen: (a) Man könnte meinen, Kants Einschätzung, der zufolge es erforderlich ist, einen Übergang zur empirischen Physik zu konstruieren, resultiere überhaupt erst aus einer erneuten Auseinandersetzung mit früheren Theoriestücken. Sie könnte das Ergebnis dessen sein, daß Kant den Hauptabschnitt über die Dynamik in den *Metaphysischen Anfangsgründe* nun als gescheitert ansieht, oder sie könnte sich aus Auffassungen der *Kritik der Urteilskraft* ergeben haben. Beide Varianten sind hier allerdings bereits mit der Begründung ausgeschlossen worden, daß Kant zumindest der Sache nach dasjenige, was er im Übergang anstrebt, bereits in der *Allgemeinen Anmerkung zur Dynamik* geleistet zu haben meinte. Warum das im Übergang Projektierte aus sachlichen Gründen keine Neuaufnahme des Themas des Hauptabschnitts der *Metaphysischen Anfangsgründe* sein kann, wird im ersten Kapitel der vorliegenden Arbeit darzulegen sein. Und auch die Unabhängigkeit des Übergangsprojekts von der in der *Kritik der Urteilskraft* wahrgenommenen Aufgabe wird hier aufgezeigt werden. Daß das Projekt eines Übergangs *vor* der Abhandlung der *Kritik der Urteilskraft* bereits ausgeführt sein mußte, dürfte insofern schon hier einleuchten, als der physikalische Begriff des Körpers den näheren Ausführungen der dritten Kritik zum Verfahren der empirischen Naturforschung und zu Prinzipien der Erklärung von besonders geformten Objekten, den Organismen, bereits zugrundeliegen muß.

Demnach bleiben nur noch die zwei Möglichkeiten offen: (b) Man könnte annehmen, daß die *Allgemeine Anmerkung* den hier beschriebenen Übergang leisten sollte, aber nach einer späteren Einsicht Kants gescheitert ist. Dafür könnte man zum Beispiel anführen, daß Kant in der *Allgemeinen Anmerkung zur Dynamik* die Vollständigkeit der aufgestellten Begriffe nicht gerechtfertigt hat. Möglich wäre aber auch die stärkere These (c), daß zwar die vom Übergang zu lösende Aufgabe bisher durch die *Allgemeine Anmerkung* erfüllt werden sollte, daß es aber zur Rede vom Übergang oder von der Brücke deshalb kommt, weil die in den *Metaphysischen Anfangsgründen* noch als unproblematisch angesehene Art und Weise, wie in der *Allgemeinen Anmerkung* die apriorischen Begriffen für die empirische Physik aufgestellt worden waren, von Kant später als mit Problemen behaftet beurteilt wurde. Da diese apriorischen Begriffe in den *Metaphysischen Anfangsgründen* auf der Grundlage des Hauptabschnitts gegeben werden sollten, wäre auf dem Boden dieser Interpretation nicht der Hauptabschnitt selbst, sondern die Anschlußmöglichkeit an dessen Prinzipien dasjenige, mit dem Kant sich nun erneut kritisch auseinandersetzt.[25]

Der obige Vorgriff auf die Entwicklung des Nachlaßwerkes, dem zufolge es erst in der zweiten Phase zu einer ausdrücklichen Thematisierung des neuen Projekts und seines Charakters als ‚Übergang' kommt, eröffnete bereits die Möglichkeit, eine Wandlung des Projekts von einer Ergänzung zu den bisherigen Überlegungen der *Allgemeinen Anmerkung* hin zu einer Wiederholung des Projekts unter veränderten Bedingungen anzunehmen. Das Folgende wird die mit dem letzten Punkt angeführte Vermutung nahe legen, daß die vom Übergang zu lösende Aufgabe bisher durch die *Allgemeine Anmerkung* geleistet werden sollte, daß diese frühere Konzeption aber mit Problemen behaftet war, die eine erneute Durchführung erforderlich machten, in der es dann zu einer Thematisierung der Übergangsfunktion selbst kommt.

(3) Daß Kant mit seinen im Nachlaßwerk angestellten Überlegungen offenbar an die dynamische Materietheorie der *Metaphysischen Anfangsgründe* bzw. der *Allgemeinen Anmerkung zur Dynamik* anschließen will, bereitet drittens auch insofern eine besondere Schwierigkeit, als er, wie aus anderen von ihm hinterlas-

25 Geht man allerdings – wie Förster (1991) – davon aus, daß Kants Rede vom ‚Übergang' schon ca. auf das Jahr 1790 zu datieren ist, so muß man entweder behaupten, die Einsicht in diese Probleme habe Kant bereits vor 1790 gehabt, oder aber es scheint ratsam, die oben genannte These wiederum so abzuschwächen, daß man behauptet, nicht die Konzeption eines Übergangs, sondern lediglich die Art des Übergangs und die Problematisierung dessen, was ein Übergang sein soll, könnte als Resultat solcher Probleme angesehen werden.

senen Dokumenten klar hervorgeht, die dortige Materietheorie in irgendeinem Sinne als zirkulär und revisionsbedürftig beurteilt hat.

Meine in dieser Arbeit entwickelte These ist, daß die zuletzt genannte Schwierigkeit, mit der man fertig werden muß, wenn man annimmt, Kant habe im Nachlaßwerk sein Projekt einer Fundierung der empirischen Physik fortsetzen wollen, hinreichend spezifiziert werden muß. Es wird sich zeigen lassen, daß das Problem, aufgrund dessen Kant seine frühere Konzeption als revisionsbedürftig beurteilt hat, nicht den Hauptteil der Dynamik der *Metaphysischen Anfangsgründe*, sondern ausschließlich die darauf aufbauenden Ausführungen in der *Allgemeinen Anmerkung zur Dynamik* belastet. Deren Aufgabe ist es, die er neu lösen mußte. Vorgreifend läßt sich die von hier ausgehende Interpretation in der folgenden These zusammenfassen: Kant war bei der Abfassung der *Metaphysischen Anfangsgründe* der Meinung, daß zur Erklärung der Bildung von Körpern und der spezifischen Verhältnisse der Materien die aus dem Hauptteil der Dynamik gewonnenen Erklärungsprinzipien unmittelbar herangezogen werden könnten. Nach seinen späteren Studien hielt aber die in den *Metaphysischen Anfangsgründen* auf den Grundlagen des Hauptteils versuchte Ausarbeitung apriorischer Begriffe der empirischen Physik zumindest in der dort dargelegten Form nicht stand. Dadurch sah sich Kant zu einer neuen und weit komplizierteren Lösung der Aufgabe der Aufstellung der Begriffe und Erklärungsprinzipien für die empirische Physik im Nachlaßwerk genötigt. Daraus läßt sich einerseits erklären, wieso Kant nun die Notwendigkeit eines Übergangs herausstellt, und andererseits verstehen – allerdings aus Gründen, die im Augenblick noch nicht vollständig einzusehen sind –, warum er dem Äther im neu konzipierten Übergang eine zentrale Stellung einräumen muß.

Meine These ist nicht so zu verstehen, als beträfen die Zweifel Kants an seiner Materietheorie kontingenterweise nur die *Allgemeine Anmerkung* und nicht den Hauptteil der Dynamik. Vielmehr besagt sie, daß Kant bereits in den *Metaphysischen Anfangsgründen* als eigentlichen Ort einer physischen Materietheorie die *Allgemeine Anmerkung zur Dynamik* bestimmt hat, und daß eine Kritik an der Materietheorie sich daher zunächst oder sogar ausschließlich an die *Allgemeine Anmerkung* wenden muß. Es liegt, zumindest von hier aus betrachtet, nicht nahe, Probleme der Erklärung von Körpern unmittelbar mit der Gültigkeit von Aussagen des Hauptteils in Verbindung zu bringen. Zur Rechtfertigung dieser These sind im ersten Kapitel auch das Verhältnis und die jeweilige Aufgabe von Hauptteil und Anmerkung in den *Metaphysischen Anfangsgründen* zu diskutieren.

Unter den drei aufgeführten, bei der Konzeption des Übergangs zu berücksichtigenden Schwierigkeiten ist es die dritte, mit den Einwänden Kants gegen seine frühere Materietheorie entstandene Schwierigkeit, die vermuten läßt, daß Kant sich zur Wiederbearbeitung der Thematik aus der *Allgemeinen Anmerkung* durch bestimmte inhaltliche Probleme – die sich als Zirkelproblem der Materietheorie formulieren lassen – veranlaßt sah. Dies ist der Grund, warum die Beantwortung der systematischen Fragen nach der Funktion und Notwendigkeit eines Übergangs, der wir im Folgenden nachgehen werden, durch die Diskussion inhaltlicher Ausführungen der Kantischen Materietheorie zu ergänzen ist.[26]

Die hier vorgestellte, schon jetzt recht komplexe und noch um weitere Aspekte anzureichernde Interpretation der ersten Teile des Nachlaßwerkes hat, wie sich zeigen wird, den Vorteil, daß sie systematische und inhaltliche Bestimmungen des Äthers, Kants irritierende Äußerungen zur Reichweite der *Metaphysischen Anfangsgründe* und seine Modifizierungen an der früheren Theorie, welche gleichwohl nicht aufgegeben wird, verständlich machen kann. Auszuführen wird diese Interpretation in drei Schritten sein, denen jeweils ein Kapitel dieser Arbeit entspricht. Erstens (1) ist schon im Vorfeld der Auseinandersetzung mit dem Nachlaßwerk zu fragen, wo und wie Kant seine Materietheorie in den *Metaphysischen Anfangsgründen* entwickelt, worin ein System der empirischen Physik verankert werden muß und welche systematische Anschlußstelle für das Nachlaßwerk sich daraus ergibt. Da Kant erst seine Überlegungen der zweiten Phase des Nachlaßwerkes (ab dem *Oktaventwurf*) explizit unter den Titel eines Übergangs stellt, wird die Interpretation sich auf die diesen Überlegungen gewidmeten Textpassagen zu beziehen haben. Daraufhin (2) ist das sogenannte Zirkelproblem der Materietheorie so zu rekonstruieren, daß einsichtig wird, inwiefern es die Erklärung der in der *Allgemeinen Anmerkung* entwickelten physischen Materietheorie betrifft. Und es ist zu zeigen, wie die Hypothese eines Äthers dieses Problem lösen kann und mithilfe der Annahme eines Äthers das System der besonderen bewegenden Kräfte sich als System der empirischen Physik aufstellen läßt. Ferner (3) ist darauf zu reflektieren, was die Einführung des Äthers in das System der besonderen bewegenden Kräfte für die Konzeption bedeutet und wodurch sich die neue von der früheren Konzeption der *Allgemeinen Anmerkung zur Dynamik* unterscheidet. Sind diese drei Schritte vollzogen, wird sich schließlich (4) in einem vierten Kapitel eine Interpretation des Ätherbeweises geben lassen.

Der hier zu entwickelnden Interpretation zufolge gehört der Ätherbeweis selbst zur Übergangskonzeption. Daß dieser Punkt gewissermaßen als eigenständiger erscheint, ist der in der vorliegenden Arbeit gewählten Vorgehensweise geschuldet, die sich im dritten und vierten Kapitel, anders als in den eher noch vorbereitenden ersten beiden Kapiteln, einer detaillierten Analyse der Übergangskonzeption des Nachlaßwerkes widmet, wobei das dritte Kapitel die Übergangskonzeption überhaupt analysiert, während das vierte ausschließlich den Ätherbeweis behandelt.

Mit alledem trage ich dem Umstand Rechnung, daß die systematischen Überlegungen von den inhaltlichen nicht streng zu trennen sind. Mit Blick auf die anfäng-

---

26 Und im Vorgriff auf die weiteren Ausführungen läßt sich auch sagen, daß es dann, wenn man diese inhaltlichen Probleme markieren kann, keinen Grund gibt für die Behauptung, die Neubearbeitung wäre Resultat dessen, daß in der *Allgemeinen Anmerkung zur Dynamik* der Anspruch auf Vollständigkeit, den die hier aufgestellte Reihe der notwendigen Eigenschaften von Körpern erhebt, unausweisbar ist (vgl. Kap.1 dieser Arbeit).

lich aufgeworfenen Fragen läßt sich sagen: Das erste Kapitel beantwortet die Frage, worin die Funktion eines Übergangs besteht und warum er überhaupt erforderlich ist, das zweite versucht zu zeigen, warum er in der im Nachlaßwerk ausgeführten Form notwendig ist; und die letzten beiden Kapitel untersuchen, auf welche Weise der Übergang (unter diesen Anforderungen stehend) möglich ist und wie er charakterisiert werden kann.

Der detaillierten Ausführung der Interpretationsschritte, die durch die Einleitung aufgegeben sind, möchte ich noch eine mit den zentralen Thesen angereicherte Skizze des Gedankenganges der vorliegenden Arbeit voranschicken. Diese Skizze nimmt zwar einiges der späteren Ausführungen vorweg, wird jedoch die Orientierung in der Arbeit erleichtern.

Eine genauere Explikation des Kantischen Übergangsprojekts im Nachlaßwerk ist nicht ohne eine Analyse der Aufgabe der philosophischen Grundlegung der Naturwissenschaften insgesamt möglich. Nur zwei Aspekte dieser umfassenden Grundlegungsaufgabe möchte ich schon im Rahmen dieser Skizze nennen und auf den im Hinblick auf das Opus postumum interessierenden qualitativ bestimmten Materiebegriff beziehen. Erstens: Zufolge der Transzendentalphilosophie, die durch die drei Kritiken repräsentiert ist, kann durch Rekurs auf deren Grundsätze ein System der apodiktisch gültigen synthetischen Sätze für die Naturwissenschaften formuliert werden. Diese Sätze stellen den Kernbestand der *Metaphysischen Anfangsgründe der Naturwissenschaft* von 1786 dar. Zweitens: Die Grenzziehung dessen, was in das System apodiktischer Naturgesetze gehört, ist durch die Grundsätze streng vorgegeben. Der dem Grundsatz der Qualität folgende Dynamikteil der *Metaphysischen Anfangsgründe* weist Anziehungskraft und Repulsivkraft als die beiden notwendigen Prinzipien der Erklärung von Raumerfüllung der Materie mit einem bestimmten Grad aus. Aus der ebenfalls als a priori gewiß anzugebenden Wirkungsweise dieser Kräfte ergibt sich weiterhin der apodiktisch gewisse Satz: Materie als etwas, das den Raum erfüllt, muß Anziehungs- und Repulsivkräfte zukommen. Jedoch ist durch diese Analyse des Begriffs der ‚Materie überhaupt' nicht festgelegt, auf welche Weise die spezifische Verschiedenheit der Körper – wie etwa Unterschiede der Dichte und Gestalt – zu erklären ist. Weder können die spezifischen Verschiedenheiten der Materie a priori eingesehen, noch können für ihre Erklärung notwendige Prinzipien a priori gegeben werden.

Als erste These läßt sich dann formulieren: Der Übergang von den Metaphysischen Anfangsgründen der Naturwissenschaft zur empirischen Physik hat die Aufgabe, die Prinzipien, die zufolge der *Metaphysischen Anfangsgründe* die notwendigen Bedingungen dafür darstellen, daß Materie überhaupt eine qualitative Beschaffenheit hat, zur alleinigen Grundlage einer vollständigen Erklärung der spezifischen Verschiedenheit von Materie zu machen. Sollen alle Eigenschaften der Körper auf die Grundkräfte zurückgeführt werden, müssen sich a priori für ihre Erklärungen geeignete mögliche Verknüpfungen der Grundkräfte angeben lassen. Die (gegenüber den zwei Grundkräften spezifischeren) Prinzipien, die die Grundlage aller physikalisch-chemischen Erklärungen darstellen sollen, sind jedoch ihrem Status nach von den Grundkräften zu unterscheiden. Sie stellen zwar apriorische, aber bloß mögliche Erklärungsprinzipien dar, das heißt: sie sind als Prinzipien für die Erklärung spezifischer Verschiedenheiten grundsätzlich ersetzbar.

Ein Resultat dieser Bestimmung ist eine Antwort auf die vieldiskutierte Frage danach, ob und wie Kant mit seinem Übergangsprojekt des Nachlaßwerkes an seine kritische Philosophie anknüpft. Ausgehend von der oben gegebenen Funktion des Übergangs läßt sich nämlich sagen (1) daß die *Allgemeine Anmerkung zur Dynamik* der *Metaphysischen Anfangsgründe der Naturwissenschaft* von 1786 die Funktion eines solchen Übergangs einnimmt. Ihr kommt 1786 die Aufgabe der Erklärung der spezifischen Verschiedenheit der Körper zu. Zweitens (2) läßt sich sagen, daß der Übergang im Nachlaßwerk die Funktion der *Allgemeinen Anmerkungen zur Dynamik* übernimmt und damit sein Projekt auf der Basis der kritischen Philosophie nicht nur verständlich ist, sondern der Funktion nach einen unverzichtbaren Bestandteil von ihr darstellt.

Folgt man der ersten hier ausgeführten These, wird die Frage dringlich, warum eine neue Konzeption erforderlich ist. Die diese Frage beantwortende These lautet: Die Probleme der früheren Materietheorie ergeben sich als Folge des dort erhobenen Anspruchs, durch direkte Bezugnahme auf die beiden Grundkräfte – Anziehungskraft und Repulsivkraft – die spezifische Verschiedenheit der Körper zu erklären. Wenn Volumen und Dichte eines Körpers durch ein Zusammenspiel der beiden Grundkräfte, der Anziehungskraft und der Repulsivkraft, erklärt werden sollen, folgt daraus zunächst eine nicht mit den empirischen Beobachtungen übereinstimmende Annahme: Da die Anziehungskraft anders als die Repulsivkraft eine zur Masse proportionale Fernwirkungskraft ist, würde bei einer Veränderung der Menge einer Materie, welche eine bestimmte Dichte hat, sich das Verhältnis von Anziehungskraft und Repulsivkraft und damit auch die Dichte ändern. Trifft dies zu, muß die von Kant 1786 vorgeschlagene Erklärungsmöglichkeit der spezifischen Verschiedenheit von Körpern ersetzt werden. Hinzu kommt ferner noch ein anderes Problem: Will Kant einer Fragilität der Kräftekonstellation entgegenwirken, läßt sich dies ausgehend von den Grundkräften als körperkonstituierenden Kräften nur durch die zusätzliche Annahme bewerkstelligen, daß die Anziehungskraft gemeinsam mit der Kraft einer anderen Materie gegen die Repulsivkraft wirkt. Diese Erklärung setzt aber eine bestimmte Anziehungskraft und damit die Dichtigkeit der Körper, die erklärt werden sollte, schon voraus. Die hier angedeuteten Probleme, mit Bezug auf die Kant 1792 von einem Zirkelproblem seiner Erklärung der spezifischen Dichtigkeit spricht, soll das Nachlaßwerk lösen.

Bei der Lösungssuche gilt zu beachten: Zwar stellen bei der durch die *Metaphysischen Anfangsgründe* herausgearbeiteten Basis für eine Materietheorie die beiden Grundkräfte die einzigen als notwendig ausgewiesenen Erklärungsprinzipien dar, dies heißt aber nicht, daß die in der *Allgemeinen Anmerkung zur Dynamik* herausgearbeiteten Prinzipien zur Erklärung der spezifischen Verschiedenheit die einzig möglichen sind. Denn erstens gilt, daß Kant bei der Aufstellung dieser zur empirischen Wissenschaft überleitenden Erklärungsprinzipien ihre grundsätzliche Ersetzbarkeit behauptet hatte. Zweitens gibt es auch tatsächlich eine zu der Theorie der *Allgemeinen Anmerkung* von 1786 alternative Möglichkeit, ausschließlich auf der Basis des Dynamikhauptteils eine Materietheorie auszuarbeiten. Die Inanspruchnahme einer von Kant zumeist Äther genannten Materie als ein grundlegendes Erklärungsprinzip für die spezifische Verschiedenheit von Körpern kann dann als Lösung für die Probleme der früheren Materietheorie vorgestellt werden, wenn der Äther sich als eine durch die beiden Grundkräfte zu erklärende Materie konzipieren läßt. Dann kann er als drittes Erklärungsprinzip bei der Erklärung der spezifischen Verschiedenheit von Körpern hinzugezogen werden, ohne daß das dritte Erklärungsprinzip eine Grundkraft darstellt. Es ist vielmehr ein selbst mithilfe der Grundkräfte zu erklärender eigentümlicher Materietyp. Dieses Erklärungsprinzip wird grundlegend im Übergang der Metaphysischen Anfangsgründe zur empirischen Physik und unter dieser Voraussetzung gestaltet sich die neue Konzeption.

Daß Kant in seinem Nachlaßwerk eine Konzeption ausarbeitet, die den unterschiedlichen Anforderungen genügt, denen ein Übergang von den Metaphysischen Anfangsgründen zur empirischen Physik Rechnung tragen muß und die zum Teil auch erst als Folge der neuen Anlage des Übergangs im Nachlaßwerk auftreten, muß in der Arbeit im Einzelnen nachgewiesen werden. Heraus sticht dabei der Anspruch, den von Kant 1799 ausgeführten ‚Äther*beweis*' als in dieses Programm integrierbar zu erweisen. Denn daß etwas empirisch Gegebenes a priori als existierend bewiesen werden soll, stellt für die Transzendentalphilosophie eine Herausforderung dar. Genauer muß eine solche Integration in zwei Hinsichten erfolgen. Erstens stellt sich die Frage nach dem Grund des Beweises. Zweitens stellt sich die Frage nach der Möglichkeit seiner Durchführung. Dies insbesondere unter der bereits plausiblisierten Annahme, daß diese mit dem Projekt der kritischen Philosophie vereinbar sein muß. Meine für beide Hinsichten relevante These läßt sich so formulieren: Mit dem sogenannten Ätherbeweis will Kant zeigen, daß die im Übergang konzipierte Idee des Äthers sich auf etwas Gegebenes beziehen läßt. Um dieses Ziel zu erreichen, weist Kant nach, daß man sich mit dem im Übergang beanspruchten Begriff des Äthers auf eine Materie beziehen kann, deren Wirklichkeit die notwendige Bedingung dafür darstellt, daß wir Erfahrung von Körpern im Raum machen können.

Zur Erläuterung: Auf die Wirklichkeit des in der a priori entwickelten Materietheorie konzipierten Begriffs eines Äthers kann nicht angesichts einer besonderen Eigenschaft von Körpern geschlossen werden. Diese, von Kant selbst erwogene Möglichkeit ist deshalb nicht befriedigend, weil der Begriff des Äthers im Übergang nicht eine spezifische mit anderen Materien in Wechselwirkung stehende Materie bezeichnen, sondern als Basis aller Besonderheiten von Körpern aufgefaßt werden soll. Es reicht aber auch wiederum nicht aus, dem Äther den Status einer bloßen

Idee zuzusprechen. Denn in seiner Funktion, Basis für die Erklärung der Eigenschaften der Körper zu sein, muß ihm physische Wirksamkeit zugesprochen werden.

Hält Kant daran fest, daß ohne den im Übergang entwickelten Begriff des Äthers die Erklärung der spezifischen Verschiedenheit von Körpern nicht möglich ist, so muß er die Wirklichkeit einer Materie aufweisen, auf die sich aufgrund einer Reihe von Charakteristika, von denen ich nur die Allverbreitetheit und Formlosigkeit nennen will, der Begriff des Äthers beziehen läßt. Eine jeden Raum erfüllende, formlose Materie ist, so Kant, für uns eine notwendige Bedingung der Erfahrung, da wir zur raum-zeitlichen Bestimmung von Körpern im Raum den Raum als materiell ansehen müssen.

1. Ort und Funktion des Systems der empirischen Physik

Um die in der Einleitung entworfene Interpretationslinie zu verfolgen, ist es erforderlich, das Projekt der *Metaphysischen Anfangsgründe* soweit in den Blick zu bringen, daß ersichtlich wird, erstens was Kant dort mit welchem Anspruch zu einer Materietheorie ausführt und zweitens ob und gegebenenfalls inwiefern seine Ausführungen zur physischen Materietheorie als System der empirischen Physik angesehen werden können. Die in diesem Zusammenhang relevanten Textpassagen finden sich in dem Dynamikteil der *Metaphysischen Anfangsgründe*. Es kann jedoch nicht darauf verzichtet werden, das Programm der *Metaphysischen Anfangsgründe* insgesamt zu skizzieren und auf deren Methode und Funktion einzugehen. Dies ist nötig, um sich über den ‚Systemaufbau' wissenschaftlicher Erkenntnisse, d.h. über die Abfolge und den Zusammenhang verschiedener Arten wissenschaftlicher Prinzipien, zu verständigen. Und eine Einsicht in den Systemaufbau ist erforderlich, erstens, weil für die Frage nach dem Ausgangspunkt des Nachlaßwerkes das Verhältnis von Dynamikhauptteil und *Allgemeiner Anmerkung zur Dynamik* und die jeweilige Funktion dieser Abschnitte geklärt werden muß. Nur so kann das komplizierte Verhältnis des Nachlaßwerkes zu den *Metaphysischen Anfangsgründen* eingesehen und die genaue Problemstellung des Nachlaßwerkes erkannt werden. Zweitens ist das Verständnis des Systemaufbaus deshalb wichtig, weil das Nachlaßwerk den Zusammenhang von apriorischen und empirischen Prinzipien thematisiert und damit selbst auf Fragen zielt, die mit dem Systemaufbau zusammenhängen. Die Analyse der *Metaphysischen Anfangsgründe* leistet ferner auch eine Art Vorarbeit für die Interpretation späterer Überlegungen des Nachlaßwerkes, in denen Kant auf Annahmen der *Metaphysischen Anfangsgründe* zurückgreift.

Aus diesen Gründen sind im Folgenden zunächst die *Metaphysischen Anfangsgründe* auf ihr Programm und dessen Realisierung zu befragen, um vor diesem Hintergrund die obige Frage nach der Materietheorie beantworten zu können (A). Im Anschluß daran wird zu fragen sein, ob und gegebenenfalls inwiefern die *Allgemeine Anmerkung zur Dynamik* ein System der empirischen Physik entwirft (B).

Daß die *Allgemeine Anmerkung zur Dynamik* so betrachtet werden kann, daß sie die Funktion eines Systems der empirischen Physik in dem Sinne beansprucht, den Kant für den Übergang im Nachlaßwerk behauptet, kann aber erst dann wirklich überzeugen, wenn man die Funktionsbestimmung des im Nachlaßwerk entwickelten Systems der empirischen Physik berücksichtigt (C). Die weitergehende

These, daß die Übergangskonzeption die Aufgabenstellung der *Allgemeinen Anmerkung zur Dynamik* wiederaufnimmt, wird sich nach dem Rückgriff auf die *Metaphysischen Anfangsgründe* so spezifizieren lassen, daß der Grund der Wiederaufnahme erkennbar wird (D).

A. Die Grundlegung der Materietheorie in den „Metaphysischen Anfangsgründen der Naturwissenschaft"

Bei der folgenden Darstellung des Programms der *Metaphysischen Anfangsgründe* werden drei Aspekte zu beleuchten sein. Zunächst (1) ist begreiflich zu machen, wie es möglich sein kann, daß die *Metaphysischen Anfangsgründe* den Charakter einer nicht-empirischen Lehre haben, obwohl sie sich auf Empirisches beziehen. Die hierzu anzustellenden Überlegungen führen auf den Materie- und den Bewegungsbegriff. Des weiteren (2) steht zur Erörterung an, wie die Prinzipien der *Metaphysischen Anfangsgründe* gewonnen werden können. Dies führt auf den Konstruktionsbegriff. Dieser Erörterung folgt (3) eine Bestimmung der Funktionen dieser Schrift, bevor dann zur Analyse des Dynamikteils übergegangen wird.

(1) Apodiktisch gewisse Gesetze der Naturwissenschaft aufzustellen, scheint im Rahmen der kantischen Philosophie nur durch die Ermittlung dessen möglich, was sich a priori über den Gegenstand der Naturwissenschaft, d.h. den Gegenstand der Erfahrung, sagen läßt. Da der Gegenstand der Erfahrung nicht gegeben ist, sondern durch Regeln des Verstandes zum Gegenstand der Erfahrung bestimmt wird, besteht die einzig mögliche Weise, notwendige Prinzipien der Naturwissenschaft zu gewinnen, darin, daß man sich auf diese Regeln bezieht. Die so gewonnenen Prinzipien wären also deshalb notwendig, weil der Gegenstand der Naturwissenschaft durch sie konstituiert wird. Das Bestimmbare als möglicher Gegenstand des äußeren Sinns wird als Materie bezeichnet. Die Prinzipien, ohne welche die Materie kein Gegenstand der Erfahrung sein könnte, müssen dann für einen reinen Teil der Naturwissenschaft die Grundlage bilden. Der reine Teil der Naturwissenschaft kann über diese notwendigen Prinzipien der *Metaphysischen Anfangsgründe* hinausgehend von ihnen ableitbare Sätze und mathematische Konstruktionen enthalten, die sie jedoch voraussetzen.

Die Methode[27] der Gewinnung dieser notwendigen Prinzipien muß dem Umstand Rechnung tragen, daß einerseits das zu bestimmende Objekt schon als Objekt vorauszusetzen ist, insofern als auf es als möglicher Gegenstand der äußeren

27 Die Methode und die Frage nach dem Ausgangspunkt der *Metaphysischen Anfangsgründe* ist Gegenstand zahlreicher Untersuchungen geworden. Das Problem des empirischen Begriffs der Materie haben v.a. Plaaß (1965) und Cramer (1985) behandelt. Einen guten Kommentar mit zahlreichen Hinweisen zur Sekundärliteratur zu den *Metaphysischen Anfangsgründen* gibt Pollok (2001).

Sinne Bezug genommen werden soll, daß aber andererseits Materie erst durch die in dem Verfahren gewonnenen Prinzipien zum Objekt werden kann. Die eigentümliche Methode, die Kant entwickelt, versucht dieser Ausgangslage gerecht zu werden: Kant geht davon aus, daß für die Fundierung der Naturwissenschaft der ‚empirische' Begriff der Materie als undurchdringliche leblose Ausdehnung (A 848/B 876) zugrundegelegt werden kann. Dieser Begriff enthält bloß die Merkmale, die notwendig dafür sind, daß Materie ein Objekt der Sinne werden kann (A 848/B 876).[28] Er setzt daher die kategoriale Deutung des Gegenstands bereits voraus.[29] Die kategoriale Deutung muß aber dann Bestandteil des Projekts der Fundierung der Naturwissenschaft sein, was erfordert, daß jeweils (also unter jeder Kategorie) die den Erscheinungen als Gegenständen der Erfahrung beizulegenden Bestimmungen in Bezug auf Materie als möglicher Gegenstand des äußeren Sinns formuliert werden. Den so bestimmten Begriff nennt Kant Materie überhaupt.

Von diesen kategorialen Bestimmungen des Begriffs der Materie ausgehend muß Kant im Rahmen der *Metaphysischen Anfangsgründe* weiterhin versuchen, Prinzipien zu gewinnen, die notwendig zu dem so bestimmten Begriff der Materie gehören. Dazu bedarf es des Bezuges auf den Raum als einer apriorischen Anschauung. Dies läßt sich wie folgt konkretisieren: Wenn die kategorialen Bestimmungen der Qualität, Relation und Quantität der Materie notwendig zukommen sollen, muß der so bestimmte Begriff der Materie a priori auf das untersucht werden können, was zur Darstellung dieses Begriffs erforderlich ist, um besondere Prinzipien der Möglichkeit der Materie zu erhalten. Diese besonderen Prinzipien der Naturwissenschaft sind die Bedingungen dafür, daß Materie in der durch die Kategorien bestimmten Weise als Gegenstand im Raum möglich ist und insofern notwendige Prinzipien.

Für das Verfahren der *Metaphysischen Anfangsgründe* ist daher festzuhalten: Es muß bei den einzelnen Bestimmungen anhand der vier Kategoriengruppen stets einen Doppelschritt machen: der erste Schritt ist die kategoriale Bestimmung der Materie als Objekt der Sinne und der zweite eine Untersuchung, welche besonderen Prinzipien notwendig zu diesem Begriff der Materie gehören.[30]

---

28 Dieser Begriff wird von Kant als abgesonderter (obzwar empirischer) Begriff der Materie bezeichnet (IV, 472).

29 Vgl. dazu Cramer (1985), 117.

30 So führt Kant im Dynamikteil (unter der Kategoriengruppe der Qualität) (1) die Undurchdringlichkeit und Raumerfüllung der Materie ein und ermittelt dann (2) die Grundkräfte als etwas, das notwendig zu dem Begriff der Materie gehört, IV, 524, Zeile 32. Den ersten Schritt kann man auch als ‚Zergliederung' des Begriffs der Materie überhaupt auffassen. In diesem Zusammenhang ist diskutiert worden (vgl. Plaaß (1965)), ob die *Metaphysischen Anfangsgründe* analytische oder synthetische Urteile hervorbringen. M.E. ist die Gewinnung der Prinzipien, die zur Möglichkeit der Materie erforderlich sind, der eigentlich synthetische Schritt. Einen anderen Vorschlag macht Friedman (2001b), indem er argumentiert, die Repulsivkraft sei im empirischen Begriff der Materie enthalten, nicht aber die Anziehungskraft, die als zweite Kraft für Raumerfüllung erforderlich wäre.

Aber auch mit der Erkenntnis, daß der Begriff der Materie als undringliche leblose Ausdehnung zugrundgelegt und auf seine Bedingungen untersucht werden kann, ist der Ausgangspunkt für die *Metaphysischen Anfangsgründe der Naturwissenschaft* noch nicht hinreichend bestimmt. Vielmehr muß der Begriff der Materie auch etwas implizieren, was als das Bestimmbare gelten kann. Denn wenn beispielsweise die für die Möglichkeit der Undurchdringlichkeit notwendigen Prinzipien aufgefunden werden sollen, bedarf es eines Ausgangspunktes, eines Prinzips oder einer Grundbestimmung, vermöge dessen dies zu leisten ist.

Dieses Prinzip darf als Basis für notwendige Prinzipien einerseits nicht selbst der Erfahrung entnommen werden, weil es in diesem Falle zufällig wäre.[31] Andererseits darf man es aber auch nicht ohne Bezug auf Erfahrung gewinnen; muß es doch die Grundbestimmung dessen sein, was ein möglicher Gegenstand des äußeren Sinns sein kann. Zu vermuten ist daher, daß dieses Prinzip aus der Spezifikation des Gegenstandsbereichs hervorgehen, also etwas sein soll, was der Materie als möglichem Gegenstand des äußeren Sinns notwendig zukommt. Kants Argumentationsschritte hierzu lassen sich verkürzend wie folgt rekonstruieren:

Kant setzt voraus, daß nicht nur die Form des äußeren Gegenstands, sondern ein in dieser Form gegebenes Mannigfaltiges Bezugspunkt der *Metaphysischen Anfangsgründe* sein soll. Diese Voraussetzung enthält die zwei Annahmen, daß der Gegenstand erstens dem äußeren Sinn gegeben werden können soll und daß er zweitens ein Gegenstand der Empfindung sein muß.

Der erste Schritt besteht in der Überlegung, daß die Ursache der Empfindung dem äußeren Gegenstand zugesprochen werden können muß und ihm hierzu das Vermögen des Einflusses auf den Sinn zu unterstellen ist. Bereits aus der in der *Kritik der reinen Vernunft*, im Abschnitt über die *Antizipationen der Wahrnehmung*, aufgestellten Behauptung kann man diese Folgerung ziehen.[32] Denn die Behauptung, daß den Erscheinungen eine intensive Größe zukomme, „welcher korrespondierend allen Objekten der Wahrnehmung, sofern diese Empfindung enthält, intensive Größe, d.i. ein Grad des Einflusses auf den Sinn, beigelegt werden muß" (B 208), impliziert die Interpretation der intensiven Größe der äußeren Anschauung als „Grad des Einflusses auf den Sinn". Dieser erste Schritt zielt aber zugleich auf ein Kausalverhältnis zwischen dem Objekt der Wahrnehmung und dem Subjekt der Empfindung. Die Subjekte werden dadurch selbst zu Elementen der Klasse der Gegenstände äußerer Sinne. Dies folgt aus der Voraussetzung, daß

---

31 In der *Kritik der reinen Vernunft* argumentiert Kant, daß, da im Raum als reiner Anschauung nichts Bewegliches sei, Bewegung die Wahrnehmung von etwas Beweglichem voraussetze. Dieses Argument kann hier aber nicht direkt zugrundeliegen (vgl. Cramer (1985) 83), da dann der Ausgang vom Bewegungsbegriff (als etwas, das wahrgenommen worden ist) zufällig wäre (das Gleiche würde gelten, wenn Kant den Bewegungsbegriff aus der Physik nähme).

32 Diese Folgerung zieht Kant explizit allerdings erst in der zweiten Auflage und damit möglicherweise mit Blick auf die *Metaphysischen Anfangsgründe*. Hier ist aber nur wichtig, *daß* er sie zum Bestandteil der Grundsätze macht.

ein gegebenes Mannigfaltiges im Raum Bezugspunkt der Untersuchung sein soll und ist keine bloß empirische oder willkürliche Kausalaussage.

Der zweite Schritt hebt darauf ab, daß der Materie aufgrund ihres Vermögens, Ursache des Einflusses auf den Sinn zu sein, die Grundbestimmung der Bewegung muß zugesprochen werden können. Grund dafür ist, daß Tätigkeit und Veränderung im Raum, die für dieses Relationsverhältnis angenommen werden müssen, nur unter der Voraussetzung von Bewegung denkbar sind (IV, 524). Da der Begriff der Bewegung an dieser Stelle allerdings noch unbestimmt ist, erfordert er keine Theorie darüber, wie die Affektion empirisch vonstatten geht. Mit dem Begriff der Bewegung soll ja hier nur die Möglichkeit des Einflusses auf den Sinn bezeichnet werden.

Bewegt zu sein ist also das Einzige, was als das *Empirische* über den möglichen Gegenstand der äußeren Sinne a priori ausgesagt und daher als Grundbestimmung der Materie den Bestimmungen anhand der Kategorien vorausgesetzt werden kann. Daß Materie das Bewegliche im Raum ist, ist hingegen erst Resultat der Bestimmung anhand der ersten Kategoriengruppe (der Quantität). Denn dies ist die Bedingung dafür, daß die Materie überhaupt *Gegenstand* des äußeren Sinns werden kann.[33]

Kants Argument, von dem diese Rekonstruktion Gebrauch macht, daß nämlich nur durch Bewegung der äußere Sinn affiziert werden könne (IV, 476), ist von verschiedenen Interpreten mit der Begründung zurückgewiesen worden,[34] es gründe eine apriorische Wissenschaft auf eine empirische Kausaltheorie. Unbestreitbar ist, daß es andere Möglichkeiten gibt, die Grundbestimmung der Bewegung argumentativ abzusichern,[35] und es mag sogar zutreffen, daß diese Argumente plausibler sind. Hier läßt sich beispielsweise die Überlegung anführen, die ihren Ausgang von den Zeitbestimmungen nimmt und sehr verkürzt so zusammengefaßt werden kann, daß ein Gegenstand im Raum als beharrliche Substanz Veränderungen nur durch im Raum darstellbare Bewegungen realisieren könne. Allein, dieser Begrün-

---

33 „Also ist alle Bewegung, *die ein Gegenstand der Erfahrung ist*, blos relativ [herv. von D. Emundts]", IV, 481.

34 Vgl. z.B, Hoppe (1969), 64; Walker (1974), 153; Cramer (1985), 146.

35 Die Argumentation, Bewegung sei die Vereinigung von den reinen Anschauungsformen Raum und Zeit haben (in unterschiedlicher Weise) Schäfer (1966), Gloy (1976) vertreten. Sie stimmt kurz gesagt nicht damit überein, daß Kant Bewegung als empirisches Prinzip bezeichnet. Auch im Fall von Plaaß' Bestimmung als ‚Prädikabile' bleibt diese Bemerkung unklar. Zur Verteidigung vgl. Pollok (2001), 158 ff. Cramer (1985) hat versucht, die Interpretation von Plaaß so zu modifizieren, daß der Begriff der Bewegung mehr enthält als die Vereinigung von Raum und Zeit, nämlich transzendentale Zeitbestimmungen (309). Da Cramer die transzendentalen Zeitbestimmungen als nicht-reine Bestimmungen auffaßt (301), kann er so einerseits mit Plaaß dafür argumentieren, daß die *Metaphysischen Anfangsgründe* gegenüber dem Einwand, daß den *Metaphysischen Anfangsgründen* ein empirisches Urteil zugrundeliegt (daß Bewegung den Sinn affiziere) verteidigt werden können, andererseits kann er erklären, wieso Kant hier sagt, er lege einen *empirischen* Begriff zugrunde: Dieser empirische Begriff ist dann genauer ein Begriff, dem Empirisches beigemischt ist.

dungsversuch hat den Nachteil, daß er Bewegung mit der (ersten) phoronomischen Bestimmung gleichsetzen muß, während Kant sie als eine der phoronomischen Bestimmung vorausgehende Grundbestimmung verstanden wissen will. Die Bestimmung als ‚Bewegung im Raum' ergibt sich erst als erste (quantitative) Bestimmung des Beweglichen im Raum. Ausschlaggebend für die hier gegebene Darstellung war schließlich, daß die von Kant selbst geltend gemachte und zu verteidigende Affektionsthese sich als ein integraler Bestandteil des Nachlaßwerkes erweisen wird.

Die beiden vorangegangenen Überlegungen lassen erkennen: Sollte es gelingen, mit Blick auf die notwendigen Bestimmungselemente der Materie ausgehend von einer Grundbestimmung, die den Gegenstand als im Raum Gegebenen auszeichnen muß, Prinzipien der Möglichkeit von Materie aufzufinden, dann hätten die Sätze, die dafür die Bedingungen formulieren, ebenso wie die daraus folgerbaren Sätze[36], als *besondere* apodiktisch gewisse Sätze der Naturwissenschaft zu gelten.

(2) Auch mit diesem Ausgangsrepertoire ist aber die Möglichkeit, Prinzipien der Möglichkeit der Materie aufzustellen, noch nicht vollständig einsichtig. Obwohl nicht nur die durch die Kategorien gewonnenen Begriffe (wie der der Undurchdringlichkeit), sondern auch die durch diese Begriffe geforderten Prinzipien (wie die Grundkräfte) notwendig zu dem Begriff der Materie gehören, sind sie keineswegs analytisch im Begriff der Materie enthalten. Es bedarf daher bei ihrer Gewinnung eines Bezuges zur Anschauung. Dieser Bezug auf die Anschauung führt auf die Kantische Theorie der Konstruktion. Es kann sich hier nicht um die empirische Anschauung handeln. Denn die empirische kann zwar Begriffe durch Beispiele erläutern,[37] aber kein Kriterium dafür geben, was notwendig für die Bestimmungselemente des Begriffs der Materie anzunehmen ist. Die apriorischen Prinzipien der Möglichkeit der Materie müssen daher mit Bezug auf die reinen Anschauungen gewonnen werden.[38] Oder, anschließend an die bisherigen Ausführungen gesagt: nur durch den Bezug auf die reinen Anschauungen sind synthetische Sätze a priori als apodiktisch gewisse Sätze der Naturwissenschaft möglich.

Ist die Möglichkeit der Konstruktion des Begriffs der Materie überhaupt ausgewiesen, d.h. des Begriffs der Materie, dem außer der ‚undurchdringlichen leblosen Ausdehnung' keine weiteren Prädikate zukommen – welche dem Begriff einer empirisch gegebenen Materie sehr wohl zukommen mögen –, so werden die Prinzipien als die notwendigen und für die Möglichkeit der Materie hinreichenden Bedingungen erkennbar. Die der Philosophie bei der Fundierung der Naturwissen-

36 Ein Beispiel dafür ist in der Dynamik die unendliche Teilbarkeit der Materie.

37 Vgl. hierzu AA XX, 325.

38 Daher kann Kant sagen, die *Elemente* der Konstruktion zu geben, sei eine *philosophische* Aufgabe (IV, 518), und er beschreibt seine Methode entsprechend so, daß er frage, was „zur Darstellung einer Materie" geleistet werden müsse (IV, 511).

schaft zugewiesene Aufgabe beschreibt Kant daher so, sich dessen zu bedienen, „was sie im abgesonderten (obzwar an sich empirischen) Begriffe [der Materie] selbst antrifft, in Beziehung auf die *reinen* [herv. v. D. Emundts] Anschauungen im Raume und der Zeit (nach Gesetzen, welche schon dem Begriffe der Natur überhaupt wesentlich anhängen)" (IV, 472).

Die Durchführung der Konstruktion des Begriffs der Materie überhaupt kann allerdings keine philosophische Aufgabe sein; denn gemäß Kants Unterscheidung von mathematischer und philosophischer Erkenntnisweise ist die Konstruktion von Begriffen eine mathematische Aufgabe. Die Philosophie kann nur Prinzipien zur Verfügung stellen, auf die sich die Möglichkeit der mathematischen Darstellung gründet. Dies macht sie dadurch, daß sie die Möglichkeit der Materie überhaupt in Beziehung auf die reinen Anschauungen durch Prinzipien erklären muß. Das Verhältnis von Philosophie und Mathematik läßt sich am Beispiel der Dynamik veranschaulichen: Die philosophische Untersuchung erklärt die Raumerfüllung durch Kräfte, deren Verhältnis durch verschiedene Richtungen und ihrer zur Raumgröße entgegengesetzt proportionalen Wirkungsweise bestimmt ist. Da in diesem Verhältnis nur Prinzipien vorkommen, die sich mathematisch darstellen lassen, sind die philosophischen Prinzipien für Kant Prinzipien der Konstruktion des Begriffs der Materie überhaupt, unabhängig davon, wie man diese mithilfe der Mathematik durchzuführen hat.[39]

Man kann also nach den bisherigen Überlegungen sagen, daß die Bestimmung des Begriffs der Materie eine systematische Aufstellung aller synthetischen Sätze a priori über etwas Bewegliches im Raum möglich macht. Die Phoronomie bestimmt das Bewegliche als nach Richtung und Geschwindigkeit bestimmbare Bewegung im Raum, die Dynamik zeigt bewegende Kräfte auf, die der Materie (als etwas, das als im Raum Bewegtes bestimmt wurde) zugesprochen werden müssen. Die Mechanik untersucht, welchen Bewegungsgesetzen das so bestimmte Bewegliche im Raum

39 Im Zusammenhang der oben erwähnten Methodendiskussion hat der besonders von Plaaß (1965) (daneben aber in je anderer Durchführung von: Schäfer (1966), Förster (2001b), 177, u.a.) in Anlehnung an eine mehrdeutige Formulierung von Kant (IV, 473) verwendete Begriff der ‚metaphysischen Konstruktion' zur Charakterisierung der Kantischen Verfahrensweise viel Aufsehen erregt. Plaaß hat diesen Begriff im Ausgang von seiner Überzeugung, daß die Merkmale des Begriffs der Materie erst Resultat der Untersuchung sein dürfen, eingeführt. Die Gegenpositionen (Wolff-Metternich (1995); Weber (1998)) haben versucht zu zeigen, daß nur der Begriff einer mathematischen Konstruktion innerhalb der Kantischen Philosophie sinnvoll ist. Ich nehme an, daß die metaphysischen Prinzipien aufgrund ihres Bezugs auf reine Anschauungen als Prinzipien einer möglichen Konstruktion verstanden werden müssen, die Durchführung der Konstruktion dieses Begriffs in der Anschauung a priori aber eine mathematische Aufgabe ist. Diese Lesart hat den Vorteil, daß man die Unterscheidung von mathematischer und philosophischer Erkenntnisweise (A 712/B 740 ff; vgl. auch A 847/B 875 (Anm.)) aufrecht erhalten kann, gleichzeitig aber die Möglichkeit der Konstruktion der Materie überhaupt als eine philosophische Aufgabe verstehen kann, in der die Mathematik nur als Instrument dient. Die Rede von metaphysischer Konstruktion wäre dann zwar verständlich, aber ungenau angesichts dessen, daß man zur Durchführung der Konstruktion der Mathematik bedarf.

unterliegen muß, und die Phänomenologie unterscheidet die Bewegungsarten danach, ob sie als Prädikate des Objekts möglich, wirklich oder notwendig sind.

(3) Die vorangestellte Skizze der *Metaphysischen Anfangsgründe* erlaubt es, ihnen verschiedene Funktionen zuzuweisen: Offensichtlich soll es einen reinen Teil der Naturwissenschaft geben, auf dem die Apodiktizität der Naturwissenschaft gründet, und dafür müssen vor aller mathematischen Darstellung metaphysische Prinzipien gegeben werden, die notwendig und hinreichend für die Möglichkeit der Materie unter Raum-Zeitbedingungen sind. Die Aufstellung dieser metaphysischen Prinzipien ist die Hauptaufgabe der *Metaphysischen Anfangsgründe*.

Mit dieser positiven Funktion ist aber eine negative eng verknüpft. Es können nur die Prinzipien, die notwendig dafür sind, daß Materie Gegenstand der Erfahrung werden kann, nicht aber Prinzipien, welche die vom Standpunkt der Transzendentalphilosophie zufälligen Besonderheiten der Gegenstände des äußeren Sinns erklären, a priori erkannt werden. Die Aufstellung eines Systems der besonderen metaphysischen Naturgesetze muß daher auch die Grenzbestimmung dessen implizieren, was a priori erkannt und worüber hinaus nichts mit apodiktischer Gewißheit behauptet werden kann. Weil die Möglichkeit der Konstruktion des Begriffs der Materie überhaupt durch die metaphysischen Prinzipien gegeben ist, kann Kant die Grenzbestimmung auch in dem Satz ausdrücken, daß eigentliche Naturwissenschaft nur soweit reiche, als Mathematik in ihr anzutreffen ist. Legt doch die Gewinnung der Prinzipien deren Reichweite mittels ihres Bezugs zur reinen Anschauung auf die Grenzen der mathematischen Darstellbarkeit fest.

Lassen sich für die Möglichkeit von Materie als Bewegliches, den Raum Erfüllendes etc. Konstruktionsprinzipien aufweisen, so wird dadurch umgekehrt eine mathematische Naturwissenschaft gerechtfertigt. Allerdings begrenzt die Rechtfertigung einer Anwendung der Mathematik auch den Bereich, in dem die Anwendung rechtmäßig ist. Die Anwendbarkeit der Mathematik ist nicht das Kriterium für a priori gültige Sätze der Naturwissenschaft.[40] Vielmehr werden die a priori gültigen Sätze durch die Bestimmung von Materie als Gegenstand der Erfahrung gewonnen und auf diese Weise wird auch ihre Grenze markiert. Wenn auch innerhalb dieser Grenze die Anwendbarkeit von Mathematik – dank der Möglichkeit der Konstruktion der Materie überhaupt – möglich sein muß, so hängt doch die Reichweite dessen, was durch mathematische Prinzipien erkennbar ist – also eine

40 Betrachtet man die Vorrede der *Metaphysischen Anfangsgründe*, könnte man allerdings den Eindruck bekommen, daß die Anwendbarkeit der Mathematik das Kriterium für eigentliche Wissenschaft ist. Aus dem Kontext dieser Stellen geht aber hervor, daß Kant hier die *rechtmäßige* Anwendung der Mathematik meint, aus der allein Erkenntnisse a priori entspringen können und die zu prüfen eine philosophische Aufgabe ist: „so kann Chemie [...] niemals aber eigentliche Wissenschaft werden, *weil* die Principien derselben blos empirisch sind und keine Darstellung a priori in der Anschauung *erlauben*, folglich die Grundsätze chemischer Erscheinungen ihrer Möglichkeit nach nicht im mindesten begreiflich machen, weil sie der Anwendung der Mathematik unfähig sind [herv. v. D. Emundts]" IV, 471.

philosophisch gerechtfertigte Anwendung der Mathematik in der Naturwissenschaft – davon ab, wie die Grenzbestimmung der philosophischen Analyse ausfällt.

Das so charakterisierte Verhältnis von Philosophie und Mathematik erlaubt es zuzugestehen, daß apodiktisch gewisse Sätze der Metaphysik der Natur nicht unbedingt als Basis für mathematische Exaktheit im Experiment dienen können müssen und dennoch als apodiktisch gewisse Sätze eine Funktion für die Naturlehre inne haben können. Denn es ist möglich, daß die Untersuchung dessen, was a priori zur Möglichkeit der Materie gehörig erkennbar ist, eine Grenzbestimmung impliziert, die eine Anwendung der Mathematik in empirischen Wissenschaften zurückweist, gleichwohl aber an der Möglichkeit naturwissenschaftlicher Erkenntnisse a priori festhält. Man verkürzt daher leicht das Programm der *Metaphysischen Anfangsgründe*, wenn man ihr Ziel vorrangig oder allein darin sieht, Aussagen mathematischer Exaktheit über Naturereignisse und die Überprüfbarkeit von Hypothesen im Experiment zu ermöglichen.[41]

Schließlich ist hier noch eine weitere, den *Metaphysischen Anfangsgründen* zugesprochene Funktion anzuführen, die wichtig für das Verständnis des Systemaufbaus ist. Kant ist nämlich der Überzeugung, daß sie neben den auf die Naturwissenschaft bezogenen Aufgaben auch eine Funktion für die Transzendentalphilosophie erfüllen, die nämlich, Beispiele herbeizuschaffen und damit „die Begriffe und Lehrsätze der letzteren [der allgemeinen Metaphysik, D. Emundts] (eigentlich der Transcendentalphilosophie) zu realisiren, d.i. einer bloßen Gedankenform Sinn und Bedeutung unterzulegen." (IV, 478) Unentbehrlich ist die Analyse dieser Funktion hier auch, weil nur bei genauerer Einsicht in alle Funktionen zu entscheiden ist, in welchen Teilen der *Metaphysischen Anfangsgründe* was geleistet werden muß. Und dies wiederum ist unverzichtbar für die Einschätzung dessen, was mit der Neufassung der *Allgemeinen Anmerkung zur Dynamik* im Nachlaßwerk auf dem Spiel steht.

Die Kantische Überzeugung, daß die *Metaphysischen Anfangsgründe* die Funktion haben, die Begriffe und Lehrsätze der Transzendentalphilosophie zu realisieren, soll hier durch zwei Gedankenschritte erläutert werden: Der erste (a) bezieht sich auf die These Kants, daß durch Beispiele die reinen Begriffe realisiert werden, der zweite (b) darauf, daß diese Beispiele Beispiele der äußeren Anschauung sein müssen.

(a) Kant hat in der *Kritik der reinen Vernunft* aufgezeigt, daß die Begriffe der Transzendentalphilosophie als reine Gedankenformen nur dann objektive Realität haben, wenn sie als Prinzipien der Erkenntnis eines in der empirischen Anschauung gegebenen Objekts verwendet werden (vgl. B 288; A 157/B 196). Bedingung für ihren Bezug auf empirische Anschauungen ist die Schematisierung der Katego-

41 So bestimmt etwa Weber (1998), 22 Kants Ziel.

rien (A 146/B 186). Geht man von dieser und ähnlichen Aussagen über die Bedingung des Gebrauchs von Kategorien aus, so könnte man vor dem Hintergrund der bisherigen Überlegungen verkürzend sagen, daß die *Metaphysischen Anfangsgründe* den durch die schematisierten Kategorien ermöglichten Bezug auf etwas in der empirischen Anschauung Gegebenes herstellen und ihre Begriffe dadurch realisieren. Gegen diesen Vorschlag ist aber ein Einwand naheliegend, der sich ebenfalls auf Formulierungen Kants beziehen kann: Bereits die Schemata der Sinnlichkeit realisieren die Kategorien (A 146/B 186). Die Erklärung dafür kann man wie folgt geben: Bei den Kategorien als Regeln der Synthesis kann objektive Realität nur heißen, daß durch sie ein Gegenstand möglicher Erfahrung konzipierbar ist. Dafür reicht es aber aus, zu zeigen, wie dank ihrer der Bezug auf empirische Anschauungen möglich ist. Und dies erfüllt der Schematismus. Selbst unter Berücksichtigung dieser Erklärung wird man aber in abgeschwächter Form an der obigen These, daß die *Metaphysischen Anfangsgründe* den durch die schematisierten Kategorien ermöglichten Bezug auf etwas in der empirischen Anschauung Gegebenes herstellen, festhalten können, wenn man zwei Realisierungsarten unterscheidet: Zwar erweist sich die objektive Realität der Kategorien schon im Schematismus, die *Metaphysischen Anfangsgründe* geben aber für den möglichen Bezug der Kategorien auf empirische Anschauungen ein Beispiel. Sie sind in diesem Sinne die Realisierung der reinen Gedankenformen. Daß eine solche Realisierung möglich ist, stand folglich allerdings schon nach dem Schematismuskapitel nicht mehr in Frage.[42]

(b) Im zweiten Gedankenschritt muß zunächst noch erklärt werden, wieso Kant den *Metaphysischen Anfangsgründen* einen exklusiven Status zuschreibt, also ihnen eine für die Transzendentalphilosophie einzigartige Funktion zuschreibt. Dies entspricht, in einer noch näher auszuführenden Weise, der in der auf die *Metaphysischen Anfangsgründe* folgenden zweiten Auflage der *Kritik der reinen Vernunft* formulierten These, daß wir nicht nur der Anschauungen, sondern immer der *äußeren* Anschauungen bedürfen, um den Kategorien objektive Realität zu sichern (B 291). In der zweiten Auflage der *Kritik der reinen Vernunft* steht diese These Kants im Zusammenhang mit der Frage nach der Realität äußerer Dinge. Für die These läßt sich allerdings auf zwei Weisen argumentieren: Man kann bei der Möglichkeit der inneren Erfahrung ansetzend so argumentieren, daß die Möglichkeit zeitlicher Ordnung von Objekten nicht ohne die Realität äußerer Dinge gegeben wäre. Dies deshalb, weil beispielsweise Veränderungen etwas Beharrliches voraussetzen, welches nicht in den wechselnden Vorstellungen angetroffen werden kann. Man kann aber auch von den Kategorien selbst ausgehen und argumentieren,

42 Entsprechend kann Kant auch behaupten, die allgemeine Metaphysik müsse „in allen Fällen, wo sie Beispiele (Anschauungen) bedarf [...] diese jederzeit aus der allgemeinen Körperlehre, mithin von der Form und den Principien der äußeren Anschauung hernehmen" (IV, 478).

daß beispielsweise um dem Begriff der Substanz etwas Beharrliches in der Anschauung zu geben, wir einer Anschauung im Raum bedürfen, weil die Zeit nicht die Vorstellung von etwas Beharrlichem enthält (B 291).[43] Das heißt aber nichts anderes, als daß man den richtigen Gebrauch von Zeitbestimmungen an eine Bedingung knüpft. Diese Bedingung besagt, daß der Bezug auf äußere Anschauung notwendig dafür ist, daß es Erfahrung gibt. Auch ohne weitere Explikation dieser Argumentationen dürfte klar sein: Mit dem in der zweiten Auflage der *Kritik der reinen Vernunft* hinzugekommenen Hinweis auf den für die Darlegung der objektiven Realität der Kategorien notwendigen Bezug auf äußere Anschauungen kann Kant nicht behaupten (wollen), erst seine jetzige Konzeption erlaube die These, daß sich Zeitbestimmungen auch räumlich darstellen lassen. Vielmehr setzt er umgekehrt die Möglichkeit der Beziehung der Zeitbestimmungen auf den Raum voraus, um nun (in der zweiten Auflage) geltend zu machen, daß sie dieses Bezuges auch notwendig und ursprünglich bedürfen, damit die objektive Realität der Kategorien dargelegt werden kann.[44] Dabei ist die Realisierung der Kategorien (oder auch die Darlegung der objektiven Realität) von dem bloßen Nachweis der objektiven Realität (der nach obigen Ausführungen im Schematismuskapitel vorliegen soll) immer noch unterscheidbar: Wenn Kant in der ersten Auflage der Kritik sowohl gezeigt hat, daß die Kategorien sich unmittelbar in der reinen Zeitform darstellen lassen, als auch gezeigt hat, daß Zeitbestimmungen räumlich darstellbar sind, so kann der Bezug auf empirische Anschauung des äußeren Sinns die Realisierung der bereits durch die Zeitbestimmungen in ihrer objektiven Realität erwiesenen Kategorien sein.

Durch den bisher vollzogenen Gedankenschritt wird deutlich, daß die *Metaphysischen Anfangsgründe* nicht bloß ein Beispiel für den Bezug auf empirische Anschauung bringen, sondern mit der vollständigen Darlegung der Prinzipien der äußeren Anschauung ein vollständiges System dessen geben, wodurch die objektive Realität der Kategorien dargelegt werden kann.[45]

---

43 Kant setzt diese Überlegungen zu äußeren Anschauungen selbst ausdrücklich in einen Bezug zur *Widerlegung des Idealismus*, B 293.

44 Implizit ist die These, daß der Bezug auf äußere Anschauungen notwendig ist, dadurch in der ersten Auflage bereits enthalten, daß Kant sich in den Grundsätzen der ersten Auflage auch auf den Raum bezieht. Er macht sie aber erst in der zweiten Auflage als antiskeptisches Argument geltend. Und wahrscheinlich in diesem Zusammenhang forciert er sie so, daß für die Möglichkeit der Erfahrung der Bezug auf den Raum auch ursprünglich ist. So sagt er etwa „daß die Möglichkeit der Dinge als Größen [...] auch nur in der äußeren Anschauung könne dargelegt, und vermittelst ihrer allein hernach auf den inneren Sinn angewandt werden." B 293

45 Friedman (1986) hat im Zusammenhang seiner Ablehnung der weiter unten diskutierten Interpretation, die *Metaphysischen Anfangsgründe* stellten einen Raumschematismus dar, für die Deutung plädiert, daß die *Metaphysischen Anfangsgründe* stattdessen den Status eines Beispiels besitzen. Dies ist m.E. zur Angabe der vollen Bedeutung nicht ausreichend. Daß die *Metaphysischen Anfangsgründe* den Kategorien ‚Sinn und Bedeutung' geben, bedeutet, daß in ihnen nicht ein bestimmter Gegenstand, sondern Materie überhaupt Thema ist, also die Bedingungen dafür angegeben werden, daß etwas Gegenstand des äußeren Sinns werden kann.

Offen ist nach der bisherigen Rekonstruktion noch, was es im Einzelnen heißt, daß den *Metaphysischen Anfangsgründen* die Funktion zugeschrieben wird, besondere Prinzipien der äußeren Anschauung systematisch aufzustellen. Implizit wurde im zweiten Schritt der Überlegung allerdings behauptet, daß sie nicht die Bedeutung eines in Analogie zum Zeitschematismus konzipierten ‚Raumschematismus'[46] innehaben. Die Annahme, daß ein eigener Raumschematismus erforderlich ist, widerspräche der bereits in der ersten Auflage der *Kritik der reinen Vernunft* gewonnenen Einsicht, daß Zeitbestimmungen, die ja die Vermittlung von reinen Begriffen und Anschauungen, also zweier ungleichartiger Vorstellungsarten, leisten sollen, räumlich darstellbar sind.[47] Da der Ausdruck ‚Raumschematismus' nur gerechtfertigt wäre, wenn die Kategorien sich *direkt* in Bezug auf den Raum darstellen ließen,[48] *können* die *Metaphysischen Anfangsgründe* eine ihm entsprechende Funktion gar nicht ausüben. Denn Kant setzt, wie sich noch zeigen wird, in den Ausführungen der *Metaphysischen Anfangsgründe* zum Raum die Zeitbestimmungen voraus. Nicht durch einen Raumschematismus wird der Zeitschematismus ergänzt, sondern durch die Anwendung der Zeitbestimmungen. Eine solche Ergänzung steht, da Kant die Möglichkeit dieser Beziehung nie bezweifelt hat, mit der ersten Auflage der Kritik im Einklang.

Läßt man die oben getroffene Unterscheidung von Nachweis der objektiven Realität und Realisierung zu, so scheint Kants These also zu sein, daß für den Nachweis der Art und Weise, wie sich Kategorien auf Anschauungen beziehen lassen, die Zeitbestimmungen ausreichen, und nur die Realisierung der Kategorien auf einen Raumbezug angewiesen ist. Wenn die Realisierung der Begriffe, wie Kant meint, tatsächlich deren Beziehung auf empirische Anschauung voraussetzt, und wenn weiterhin die *reinen* Zeitbestimmungen[49] nur die Bedingung für diesen Bezug darstellen, selbst aber nichts Empirisches enthalten, so wäre es auch gar nicht anders denkbar, als daß auch die Realisierung der Möglichkeit, Zeitbestimmungen räumlich darzustellen, erst durch die etwas Empirisches zugrundelegenden *Metaphysischen Anfangsgründe* gegeben werden kann.

Nimmt man nach diesen Ausführungen wieder die Blickrichtung der *Metaphysischen Anfangsgründe* ein, in der die Natur in materieller Bedeutung zum Thema

46 Vgl. v.a. Förster (2000), 53 ff; (2001), 179, der diese These zu einem wichtigen Ausgangspunkt seiner Interpretation des Nachlaßwerkes macht. Für die Notwendigkeit eines Raumschematismus vgl. neben Förster: Franzwa (1978); Parsons (1984); dagegen (neben Friedman (1986)): Dryer (1966), 253 ff, Westphal (1995).

47 Zeitbestimmungen (nicht Raumbestimmungen) gibt es deshalb, weil alle gegebenen Vorstellungen in der Zeit sind. Dies gilt auch dann, wenn Zeitbestimmungen einer räumlichen Darstellung bedürfen, um den Kategorien objektive Realität zu verschaffen.

48 Im Schematismus werden die Kategorien *unmittelbar* dargestellt, AA XX, 279.

49 Cramer (1985) vertritt die These, daß die von Kant als reine Zeitbestimmungen eingeführten Schemata selbst schon nicht-reine Bestimmungen sind, weil sie etwas Mannigfaltiges in der Zeit annehmen. Diese These führt zu weiteren Problemen im Verständnis der Bedeutung der *Metaphysischen Anfangsgründe*, die hier aber nicht behandelt werden können.

wird, so kann man nun zum Ausgangspunkt machen, daß gegebene Vorstellungen des inneren und äußeren Sinns als zwei Arten von Vorstellungen unterschieden werden müssen. Zunächst ergibt sich daraus die Möglichkeit zweier Naturlehren, der Körperlehre und der Seelenlehre. Die mit den *Metaphysischen Anfangsgründen* vollzogene Konzentration auf die Körperlehre impliziert dadurch, daß die Gegenstände dieses Gegenstandsbereichs unter den Anschauungsformen Raum und Zeit und nicht nur unter der Form der Zeit stehen, die Möglichkeit der Konstruktion dieser Gegenstände. Diese gilt als das aus der Perspektive der Wissenschaftlichkeit auszeichnende Kriterium der Erkenntnisse a priori der Körperlehre im Unterscheid zu denen der Seelenlehre.

In der Konstruktion des Begriffs der Materie werden Zeitbestimmungen in der Tat räumlich dargestellt werden müssen. Zu beachten ist aber bei der Interpretation der *Metaphysischen Anfangsgründe* unter dieser Perspektive, daß man zwischen Zeitbestimmungen und zeitlicher Bestimmung eines Gegenstands einen Unterschied machen muß. Um der in den *Metaphysischen Anfangsgründen* geforderten Darstellbarkeit Rechnung tragen zu können, müssen die raum-zeitlichen Bestimmungen, die dem Gegenstand der Erfahrung zukommen, in die Konstruktion eingehen und die Weise, wie dies gelingen kann, muß Gegenstand der Abhandlung sein. Tatsächlich ist dies in den *Metaphysischen Anfangsgründen* auch der Fall, wie sich am Beispiel der Phoronomie andeuten läßt: Die Bewegung eines Punktes im Raum ist die in einer bestimmten Zeit zurückgelegte Strecke in einer bestimmten Richtung im Raum. Bei der Konstruktion verschiedener Bewegungen, zum Beispiel in gleicher Zeit zurückgelegter unterschiedlich großer Strecken, muß eine Bewegung im absoluten und eine im relativen Raum dargestellt werden, damit dem Zeitverhältnis in der Darstellung Rechnung getragen werden kann. Davon zu unterscheiden ist aber, daß zufolge der Kantischen Theorie der Gegenstand anhand von schematisierten Kategorien – also Zeitbestimmungen – bestimmt werden muß. Daß Kant tatsächlich auf die Zeitschemata zurückgreift, kann nun leicht gezeigt werden. So etwa wenn man den die Konstruktionserklärung der Bewegung einleitenden Satz der Phoronomie: „Der bestimmte Begriff von einer Größe ist der Begriff der Erzeugung der Vorstellung eines Gegenstands durch die Zusammensetzung des Gleichartigen" (IV, 489) mit der Charakterisierung des entsprechenden Schemas in der *Kritik der reinen Vernunft* vergleicht: „Das reine Schema der Größe aber (quantitatis), als eines Begriffs des Verstandes, ist die Zahl, welche eine Vorstellung ist, die die sukzessive Addition von Einem zu Einem (gleichartigen) zusammenbefaßt" (A 142/B 182). Da die Zeitbestimmungen nach der Konzeption der Kritik als vermittelndes Glied verwendet werden können, muß die Aufgabe zu zeigen, wie sich Zeitbestimmungen auf den Raum beziehen lassen, nicht Bestandteil der Transzendentalphilosophie sein, und da die Einlösung dieser Aufgabe nur im Ausgang von etwas Empirischem zu gelingen vermag, kann sie, folgt man Kants Charakterisierung der Transzendentalphilosophie, auch kein Bestandteil derselben werden. Die in der zweiten Auflage der Kritik geltend gemachte These, daß der

Bezug auf äußere Anschauungen für die objektive Realität der Kategorien erforderlich ist, könnte daher auf dieses Unternehmen der *Metaphysischen Anfangsgründe* zurückverweisen, *sie muß es aber nicht*, weil die *Möglichkeit* der Darstellbarkeit von Zeitbestimmungen im Raum nie in Frage stand.

Auch die von Kant geltend gemachte Funktion der *Metaphysischen Anfangsgründe* für die Transzendentalphilosophie muß diesen Ausführungen zufolge mit der Aufstellung metaphysischer Prinzipien, die zur Darstellung der Materie überhaupt in der reinen Anschauung tauglich sein müssen, zusammenfallen.

Nach diesen Ausführungen können wir uns nun dem Dynamikteil der *Metaphysischen Anfangsgründe* zuwenden. Wenn die hier gegebene Skizze des Programms der *Metaphysischen Anfangsgründe* der Interpretation des Dynamikteils zugrundegelegt werden kann, muß Kant darin aufzeigen, welche Prinzipien notwendig sind, um die Bestimmung zu erklären, die der Materie überhaupt unter der Kategorie der Qualität zugesprochen wird: die Möglichkeit der Raumerfüllung und des Vermögens der Materie, allem Beweglichen zu widerstehen, das durch seine Bewegung in einen gewissen Raum einzudringen bestrebt ist (also die Undurchdringlichkeit). Dies kann wie folgt zusammengefaßt werden:

In einem ersten Schritt argumentiert Kant dafür, daß Undurchdringlichkeit nur durch eine Zurückstoßungskraft zu erklären sei, die als Flächenkraft, also als eine Kraft, die in der Berührung wirkt, verstanden werden muß. Leitend ist hierbei das Resultat der Phoronomie, daß nur eine andere Bewegung in entgegengesetzter Richtung die Bewegung des eindringenden Körpers vermindern oder aufheben kann und daß die Ursache dieser Bewegung eine bewegende Kraft sein muß (IV, 497).[50] Die Einführung bewegender Kräfte ist in seinen Augen dadurch gerechtfertigt, daß die zur Qualität von Materie gehörende Bewegung als bewegende Kraft aufgefaßt werden kann (IV, 477, Zeile 7).

In einem weiteren Schritt führt Kant eine zweite Kraft, die Anziehungskraft, als für die Möglichkeit der Materie notwendige Grundkraft ein (IV, 508). Er begründet diesen Schritt damit, daß die Möglichkeit der Raumerfüllung der Materie durch die Repulsivkraft allein nicht erklärt werden könnte, weil diese den Raum leer lassen würde (IV, 508). Erst durch die Anziehungskraft ist die Einschränkung der Repulsivkraft auf einen bestimmten Grad und damit Raumerfüllung möglich. Umgekehrt wäre aber auch durch die Anziehungskraft allein die Raumerfüllung nicht erklärbar, da auch sie einer ihr entgegengesetzt wirkenden und ihre Wirkung der Zusammenziehung beschränkenden Kraft bedarf (IV, 510). Aufgrund dessen, daß die Anziehungskraft die Bedingung für die Berührung von Materie sein soll, wird ihre Wirkungsweise als eine durchdringende Fernwirkungskraft bestimmt.

Die leitende Frage des Dynamikteils ist also, wie nach den obigen Ausführungen auch nicht anders zu erwarten, welche Kräfte notwendig dafür sind, die Raum-

50 Kritisch zu diesem Schritt äußert sich Carrier (1990), 181.

erfüllung der Materie darzustellen. Ergebnis ist, daß die Möglichkeit der Raumerfüllung durch zwei verschieden wirkende (als Flächen- und Fernwirkungskraft), einander entgegengesetzte und sich in einem bestimmten Punkt gegenseitig beschränkende Kräfte erklärt werden kann.[51]

Damit ist aber die Konstruktion der Raumerfüllung der Materie mit einem bestimmten Grad noch nicht vollständig durchgeführt. Denn sie muß die Elemente der Konstruktion durch Wirkungsgesetze (der Flächen- und der Fernwirkungskraft) in ein Verhältnis miteinander setzen, das sich mathematisch darstellen läßt. Die in der Durchführung der mathematischen Konstruktion möglicherweise auftretenden Probleme sollen aber Kants Versicherung[52] zufolge mathematischer Natur sein und die Erkenntnis der Elemente der Konstruktion nicht in Zweifel ziehen. Unter der Voraussetzung der Angemessenheit der obigen Programmskizze der *Metaphysischen Anfangsgründe* darf diese Einschätzung Kants auch als begründet gelten. Die philosophische Frage nach den Bedingungen für die Darstellbarkeit der Raumerfüllung ist ja von der mathematischen Durchführung dieser Konstruktion abgelöst worden, so daß die Elemente der Konstruktion durch die philosophische Betrachtung eruierbar sind. Mit der Aufstellung der für die Konstruktion notwendigen Prinzipien deckt der Dynamikteil die den *Metaphysischen Anfangsgründen* oben zugewiesenen Funktionen hinreichend ab. Daß zur Möglichkeit der Materie die zwei Grundkräfte Repulsivkraft als Flächenkraft und Anziehungskraft als Fernwirkungskraft erforderlich sind, läßt sich a priori einsehen. Und Kant meint aufgrund der Wirkungsweisen dieser Kräfte sagen zu können, daß diese beiden Kräfte der Materie in jedem Teil notwendig zukommen (Lehrsätze 2 und 8). Materie als etwas Bewegliches im Raum besitzt zwei Kräfte, Anziehungskraft und Repulsivkraft.[53]

Allerdings gestattet es diese Erkenntnis nicht, eine Materietheorie zu entwikkeln, deren Sätzen ebenfalls apodiktische Gewißheit zukäme. Daß für die *Möglich-*

---

51 Kant beschreibt seine Methode beispielsweise wie folgt: „Weil überall nur zwei bewegende Kräfte im Raum gedacht werden können, die Zurückstoßung und Anziehung, so war es, um beider ihrer Vereinigung im Begriffe einer Materie überhaupt a priori zu beweisen, vorher nöthig, daß jede für sich allein erwogen würde, um zu sehen, was sie, allein genommen, zur *Darstellung* einer Materie leisten könnte. [herv. von D. Emundts]" IV, 511.

52 Vgl. IV, 517.

53 Diese beiden ursprünglich-bewegenden Kräfte können daher in der Mechanik zugrundegelegt werden, IV, 536 f. Eine zusätzliche Irritation könnte dadurch entstehen, daß Kant die Grundkräfte als ‚Ideen' bezeichnet: Als Ideen seien sie die Voraussetzung für die Möglichkeit eines einheitlichen Systems der empirischen Naturerkenntnisse. (etwa *Kritik der reinen Vernunft* A 649/B 677, vgl. auch IV, 534 und 524: wo Kant sagt, daß „bei Grundkräften aber die Möglichkeit derselben niemals eingesehen werden kann"). Im Rahmen meiner Interpretation ist dies wie folgt zu verstehen: Die Funktion der Grundkräfte für eine Vereinheitlichung der empirischen Erkenntnisse muß von der Erklärung der Raumerfüllung unterschieden werden. Ob die vielfältigen Erscheinungsweisen der Materie sich auf die Grundkräfte zurückführen lassen, kann a priori nicht bestimmt werden und daher sind die Grundkräfte als Ordnungsprinzipien für die systematische Naturforschung bloß regulativ. Die These, die Grundkräfte seien *nur* regulativ, vertritt Mudroch (1987), 92. Ähnlich auch Butts (1986). Kritisch dazu Carrier (1990).

keit der Materie zwei Grundkräfte erforderlich sind, gewährt noch keine Einsicht in die spezifischen Eigenschaften, wie etwa die Kohäsion oder die unterschiedliche Dichtigkeit von Materien. Diese Eigenschaften lassen sich nur durch Erfahrung von gegebenen Dingen erkennen. Man kann nicht einmal a priori erkennen, daß der Grad der Raumerfüllung einer besonderen Materie von den beiden Grundkräften abhängt. Zwar ist a priori zu wissen, daß jedes Materieteil die ursprünglich bewegenden Kräfte, Anziehungskraft und Repulsivkraft, besitzt, nicht aber, daß anhand ihrer die spezifische Verschiedenheit der Grade der Raumerfüllung erklärt werden kann.[54]

Daß zwar die Bedingungen der Möglichkeit der Raumerfüllung von einem bestimmten Grad erkannt und anhand ihrer eine Raumerfüllung konstruiert werden kann, nicht aber unterschiedliche Grade der Raumerfüllung a priori erkannt und konstruiert werden können, hatten schon die dem Dynamikteil zugrundeliegenden *Antizipationen der Wahrnehmung* vorgegeben. Kann ihnen zufolge doch a priori nur erkannt werden, daß das Reale der Erscheinungen einen Grad hat, während alles übrige der Erfahrung überlassen bleiben muß (B 218). Dies muß auch für die Erkenntnis a priori der *Metaphysischen Anfangsgründe* die Grenze vorzeichnen. Die Grenze apriorischen Wissens der *Kritik der reinen Vernunft* legt also fest, daß die Möglichkeit der Raumerfüllung mit einem bestimmten Grad a priori erkannt werden kann, nicht aber die Möglichkeit der spezifischen Verschiedenheit von Materien. Zwar läßt sich sogar, wie im Folgenden noch deutlich werden wird, auf der Basis der Grundkräfte die Möglichkeit der spezifischen Verschiedenheit von Materien konzipieren, aber es läßt sich nicht a priori erkennen, daß die Materien ihren Raum in unterschiedlichen Graden erfüllen. Die Erklärungsprinzipien für diese verschiedenen Grade können infolgedessen auch nicht durch Bezug auf die reinen Anschauungen gewonnen werden. Sie müssen von den zur Möglichkeit der Materie überhaupt notwendigen Prinzipien streng unterschieden werden. Daß Kant diese Grenze in den *Metaphysischen Anfangsgründen* voraussetzt, belegt auch der Text: „Man hüte sich aber über das, was den allgemeinen Begriff der Materie über-

---

54 Meine Interpretation wird auch durch Folgendes gestützt: Daß Kant in der *Anmerkung zur Phänomenologie* (IV, 564) behauptet, der leere Raum sei *physisch* unmöglich, wäre ein Widerspruch zur Dynamik, würde Kant *nicht* davon ausgehen, daß sich a priori über die Erklärung der spezifischen Verschiedenheit von Materie nichts mit Gewißheit sagen läßt. Vgl. dagegen Tuschling (1968), 35 als Beispiel für Interpretationen, die in den Äußerungen der *Allgemeinen Anmerkungen* einen offenen Widerspruch sehen Hoppe (1969) sieht in den Äußerungen ebenfalls Inkonsistenzen der *Metaphysischen Anfangsgründe*, die zum Abfassen des Nachlaßwerkes Anlaß gegeben haben sollen. Als Beispiel für eine Interpretation, die den Zusammenhang von Hauptteil und Anmerkungen so versteht, daß die Mängel der Konstruktion im Hauptteil der Grund dafür sind, daß eine mathematische Materietheorie nicht möglich ist, kann Weber (1998) angeführt werden. Vgl. etwa 85: „Solange eine einwandfreie mathematische Darstellung nicht gelingt, ist die Anwendung nicht möglich". Für Duncan (1986) liegt hier der Grund für Kants innovative Entwicklung der dynamischen Materietheorie. Friedman (1992a), 195, vertritt die Meinung, daß der dynamische Begriff der Materie überhaupt nicht konstruiert werden kann. Dies widerspricht jedoch Kants Selbsteinschätzung im Hauptteil der Dynamik.

haupt möglich macht, hinaus zu gehen und die besondere oder sogar specifische Bestimmung und Verschiedenheit derselben a priori erklären zu wollen" (IV, 524). Durch diese Grenzbestimmung charakterisiert Kant den Unterschied von Dynamikhauptteil und *Allgemeiner Anmerkung zur Dynamik*, welche sich mit der Erklärungsmöglichkeit der spezifischen Verschiedenheit der Materien beschäftigt. Daß es Kant um einen Vorschlag zur Erklärung der *Möglichkeit* der spezifischen Verschiedenheiten geht, macht er an zahlreichen Stellen deutlich (Etwa IV, 531, Zeile 21; IV, 532, Zeile 10).

Es ist daher kein Eingeständnis des Scheiterns der im Hauptteil versuchten Konstruktion, wenn Kant in der *Allgemeinen Anmerkung* sagt, daß es unmöglich sei, „diesen Begriff der Materie zu construiren", weil hier nicht die Möglichkeit der Materie überhaupt gemeint ist, sondern die zuvor erwähnte Möglichkeit „eine große specifische Mannigfaltigkeit der Materien [...] zu Stande zu bringen" (IV, 525). Und es ist kein Widerspruch, sondern Folge der Grenzbestimmung apriorischen Wissens, daß die dynamische und die atomistische Erklärung der Verschiedenheit von Materien beide als hypothetische nebeneinander bestehen können (vgl. IV, 532-534).

B. Die Aufgabe der „Allgemeinen Anmerkung zur Dynamik"

Kants Grundkonzeption verpflichtet ihn also von vorneherein dazu, die über die Notwendigkeit zweier Grundkräfte hinausgehenden Überlegungen zur Materie dem Status nach von diesen Grundkräften zu unterscheiden. Zwar müssen zufolge des Hauptteils jedem Teil der Materie (und damit auch jedem Körper) Anziehungs- und Repulsivkräfte zukommen. Es wurde aber nicht behauptet, daß sich die Möglichkeit der Körper durch Bezug auf die beiden Grundkräfte erklären lassen muß.[55] Die hier erforderliche, auf der Grundlage des Hauptteils zu entwickelnde physische Materietheorie wird nun Thema sein. Es wird sich zeigen, daß Kant bei diesen Ausführungen zur Materietheorie einen gegenüber dem des Dynamikhauptteils der *Metaphysischen Anfangsgründe* reicheren Begriff der Materie zugrundelegt. Er versucht, den Begriff der Materien oder Körper, so wie er uns aus der Erfahrung bekannt ist, systematisch und vollständig zu analysieren und mit Bezug auf die Grundkräfte Erklärungsprinzipien für die so herausgestellten Eigenschaften der Materien oder Körper zu geben. Dabei ist diese Analyse auch dem Charakter nach von der des Hauptteils zu unterscheiden. Der Satz, daß zwei Grundkräfte für die Möglichkeit der Materie überhaupt notwendig sind, und die (daraus folgerbaren)

55 So ist es zu verstehen, wenn Kant davon spricht, daß man die Grundkräfte nicht als „wirklich" erweisen könne (IV, 524): Die Möglichkeit der Materie setzt zwar zwei Grundkräfte voraus, und diese Kräfte kommen jedem Teil der Materie zu. Aber ob und wenn, in welcher Weise auch die spezifische Verschiedenheit von Materien durch diese Grundkräfte erklärt werden kann, ist nicht gewiß.

Lehrsätze, daß jedem Materieteil Anziehungs- und Repulsivkräfte zugesprochen werden müssen, ist alles, was a priori gewußt werden kann. Für die Ausarbeitung einer Materietheorie soll dies tatsächlich ‚nur' in folgenden Hinsichten relevant sein:

Erstens ist zu versuchen, die Erklärungsprinzipien der spezifischen Verschiedenheiten auf die beiden Grundkräfte zurückzuführen (IV, 534). Diese Anforderung ergibt sich aus folgender Überlegung: Da empirische Phänomene nicht ohne theoretische Annahmen erklärbar sind und die empirische Naturlehre bei ihren Erklärungsversuchen nicht ohne Prinzipien auskommt, die der Beobachtung und dem Experiment vorhergehen, diese aber wiederum nicht ohne metaphysische Hintergrundannahmen aufgestellt werden können, kann nur eine auf den apodiktisch gewissen Prinzipien aufbauende Erklärungsweise einen sicheren Gang der empirischen Wissenschaft ermöglichen. Oder mit anderen Worten: eine empirische Wissenschaft, deren Erklärungsprinzipien ausschließlich Bezug nehmen auf die Grundkräfte, braucht keine Zuflucht suchen zu metaphysischen Annahmen, die ohne Erfahrungsbezug und daher willkürlich sind. Ein System der empirischen Physik ist daher ein mit Bezug auf die Grundkräfte a priori aufzustellender Plan aller möglichen bewegenden Kräfte, durch den die empirische Physik Kompetenz zur systematischen Naturforschung erhält.

Hier liegt in Kants Augen der Vorteil der dynamischen Materietheorie gegenüber einer atomistischen: Bei ihren Erklärungen ausgehend von den Grundkräften, kann sie sich deren mögliche Verknüpfungen für eine Erklärung aller Momente der spezifischen Verschiedenheit der Materie dienstbar machen. Diese möglichen Verknüpfungen können a priori aufgestellt werden, aber nicht a priori als wirklich angenommen werden. Ihr Status ist problematisch. Die atomistische Erklärungsweise dagegen hat nicht nur den Nachteil, daß die Rückführbarkeit ihrer Prinzipien auf die Grundkräfte (bisher) nicht einsichtig ist, sondern auch den, daß sie mit Annahmen wie der des leeren Raums operiert, die als metaphysische Erkenntnisse auftreten, aber nicht als solche ausgewiesen werden können.[56] Der ihr von Kant zugesprochene Vorteil, daß ihre Erklärung der Verschiedenheit aus einem durchgehenden gleichartigen Stoffe[57] mit mathematischer Evidenz zu Stande zu bringen ist (IV, 525), würde ihr den Vorzug vor der dynamischen Materietheorie geben, wenn die Anwendbarkeit der Mathematik das ausschlaggebende Kriterium wäre. Aber wie oben (S. 39 f) gezeigt worden ist, wird die Grenze eigentlichen Wissens

56 Auch Brittan (1978), 152 ff hebt diese beiden Punkte, die Rückführbarkeit der dynamischen Materietheorie auf die Grundkräfte und den Rückgriff der atomistischen Theorie auf Ideen ohne Erfahrungsbezug, als diejenigen hervor, die für die dynamische Theorie der Materie sprechen. Allerdings ist er der oben schon diskutierten Meinung, daß die Grundkräfte nicht taugen, den Materiebegriff zu konstruieren.

57 Der Atomismus, den Kant hier vor Augen hat, nimmt an, daß die Verschiedenheit der Dichte sich aus gleichen Atomen mit unterschiedlich großen Zwischenräumen ergibt. Zu Kants Einwänden gegen den Atomismus vgl. auch (vor dem Hintergrund einer anderen These zur Bedeutung des Dynamikhauptteils) Duncan (1986) 303.

und damit die der gerechtfertigten Anwendung der Mathematik philosophisch bestimmt und da die Erklärung der spezifischen Verschiedenheit kein Gegenstand eigentlicher Wissenschaft sein kann, die mathematische Darstellbarkeit hier daher auch keine apodiktisch-gewissen metaphysischen Prinzipien zur Grundlage hat, kann Kant völlig konsequent behaupten, daß die dynamische Materietheorie aufgrund der oben genannten Verdienste gegenüber der atomistischen vorzuziehen ist.[58]

Zweitens erbringt die Aufstellung der zwei Grundkräfte als notwendiger Bedingungen für die Möglichkeit der Materie überhaupt aber auch einen inhaltlichen und positiven Ertrag für die Materietheorie. Dieser besteht darin, daß die Verschiedenheit der Materien mithilfe der beiden Grundkräfte ohne die Annahme leerer Zwischenräume erklärbar ist: Es ist nämlich möglich, zur Erklärung der Verschiedenheit anzunehmen, daß zwei einander entgegengesetzte, in ihrem Grad von verschiedenen Faktoren abhängige und daher gegebenenfalls in variablen Verhältnissen stehende Kräfte verschiedene Grade der Raumerfüllung bewirken. Diese dynamische Erklärungsweise verdankt sich der Einsicht, daß als Grund für die Verschiedenheit der Materien auch der Grad, also eine intensive, keine extensive Größe, angesehen werden kann. Der Ertrag besteht hier allerdings nur darin, diese Möglichkeit offengelegt zu haben, nicht im Nachweis einer Erklärung als notwendig gültig.[59] Einen positiven Ertrag kann man dies daher nur in Beziehung auf den Stand der damaligen (atomistischen) Naturwissenschaften nennen, denen gegenüber die dynamische Materietheorie eine Alternative ist.

Betrachtet man unter dieser Perspektive den Hauptteil noch einmal, so sieht man leicht, daß Kant dort Formulierungen wählt, die seine vorsichtige Behandlung der Möglichkeit, die Grundkräfte zur Erklärung der spezifischen Materien heranzuziehen, widerspiegeln. Zwar greift er an einigen (späteren) Stellen des Hauptteils auf verschiedene Erklärungsweisen gegebener Materie vor (IV, 518), jedoch spielen diese bei der Aufstellung der Grundkräfte keine Rolle. Und seine Formulierungen besagen nur, daß zur Möglichkeit der Materie die beiden Grundkräfte erforderlich sind: So schreibt er etwa, es müsse für die Möglichkeit der Raumerfüllung „irgendwo" (IV, 509) eine der Repulsivkraft entgegengesetzte Anziehungskraft wirken, und der Möglichkeit, die Anziehung als Flächenkraft anzunehmen, begegnet er nicht mit dem Argument, in dieser Weise könne die Raumerfüllung einer bestimmten Materie nicht erklärt werden, sondern so, daß zur Möglichkeit der Materie

---

58 Es ist schon daher auch kein Widerspruch, wenn Kant in der Mechanik den Massebegriff als extensive Größe auffaßt, IV, 540.

59 Man beachte den Konjunktiv bei der Einführung dieser Erklärung IV, 523. Da sich diese Möglichkeit aus der Einführung einer intensiven Größe ergibt, verweist Kant hierauf bereits in *Kritik der reinen Vernunft*, A 173/B 215. Im Fortgang der *Metaphysischen Anfangsgründe* spricht Kant auch nur davon, die Annahme des leeren Raumes sei für die Erklärung der spezifischen Dichtigkeit nicht *nötig* (IV, 564) und der leere Raum sei nicht logisch sondern (nur) physisch unmöglich (IV, 565).

„zuletzt" (IV, 514) eine Anziehung als Fernwirkungskraft anzunehmen sei. Auf diese Formulierungen werde ich bei der Diskussion des Problems der Materietheorie der *Allgemeinen Anmerkung* im zweiten Kapitel zurückkommen.

Was Kant demnach in der *Allgemeinen Anmerkung* als Ergänzung zur Dynamik der *Metaphysischen Anfangsgründe* nachtragen kann, ist der Versuch, die Möglichkeit der spezifischen Verschiedenheiten der Materien zu erklären und seine ihrem Status nach hypothetische Materietheorie gegenüber anderen zu verteidigen. Kant legt hierfür den Begriff der Materie als etwas, das eine spezifische Mannigfaltigkeit in Dichte, Volumen, Kohäsion, etc. hat, zugrunde und versucht nur durch die beiden aus dem Hauptteil bekannten Kräfte oder solchen, die auf sie zurückgeführt werden können, diese Eigenschaften zu erklären.[60] Dabei muß bei dieser Analyse das Verhältnis der Erklärungsprinzipien zueinander untersucht und ein Plan aller möglichen Prinzipien der empirischen Physik (d.i. bewegende Kräfte) gegeben werden. Die Prinzipien des Dynamikhauptteils sind somit offensichtlich auch die Prinzipien, die zur Erklärung eines Körpers und seiner Eigenschaften dienen sollen.[61] Es können aber verschiedene Verhältnisse der Prinzipien gedacht werden und die Weise der Erklärungen anhand der Prinzipien sind nicht als apriorisch gültige erkennbar.

Versucht man, das zu veranschaulichen, kann man beispielsweise festhalten: Schwere und Elastizität sind als Wirkung der ursprünglich bewegenden Kräfte, Anziehungs- und Repulsivkraft, Eigenschaften, die jedem Materieteil notwendig zukommen müssen. Davon zu unterscheiden ist aber eine spezifische Dichtigkeit und ein spezifisches Volumen von Körpern. Zur Erklärung dieser Eigenschaften wird versucht, auf Prinzipien a priori zurückzugreifen: Es kann angenommen werden, daß Anziehungskraft und Repulsivkraft der Materie die bestimmte Raumerfüllung mit spezifischem Volumen und Dichtigkeit jeder gegebenen Materie bedingen.

Aufgrund der oben beschriebenen Verfahrensweise kann der auf solche Weise gewonnene Plan aller möglichen bewegenden Kräfte als a priori aufgestellter Plan gelten. Da die so gewonnenen Erklärungen nicht a priori als gültig zu erkennen sind, dienen die besonderen Prinzipien der Materietheorie (also die besonderen bewegenden Kräfte) der empirischen Physik als ‚bloß mögliche' Prinzipien.[62] Folgende nähere Charakterisierung ergibt sich für sie: Daß diese Prinzipien ‚bloß möglich' sind, heißt zunächst: Es läßt sich nicht a priori ausmachen, ob sie in den Erklärungen von bestimmten Phänomenen in der in der *Allgemeinen Anmerkung*

---

60 Zur genaueren Rekonstruktion der Verfahrensweise vgl. Kap.2.

61 Schon daher kann Kant die *Metaphysischen Anfangsgründe* zu Recht als Körperlehre bezeichnen – jedenfalls solange diese Möglichkeit der Erklärung von Körpern nicht angezweifelt wird. Vgl. Kapitel 2.

62 Legt man diese Ausführung einer Interpretation der Antinomie des zweiten Teils der dritten Kritik zugrunde, so ergibt sich die interessante Möglichkeit, die dort behandelte mechanische Erklärungsmaxime auf die *Metaphysischen Anfangsgründe* (und nicht direkt auf die erste Kritik) zurück zu beziehen. Dies gehört aber nicht direkt zu unserem Thema.

vorgeschlagenen Weise wirklich zugrundegelegt werden können. Diese Erklärungen müssen sich nämlich in der empirischen Naturforschung erst bewähren. Die mit der Geltung der Erklärungen zusammenhängenden Fragen werden hier später im Zusammenhang der Auseinandersetzung mit der dritten Kritik noch erörtert werden.

Für alle bewegenden Kräften, die als spezifische Erklärungsprinzipien dienen sollen, gilt aber auch: Ihre objektive Realität läßt sich auch empirisch nicht belegen. Dies deshalb, weil sie nicht durch die Erfahrung verifizierbar sind, wenn sie als Erklärungsprinzipien schon zugrundeliegen. Zwar kann eine Erklärungshypothese sich empirisch bestätigen lassen oder auch falsifiziert werden, die bewegenden Kräfte können aber durch die Bestätigung der Erklärungshypothese nicht als real erkannt werden. Die bewegenden Kräfte bleiben also als Erklärungsmaximen der empirischen Physik ihrem Status nach problematisch. Das bedeutet, im Prinzip können andere, konkurrierende Prinzipien und durch sie andere Erklärungsmodelle (gleichzeitig) angenommen werden.

Hierbei ist zu beachten: Kant stellt zwar Erklärungsprinzipien der empirischen Physik als bloß denkbare Prinzipien auf, aber weil empirische Naturforschung nur dann, wenn sie alle in einer Erklärung verwendeten Erklärungsprinzipien mit Bezug auf die Grundkräfte entwickelt, dem Anspruch einer wissenschaftlichen Erklärung gerecht werden kann, betrachtet er die Möglichkeit der empirischen Physik als Wissenschaft allein unter der Bedingung gegeben, daß die in ihrem systematischen Plan auftretenden Prinzipien zur Erklärung aller physikalischer Phänomene ausreichen. Die Erklärungsprinzipien sind daher zwar nicht durch Erfahrung verifizierbar, sie müssen aber, um den Anspruch der Physik als empirischer Wissenschaft zu legitimieren, auch prinzipiell vollständig sein. ‚Vollständig' heißt hier, daß der Plan der empirischen Physik ein Repertoire zur Verfügung stellen muß, das genügt, um alle physikalischen Phänomene (also die, in denen keine Besonderheiten von organischen Produkten eine Rolle spielen) zu erklären, ohne doch wieder auf ungedeckte metaphysische Annahmen zurückzugreifen.[63] Man kann daher bereits hier sagen, daß die Erklärungsprinzipien sich als unzureichend erweisen können. Unzureichend sind sie, wenn anhand ihrer sich die empirische Physik nicht als systematische Naturforschung etablieren läßt.

Von der Frage der Vollständigkeit ist die nach der legitimen Verwendung der Prinzipien in Erklärungen zu unterscheiden. Für die spezifische Verschiedenheit der Materien entwickelt Kant in der *Allgemeinen Anmerkung* Erklärungsvorschläge. Diese müssen sich, wie gesagt, empirisch bestätigen lassen. Sie können sich aber auch als unbrauchbar erweisen, wenn sie als Erklärungen nicht taugen, also beispielsweise zirkulär verfaßt sind. Dabei sind die Frage der Vollständigkeit der Erklärungsprinzipien und die Frage, ob die Erklärungen sich ‚als gültig' erweisen,

63 Die Vollständigkeit richtet sich also nach dem zu Erklärenden; sie bedeutet nicht, daß alle denkbaren Erklärungsprinzipien – wie zum Beispiel die des Atomismus – in dem Plan enthalten sind.

nicht unabhängig voneinander. Die Materietheorie, die in der *Allgemeinen Anmerkung* entworfen wird, muß daher so aufgefaßt werden, daß sie für Änderungen durchaus im Prinzip offen ist.

Da diese (bloß möglichen) Prinzipien den Begriff der Materie (mit allen spezifischen Besonderheiten) systematisch und vollständig (IV, 525, Zeile 24) explizieren sollen, kann man ihre Aufstellung auch als *System der empirischen Physik* bezeichnen.[64] Denn ihre Aufstellung soll (zumindest grundsätzlich) alle Begriffe und Erklärungsprinzipien enthalten (können), die die empirische Physik bei ihren Erklärungen spezifischer Phänomene zugrundelegt. Es ist also die empirische Physik eine Wissenschaft, von der a priori ein Plan aller möglichen bewegenden Kräfte gegeben werden kann. In der Einleitung dieser Arbeit ließ sich zeigen, daß die empirische Physik einen Plan ihrer Wissenschaft haben muß. Im Rückgriff auf die dortigen Überlegungen läßt sich nun sagen: In der empirischen Physik können nicht nur Gesetze konkretisiert werden, die in den Hauptteilen der *Metaphysischen Anfangsgründe* aufgestellt worden sind (wie das Gravitationsgesetz), sondern auch Gesetze, die strenggenommen nur als Gesetzeshypothesen (die sich empirisch bewähren müssen) verstanden werden dürfen, die aber, was ihre Prinzipien betrifft, in einem systematischen Zusammenhang zu den Prinzipien des Dynamikhauptteils stehen.[65]

Nach diesen Ausführungen wird man sagen müssen, daß die *Metaphysischen Anfangsgründe* vermöge der *Allgemeinen Anmerkung zur Dynamik* neben den oben erarbeiteten noch eine weitere Funktion erfüllen. Erst durch die *Allgemeinen Anmerkung zur Dynamik* wird die apriorische Erkenntnis nämlich so interpretiert, daß ihre Funktion für die empirische Naturlehre ersichtlich wird. Diese Funktion besteht darin, zwei Grundkräfte vorzugeben und darüber hinaus Möglichkeiten für Erklärungswege freizulegen. Aber, wie wichtig diese Funktion auch für die empirische Naturforschung sein mag, die auf dieser Grundlage in der *Allgemeinen Anmerkung* aufgestellten Erklärungsversuche durch Prinzipien besonderer bewegender Kräfte liegen jenseits dessen, was a priori durch das Kriterium der Konstruierbarkeit erkannt werden können soll, und damit jenseits der Möglichkeit eigentli-

---

64 So nennt Kant die konkurrierende Theorie des Atomismus in der *Allgemeinen Anmerkung zur Dynamik* (IV, 533) ein *System*.

65 Mathieu hat daher Recht, wenn er über die *Metaphysischen Anfangsgründe* sagt, diese hätten zu ihrem *eigentlichen* Thema gar nicht die besonderen Verhältnisse der empirisch gegebenen Kräfte und daher bestünde eine Kluft zur empirischen Wissenschaft; er übersieht aber, daß diese ‚Kluft', die zur empirischen Wissenschaft besteht, durch die *Allgemeine Anmerkung zur Dynamik* noch in der Schrift von 1786 überwunden werden kann und nicht – wie er meint – erst in der *Kritik der Urteilskraft*, Mathieu (1989), 40. Ähnlich geht es hier Friedman (1992a), der die Kluft zwischen den *Metaphysischen Anfangsgründen* und den Erkenntnissen der reflektierenden Urteilskraft sieht, ohne die Bedeutung des Dynamikhauptteils anzuerkennen und ohne die überleitende Funktion der *Allgemeinen Anmerkung* ausreichend zu beachten.

cher Wissenschaft. Sie tragen daher nichts bei zur Realisierung des eigentlichen Programms der *Metaphysischen Anfangsgründe*. Man könnte vielmehr sagen, daß sie den Versuch eines Übergangs der Metaphysischen Anfangsgründe zur empirischen Naturlehre darstellen.

C. Der Übergang. Seine Funktion und sein Verhältnis zur „Kritik der Urteilskraft"

Bisher hat sich als Resultat ergeben, daß der Ort einer möglichen physischen Materietheorie die *Allgemeine Anmerkung zur Dynamik* sein muß und daß die von Kant vorgeschlagene Materietheorie, weil sie den Begriff der Materie *vollständig* erörtert, als System der empirischen Physik betrachtet werden kann. In einem weiteren Schritt soll nun, ausgehend von den im Nachlaßwerk gemachten Aussagen über die Funktion des Systems der empirischen Physik, dessen Konzeption auf die frühere der *Allgemeinen Anmerkung* bezogen werden. Die diesbezüglichen Aussagen des Nachlaßwerkes lassen sich zunächst wie folgt zusammenfassen:

Ziel soll sein, einen Übergang herzustellen von den Metaphysischen *Anfangsgründen* der Naturwissenschaft zur empirischen Physik. Hierbei werden die Metaphysischen Anfangsgründe der Naturwissenschaft so beschrieben, daß sie die Aufgabe haben, die Bewegkräfte, wodurch Materie überhaupt möglich ist, namhaft zu machen.[66] Im Übergang selbst dagegen sollen die bewegenden Kräfte untersucht werden, die der Materie eine bestimmte (veränderliche) Dichte, Zusammenhang etc. geben (I, 373). Ihre Aufstellung bezeichnet Kant als ein System (I, 309) oder (später) auch als Elementarsystem der bewegenden Kräfte (II, 135).

Die Funktion dieses Systems beschreibt er so, daß die hier gegebenen Begriffe dazu anleiten, die Elemente der auf Erfahrung zu gründenden Naturlehre aufzusuchen (I, 403). Die Funktionsbeschreibung verbindet er mit der Behauptung, daß sich aus einer bloß fragmentarischen Behandlung der Gegenstände keine Verknüpfung zu einem Ganzen ergeben könne (I, 407). Eine Erklärung, die Kant hierfür gibt, lautet, daß ein System nicht bloß aus empirischen Begriffen gezimmert werden könne (I, 476), da allen Erfahrungsurteilen und Begriffen immer ein Begriff a priori zugrundeläge, „unter den wir Erscheinungen subsumieren wenn das Object unter eine Art von Dingen subsumiert werden soll." (I, 476) In diesem Zusammenhang hebt er als primäre Aufgabe des Übergangs hervor, zu erklären, „Wie aus der Materie ein (physischer) Körper wird zum Unterschiede von der Materie die keinen Körper abgibt [...]" (I, 476).

Der Status der Begriffe des Systems ist dadurch gekennzeichnet, daß der Übergang bzw. die Begriffe des Übergangs a priori gegeben werden können (I, 475),

---

66 Die folgenden Ausführungen beziehen sich auf den Text des Nachlaßwerkes bis zum Ätherbeweis. Die genauere Analyse wird im dritten Kapitel gegeben.

aber diese Begriffe bloß denkbare bewegende Kräfte erfassen (I, 309), also bloß problematisch in Ansehung ihrer objektiven Realität sind (I, 358).[67]

Das Verhältnis zu den *Metaphysischen Anfangsgründen* charakterisiert Kant schließlich einerseits dadurch, daß dort das nun systematisch verfolgte Unternehmen schon in den Blick gebracht worden sei. Die diesbezüglichen Überlegungen in der früheren Schrift bezeichnet er als Beispiele einer möglichen Anwendung der Metaphysischen Anfangsgründe auf Fälle der Erfahrung. Könnte man doch mit ihnen das abstrakt Gesagte verständlich machen (I, 408). Bezieht sich Kant mit dieser Bemerkung eindeutig auf die *Allgemeine Anmerkung zur Dynamik*, so sagt er andererseits über die *Metaphysischen Anfangsgründe* insgesamt, diese hätten von ihrem Objekt, der Materie, nur den Begriff eines Beweglichen im Raum zugrundegelegt und nur die mathematische Vorstellung der Materie behandelt (II, 163, Zeile 20).

Die sich explizit auf die *Metaphysischen Anfangsgründe* beziehenden Bemerkungen, die sich durch den Beginn unserer Darstellung bei dieser Schrift auch hier als Ausgangspunkt anbieten, entziehen sich noch einem direkten Zugriff. Die Bemerkung zu den *Metaphysischen Anfangsgründen* insgesamt steht zwar nach dem, was wir wissen, nicht im Widerspruch zu deren Selbstverständnis. Hier könnte man darauf verweisen, daß, da in den *Metaphysischen Anfangsgründen* die Bedingungen für die Konstruierbarkeit des Begriffs der Materie gesucht werden sollten, tatsächlich die mathematische Vorstellung der Materie Gegenstand war. Unter dieser Vorgabe war die Bestimmung des Beweglichen als Bewegung im Raum Resultat der phoronomischen Bestimmung, die den darauf folgenden Bestimmungen (der Qualität und Relation) zugrundeliegen sollte. Demgegenüber zielt das Nachlaßwerk offenbar darauf, einen Bewegungsbegriff geltend zu machen, der sich nicht als Bewegung im Raum konzipieren läßt. Aber selbst wenn sich herausstellen sollte, daß Kant an die *Metaphysischen Anfangsgründe* mit dieser Argumentation deshalb meint anknüpfen zu können, weil die Beweglichkeit der Materie durch die Affektionsthese eingeführt worden war, ist der Grund für den Versuch, eine Bewegung geltend zu machen, die sich nicht als Bewegung im Raum konzipieren läßt, erst einzusehen, wenn die Durchführung des Übergangs im Nachlaßwerk rekonstruiert worden ist. Daher fehlen gegenwärtig noch die Mittel, die Anschließbarkeit an die *Metaphysischen Anfangsgründe* genauer diskutieren zu können. (Vgl. Kapitel 3 C)

---

67 Tuschling (1968), 75 hat die These vertreten, daß der Status dieser Begriffe unklar ist: Einerseits seien sie bloß denkbare Begriffe von bewegenden Kräften und damit regulativ, andererseits würden sie zur Möglichkeit der Erfahrung von Materie angenommen werden und seien damit konstitutiv. M. E. besteht diese Unklarheit (jedenfalls in den ersten Jahren des Nachlaßwerkes) nicht. Der Eindruck ergibt sich vielleicht daraus, daß die Erklärungsprinzipien a priori entwickelt und der Naturforschung zugrundegelegt werden müssen. Bloß denkbar sind diese Begriffe, weil sie eine physisch-dynamische Materietheorie begründen, deren objektive Realität – nach Meinung Kants – nicht a priori erwiesen werden kann.

Die Bemerkung zur *Allgemeinen Anmerkung* des Dynamikteils, daß sie bloß Beispiele für die Anwendung der Metaphysischen Anfangsgründe auf die Erfahrung gibt, widerspricht deren Anspruch auf Vollständigkeit. Dies scheint die bei der Exposition dieser Arbeit geäußerte Vermutung zu bestätigen, daß Kant sein Projekt *erneut* durchführen will. Das Projekt ist aber selbst noch zu wenig expliziert, um die Gründe dafür einsehen zu können. Ein zureichendes Verständnis für den Rückgriff auf die *Metaphysischen Anfangsgründe* setzt eine eingehende Auseinandersetzung mit den Ausführungen zum Übergang im Nachlaßwerk voraus.

Überblickt man die oben angeführten Bestimmungen des Nachlaßwerkes, so wird man sagen können, daß Zielbestimmungen und Status der Begriffe sich im Rahmen der Konzeption der *Allgemeinen Anmerkung* halten, die Aussagen zur Funktion dagegen weitergehende Bestimmungen enthalten. Diese Funktionsbestimmungen nehmen einerseits auf inhaltliche Aspekte des Übergangs Bezug, wie den Unterschied von Körpern und formloser Materie, von denen hier aber noch abstrahiert werden muß, weil solche inhaltlichen Aspekte eine nähere Einsicht in die Situation der Neukonzeption der Materietheorie verlangen. Andererseits aber zielen sie auf eine Funktionsbestimmung und Lokalisierung des Übergangs innerhalb der Wissenschaften und das von Kant hierzu Gesagte ist für die zunächst zu diskutierende Frage nach der Funktion des Übergangs in Kants Gesamtkonzeption beachtenswert.

Eine nähere Beschreibung des uns von den *Metaphysischen Anfangsgründen* vertrauten Aspekts der Zielbestimmung des Übergangs im Nachlaßwerk könnte auch von dem Dynamikhauptteil ihren Ausgang nehmen. Danach ist zu zeigen, wie die Bewegkräfte, durch die Materie überhaupt möglich ist, zur Grundlage der empirischen Physik gemacht werden können.[68] Es muß den obigen Ausführungen zufolge eine vollständige Aufstellung der Prinzipien und Begriffe der Naturforschung geben, die bei der Erklärung von Eigenschaften und Wirkungen der Materien zugrundeliegen. Daß es, wie Kant im Nachlaßwerk behauptet, eines Übergangs bedürfe, um die für die Materie überhaupt anzunehmenden Prinzipien für eine systematische Naturforschung anwendbar zu machen, galt zumindest der Sache nach auch für die frühere Konzeption. Dies insofern, als Kant, was er allerdings in der *Allgemeinen Anmerkung zur Dynamik* nicht explizit zum Thema gemacht hat, auch zur Zeit der *Metaphysischen Anfangsgründe* eine an diese Schrift anschließbare Naturforschung an die Bedingung knüpft, die Prinzipien der ‚Materie überhaupt' erst so zu interpretieren, daß sie systematisch der empirischen Naturforschung zugrundegelegt werden können. Die Erklärungsprinzipien, die Kant in der *Allgemeinen Anmerkung* zur Verfügung gestellt hatte, sind Prinzipien a priori; genauer: sie beziehen sich auf die Prinzipien, die als a priori gültig erkannt werden

68 Vgl. auch I, 177 „Es giebt nämlich eine gewisse Menge von Elementarbegriffen [...] welche die Anwendung der bewegenden Kräfte der Materie überhaupt auf die in der Erfahrung vorkommende Verhältnisse vermitteln [...]".

können, geben aber bloß mögliche Verhältnisse der Grundkräfte an. Aber weil sie mit Rücksicht auf die empirisch gegebenen Eigenschaften der Materie aufgestellt sind, können sie – anders als die Grundkräfte selbst – direkt in den Erklärungen der empirischen Physik verwendet werden. Der Zusammenhang zwischen dem Dynamikhauptteil der *Metaphysischen Anfangsgründe* und der empirischen Physik als System ist also nur vermittelst eines überleitenden Schritts möglich. Daß Kant die *Allgemeine Anmerkung* nicht als ‚Übergang' thematisierte, hängt, wie sich noch zeigen wird, damit zusammen, daß dieser überleitende Schritt hier als unproblematisch angesehen wurde. Dagegen ist die Frage des Nachlaßwerkes: Ist ein solcher Schritt überhaupt möglich?

Die Aussagen des Nachlaßwerkes, die über die bisher vorgestellten hinausgehen, zielen auf die Frage, welche Funktion dieses a priori zu gebende System der empirischen Physik für die empirische Physik selber hat. Die hier vertretene These Kants besagt, daß die empirische Physik ohne ein derartiges System über eine bloß fragmentarische Behandlung ihrer Gegenstände nicht hinauskommen würde, weil auf diese Weise kein System, d.i. keine Verknüpfung zu einem Ganzen zustande kommen könnte. Die These läßt sich zuspitzen zu der Behauptung, daß eine Erfüllung des Anspruchs der empirischen Physik auf ein System eine vollständige Aufstellung der Erklärungsprinzipien und Begriffe der Naturforschung voraussetzt, und daß er sich nicht erfüllen läßt, wenn man physische Ereignisse bloß empirisch betrachtet, also beispielsweise versucht, ein System durch äußerliche Ähnlichkeitsbeziehungen von Ereignissen zu gewinnen.

Zunächst kann hier gezeigt werden, daß auch diese Bemerkungen sich im Rahmen des Bisherigen verstehen lassen. Die Notwendigkeit eines Übergangs ergibt sich vom Standpunkt der empirischen Naturforschung aus zwei Erkenntnissen. Einerseits kann für die in der Naturforschung gegebenen Erklärungen nicht die Mathematisierbarkeit das ausschlaggebende Kriterium sein. Diese Erkenntnis Kants liegt schon der für die *Metaphysischen Anfangsgründe* bezeugten und im Nachlaßwerk wiederholt gemachten Bemerkung zugrunde, die mathematischen Anfangsgründe bildeten keinen Teil der Naturphilosophie aus, da die Mathematik nur als Instrument diene (I, 161). Andererseits ist die Naturforschung, wie bereits bei der Rekonstruktion der *Allgemeinen Anmerkung zur Dynamik* herausgestellt wurde, auf eine apriorische Aufstellung (bloß möglicher) besonderer Prinzipien angewiesen, was bedeutet, daß sie nicht bloß empirisch verfahren kann. Da die den Erklärungen zugrundeliegenden besonderen Prinzipien (wie besondere bewegende Kräfte) ferner auf den apodiktisch gewissen Prinzipien (den Grundkräften) aufbauen müssen, um einen sicheren Gang der empirischen Naturforschung zu ermöglichen, besteht für diese die Notwendigkeit, sie mit Bezug auf die Grundkräfte in einem System aufzustellen, das der empirischen Naturforschung vorausgeht. Diese Erkenntnis läßt sich im Zusammenhang mit der Frage nach der Möglichkeit einer empirischen Naturforschung noch weiter ausbauen: Das System der empirischen Physik stellt einen Übergang von den apodiktisch gewissen Prinzipien (den Grundkräften) zur empirischen Physik dar. Die empirische Physik kann bei ihren Erklärungen die Grundkräfte nicht direkt in Anspruch nehmen. Statt daß die empirische Physik beispielsweise für die Erklärung der Kohäsion eines Körpers direkt auf die ursprüngliche Anziehungskraft und Repulsivkraft zurückgreifen könnte, muß sie besondere, abgeleitete Kräfte (die Anziehung in der Berührung einer anderen Materie) einführen.[69] Sie ist dabei genötigt, von ihren besonderen Kräften einen Übergang zu den apodiktisch gewissen Prinzipien des Dynamikhauptteils (den Grundkräften) herzustellen. Andernfalls entstünde eine Lücke im Systemaufbau.[70] Eine Lücke würde sich nach den bisherigen Ausführungen insofern auftun, als die apriorischen Prinzipien des Dynamikhauptteils nicht systematisch in der empirischen Wissenschaft zugrundegelegt werden könnten und umgekehrt die empirische Wissenschaft dadurch erstens kein einheitliches System mehr ausmachen und zweitens (in ihren empirischen Teilen) gar keinen Anspruch auf Wissenschaftlichkeit mehr erheben dürfte. Dies läßt sich als der für das Nachlaßwerk entscheidende Grund dafür ansehen, warum Kant den Ausführungen zur Materietheorie, die er als System der empirischen Physik bezeichnet, eine große Bedeutung innerhalb seines philosophischen Programms zumißt. An dieser Stelle kann noch einmal daran erinnert werden, daß das System Bestandteil seines *philosophischen* Programms ist einerseits, weil durch die Lücke die Verbindung der Kritiken zu den empirischen Wissenschaften verloren gehen würde, andererseits weil die Aufstellung eines Plans der Wissenschaften in Kants Augen (wie in der Einleitung hervorgehoben) selbst auch eine philosophische Aufgabe ist. Dies bleibt auch im Nachlaßwerk verbindlich.[71]

---

69 Auch um in der Physik Experimente durchzuführen, braucht man, so Kant, die Begriffe des Systems der empirischen Physik: I, 311.

70 Eine mögliche These lautet, daß die entstandene Kluft im Systemaufbau sich zwischen dem Dynamik- und dem Mechanikhauptteil befinde, da letzterer Körper voraussetze (vgl. Förster (2000), 39). Dies könnte man auch nach meiner Interpretation behaupten. Vorgreifend gesagt: Die *Anwendung* der Gesetze des ‚Mechanik' betitelten Teils setzt die in der *Allgemeinen Anmerkung zur Dynamik* ausgeführte Annahme voraus, daß der Dynamikteil es ermöglicht, die Erklärung der Möglichkeit von Körpern zu geben. Aber diese Erklärung von Körpern darf *ihrem Status nach problematisch* sein. Was der Mechanikteil aus dem Dynamikteil tatsächlich als *gewiß* voraussetzen muß, ist der aus dem Hauptteil der Dynamik hervorgehende Satz, daß allen Teilen der Materie die ursprünglich bewegenden Kräfte zuzusprechen (IV, 536) sind. Vgl. Kapitel 3 C.

71 Vgl. etwa Kants wiederholt gemachte Bemerkung, nur die Metaphysik schaffe die Form des Ganzen, I, 183. Förster (2000), 51 hat einen Unterschied eingeklagt: Daß der Übergang etwas überbrücken soll, ist von der Rede der Kluft (oder Lücke) zu unterscheiden, die entstehe, weil die objektive Realität der Kategorien nicht mehr gewährleistet sei. In meiner Interpretationslinie kann man einen Unterschied zwischen dem vom Übergang zu Überbrückenden und einer Kluft nicht mehr machen. Man könnte allerdings Folgendes sagen (und auf diese Weise Försters Forderung gerecht werden, daß dem Umstand Rechnung zu tragen ist, daß das Übergangsthema mit dem Thema einer Kluft nicht identisch ist): Zur Zeit der *Metaphysischen Anfangsgründe* hatte Kant eine relativ unproblematische Vorstellung von einem ‚Übergang zur empirischen Physik'. Dadurch, daß dieser problematisch wird, ist die Möglichkeit von Erfahrung gefährdet, was die Rede von der ‚Kluft' oder ‚Lücke' hervorruft.

Nach alledem muß es ein Bedenken oder einen Einwand Kants gegen seine Konzeption der *Allgemeinen Anmerkung zur Dynamik* gegeben haben, der die (in der *Allgemeinen Anmerkung* vollzogene) Möglichkeit des Überschritts zur Naturforschung infrage gestellt hat, weshalb eine neue Lösung der Aufgabe eines solchen Übergangs gefunden werden muß.

Bevor dem nachgegangen wird,[72] ist aber die Rolle des Übergangs innerhalb der Wissenschaften noch näher zu beleuchten. Dies ist erforderlich, weil die These, daß ohne ein System keine Verknüpfung zu einem Ganzen zustande käme, zwei Nachfragen auf sich zieht, die das Verhältnis eines solchen Systems zur Konzeption der *Kritik der Urteilskraft* betreffen: Die erste Frage (a) ist die nach seiner Beziehung zum transzendentalen Prinzip der Zweckmäßigkeit. Der Gedanken einer Verknüpfung zu einem Ganzen ist zu dem eines notwendigen Prinzips der Zweckmäßigkeit in ein Verhältnis zu setzen, weil das Prinzip der Zweckmäßigkeit eine Bedingung für eine systematische Naturforschung formuliert. Die zweite Frage (b) ist die, wie der Übergang, der eine Bedingung für die Verknüpfung empirischer Prinzipien ‚zu einem Ganzen' oder einem System darstellen soll, sich zu dem Teil der Naturlehre verhält, der sich mit organischen Naturprodukten beschäftigt.

(a) Zunächst scheint zwischen der *Kritik der Urteilskraft* und dem Nachlaßwerk insofern eine Spannung zu bestehen, als Kant die Notwendigkeit des Elementarsystems im Nachlaßwerk durch die Behauptung zu begründen versucht, daß aus bloß in der Erfahrung fundierten Begriffen und deren empirisch feststellbarem Zusammenhang *kein* System gebildet werden könne, in der *Kritik der Urteilskraft* aber anscheinend Bedingungen für ein System gegeben werden sollten, welches auf bloß empirisch festzustellenden Ähnlichkeitsbeziehungen beruht. In der *Kritik der Urteilskraft*, so könnte man argumentieren, scheint doch Kant schon eine systematische Gliederung von Naturgegenständen, wie beispielsweise das Linnésche System der Arten, als *System* anzuerkennen.[73] Dieses System kann man als etwas auffassen, worin Ähnlichkeitsbeziehungen als Kriterium für den Ort der Begriffe in ihm gelten sollen, wobei Ähnlichkeit empirisch festgestellt werden können soll. Das Prinzip der Zweckmäßigkeit formuliert die Systembedingung unabhängig davon, ob es sich bei dem in der Naturforschung angestrebten System um ein solches handelt, welches empirische Begriffe durch Ähnlichkeitsbeziehungen verknüpft oder um eines, in dem a priori gegebene Erklärungsprinzipien zugrundegelegt werden.

Im Folgenden soll dafür argumentiert werden, daß man Kants These im Nachlaßwerk, nach der aus bloß empirischen Begriffen *kein* System gezimmert werden kann, dann mittragen kann, wenn man einen starken und einen schwachen Systembegriff voneinander unterscheidet, und wenn man ferner annimmt, daß jedes

---

72 Vgl. Abschnitt D.

73 Ebenso in den *Metaphysischen Anfangsgründen*, vgl. IV, 468.

System sich nur durch die Kriterien des starken Systembegriffs als System ausweisen läßt. Ein System mit starkem Systemanspruch wird hier so verstanden, daß in ihm Erklärungen (oder Erklärungsversuche) für die spezifischen Besonderheiten eines Gegenstands nach Gesetzen gegeben und die Klassifikation von Gegenständen gemäß dieser gesetzlichen Erklärungsprinzipien vorgenommen oder legitimiert werden. Ein System mit schwachem Systemanspruch wäre hingegen eines, für das zwar auch behauptet bzw. gefordert wird, daß seine interne Anordnung durch Beziehungen legitimierbar wäre, die die formalen Bedingungen von Gesetzen erfüllen, in dem diese Gesetze aber nicht formulierbar sein müssen. Mittels dieser Unterscheidung von schwachem und starkem Systemanspruch läßt sich Kants These, nach der aus bloß empirischen Begriffen kein System gezimmert werden könne, dann verteidigen, wenn man sie so versteht, daß jedes System, das als System ausgewiesen werden soll, sich den starken Systemanspruch zu eigen machen muß. Nach Maßgabe des starken Systembegriffs ist die Aufstellung von möglichen nichtempirischen Erklärungsprinzipien eine notwendige Bedingung für die Möglichkeit eines Systems der empirischen Wissenschaften.

Betrachten wir zunächst die Überlegungen zu einem System von empirischen Begriffen: Ein System von empirischen Begriffen ist in der Konzeption der *Kritik der Urteilskraft* so gedacht, daß diese Begriffe als Regeln aufgefaßt werden müssen, die die spezifischen Besonderheiten eines Gegenstands erfassen. In dieser Konzeption beruht diese Möglichkeit, Begriffe systematisch zu ordnen, auf der Prämisse, daß äußerliche Ähnlichkeitsbeziehungen von Naturobjekten auf ähnliche Gesetzmäßigkeiten schließen lassen. Nur unter dieser Voraussetzung wird ein System von empirischen Begriffen überhaupt möglich, andernfalls könnte man nur von (zufälligen) Ähnlichkeitsbeziehungen, nicht von einem System sprechen.[74] Es muß also auch für ein durch Ähnlichkeitsbeziehungen aufgestelltes System angenommen werden, daß solche Beziehungen durch ihnen zugrundeliegende Prinzipien bedingt sind. Unter anderem aus diesem Grund ist das Prinzip der Zweckmäßigkeit einzuführen. Denn es nötigt uns zu der Annahme, daß die Natur für uns zweckmäßig eingerichtet ist, und das heißt auch, daß Ähnlichkeitsbeziehungen nicht als rein zufällig und chaotisch angesehen werden dürfen. Die Annahme, daß die Natur in diesem Sinne zweckmäßig eingerichtet ist, rechtfertigt den Anspruch eines Systems von empirischen Begriffen, die anhand der Ähnlichkeit von Gegenständen angeordnet werden, tatsächlich. Und dies scheint den oben präsentierten Thesen des Nachlaßwerkes zu widersprechen.

Vor dem Hintergrund der obigen Unterscheidung von zwei Systembegriffen kann man nun aber folgende Überlegung anschließen: Ein auf Ähnlichkeiten beruhendes System ist nur in einem schwachen Sinne als System zu bezeichnen. Denn eine systematische Aufstellung von empirischen Begriffen läßt sich selbst nur als System ausweisen, wenn die spezifischen Besonderheiten einer Gruppe von Ge-

74 Vgl. dazu AA XX, 211 f und 216 (Fn).

genständen durch Rekurs auf Prinzipien erklärt werden können, die der Annahme der Ähnlichkeit zugrundeliegen. Ist diese Bedingung erfüllt, so kann man nach der obigen Unterscheidung von einem starken Systembegriff sprechen. Die Erfüllbarkeit des Anspruchs eines im starken Sinne verstandenen Systems setzt aber voraus, daß für die Erklärungen nicht-empirische Prinzipien oder Begriffe zur Verfügung stehen und zugrundegelegt werden können. Es wird sich später noch genauer zeigen lassen, daß diese Prinzipien mit den Prinzipien des Systems der empirischen Physik (zumindest teilweise) identisch sein sollen und diese in jedem Fall der empirischen Naturforschung – also auch für die Erklärung organischer Produkte – vorausgehen müssen. Dies verkürzend gesagt deshalb, weil alle Erklärungsversuche der Besonderheiten eines Gegenstands bewegende Kräfte als die Prinzipien voraussetzen, die die Möglichkeit eines Körpers oder die Möglichkeit bestimmter Eigenschaften erklärbar machen. Ohne diese Prinzipien kann man sich, wie Kant im Nachlaßwerk sagen wird, kein Naturobjekt, „selbst nicht in der empirischen Vorstellung z.B. den Begriff eines Steins [...] verständlich machen" (I, 162).

Ein schwaches System, das bloß auf Ähnlichkeitsbeziehungen beruht, kann also seinem eigenen Systemanspruch nur gerecht werden, wenn die Klassifikation von Gegenständen durch Prinzipien legitimiert wird, die den Ähnlichkeitsbeziehungen zugrundeliegen. Und auch für die systematische Aufsuchung von Begriffsgruppen oder Arten, welche in der *Kritik der Urteilskraft* ebenfalls durch das Prinzip der Zweckmäßigkeit gerechtfertigt werden sollte, muß gelten, daß die Zusammenstellung nur dann systematisch nachvollziehbar und erweiterbar ist, wenn die Gesetzmäßigkeiten formuliert werden können, die sie rechtfertigen sollen.

Ein schwaches System ist danach eine Anordnung oder Einteilung von Begriffen, die, um Bestandteil einer systematischen Naturforschung werden zu können, einer über Ähnlichkeitsbeziehungen hinausgehenden Rechtfertigung bedarf. Diesen schwachen Systembegriff kann Kant auch im Nachlaßwerk noch zulassen.[75] Nach einem bloß empirischen Verfahren ist, wie Kant im Nachlaßwerk sagt, ein bloß „fragmentarisch[es] wachsen" (I, 161) möglich. Und daß die Überzeugung von der Legitimationsbedürftigkeit eines Systems bereits die *Metaphysischen Anfangsgründen* anleitet, kann man daran sehen, daß Kant auch dort zunächst von einem schwachen Systembegriff für Naturlehren ausgegangenen war (IV, 467 f), aber nach der Explikation seines Wissenschaftsbegriffs sagt, daß „jede Naturlehre zuletzt auf Naturwissenschaft hinausgehen und darin sich endigen müsse" (IV, 469).

Für die Frage nach der Beziehung des Systems der empirischen Physik zu der Konzeption der *Kritik der Urteilskraft* bleibt aber zu klären, ob das dort eingeführte Prinzip der Zweckmäßigkeit für ein mit einem starken Systemanspruch auftretendes System notwendig ist. Die Beantwortung dieser Frage ist für die Möglichkeit von empirischem Wissen und damit auch für die Rolle des a priori gegebe-

---

75 Vgl. II, 491.

nen Systems der empirischen Physik wichtig, weil das Prinzip der Zweckmäßigkeit nur dann seine Transzendentalität behaupten kann, wenn es auch als Bedingung der Möglichkeit für den starken Systemanspruch einer empirischen Naturlehre einsichtig ist. Nur unter dieser Voraussetzung läßt sich behaupten, daß die oben erwähnte These des Nachlaßwerkes, nach der ohne die Begriffe und Prinzipien des Übergangs keine Verknüpfung zu einem Ganzen zustande kommen kann, die Überlegungen der *Kritik der Urteilskraft* nicht revidiert. Denn die Annahme der Zweckmäßigkeit läßt sich nur dann als eine transzendentale begründen, wenn sie eine notwendige Bedingung für die Einheit des Wissens darstellt. Sie darf also nicht eine Annahme sein, die man bloß für den Fall machen muß, daß man zeigen will, wie ein System von empirischen Begriffen möglich ist.[76]

Das Prinzip der Zweckmäßigkeit läßt sich in einem Satz so formulieren: Die Natur ist noch in ihren spezifischen Formen und Besonderheiten so beschaffen, daß wir sie grundsätzlich als einen gesetzmäßigen Zusammenhang erfassen können. Nach Kant ist dies deshalb für die Möglichkeit von Erfahrung notwendig anzunehmen, weil die spezifisch verschiedenen Gegenstände der Wahrnehmung nur unter der Bedingung Objekte unseres Wissens werden können, daß sie in einem für uns prinzipiell erkennbaren Zusammenhang mit allen anderen Objekten der Erfahrung stehen. Nur aufgrund dieser Annahme ist der Versuch überhaupt gerechtfertigt, ein System von empirischen Begriffen und empirischen Gesetzen zu bilden. Und nur dann, wenn dieser Versuch gerechtfertigt ist, können wir mit Anspruch auf Gültigkeit empirische Begriffe und Gesetze klassifizieren, Gesetzeszusammenhänge aufsuchen und Gesetzeshypothesen auf andere Ereignisse übertragen. Vor allem aber können (nur) unter dieser Voraussetzung Gesetzeshypothesen über empirisch gegebene Phänomene und Ereignisse überprüft werden. Kriterium ihrer Wahrheit ist damit nämlich, daß sie sich in eine maximal systematische Theorie einordnen lassen, und diese soll etwas repräsentieren (können), was eine Grundlage in unserer objektiven Welt hat.[77]

Die Frage, ob das Prinzip der Zweckmäßigkeit auch dann noch nötig ist, wenn ein a priori gegebenes System von bewegenden Kräften der Naturforschung zugrundegelegt werden kann, läßt aber wiederum kein einfaches Ja zu. Eine nahelie-

---

76 Den Vorschlag, eine Folge der neuen Konzeption im Nachlaßwerk sei, daß das Prinzip der Zweckmäßigkeit nur noch für Chemie und Biologie (nicht für Physik) die Systembedingung angebe, macht Blasche (1991), xvii.

77 Zur Diskussion der Bedeutung und Rechtfertigung der Transzendentalität des Prinzips, vgl. insbes. Kitcher (1986), Horstmann (1997) und Thöle (2000). Thöle ist so weit gegangen, ausschließlich die Überprüfbarkeit von Gesetzeshypothesen als Grund dafür anzuerkennen, die Transzendentalität des Prinzips zu rechtfertigen. Dies ist hier nicht im Einzelnen zu diskutieren. Da Kant nicht nur auf die Überprüfbarkeit von Gesetzeshypothesen zielt, sondern auch auf Klassifizierungsleistungen, etc. muß man zunächst allgemeiner die Anforderung, ein System zu bilden, als eine sich aus dem Wissensbegriff ergebende Forderung verstehen, deren Rechtmäßigkeit für empirisches Wissen in der *Kritik der Urteilskraft* näher untersucht wird (vgl. *Erste Einleitung*, AA XX, 208).

gende Antwort wäre, daß gemäß der bisherigen Funktionsbestimmung das Elementarsystem bewegender Kräfte zu unterscheiden ist von einem System empirischer Gesetze (Thema in der *Kritik der Urteilskraft*) und daß es die Prinzipien zur Verfügung stellt, die der empirischen Naturforschung zugrundegelegt werden müssen, wie beispielsweise den physikalischen Begriff eines Körpers als System von besonderen bewegenden Kräften. Im Zuge dieser Antwort könnte man weiter argumentieren, daß diese Prinzipien aufzustellen nicht die Behauptung impliziert, ein System von empirischen Gesetzen sei gerechtfertigt. Denn dazu wäre zusätzlich die Annahme erforderlich, daß die Mannigfaltigkeit und Heterogenität gegebener Stoffe und Formen nicht so groß sind, daß sich keine Gesetze über sie formulieren oder systematisch ordnen lassen. Diese Antwort ist zwar – gegeben die bisherigen Ausführungen können überzeugen – zutreffend, aber in der vorliegenden Form zu einfach. Zunächst muß man nämlich sagen, daß in dem a priori aufzustellenden System der empirischen Physik im Rahmen des Bereitstellens von Prinzipien auch Gesetzeshypothesen formuliert werden.[78] Greift Kant damit aber nicht dem System empirischer Gesetze doch vor? Jene Annahme von der Zweckmäßigkeit wäre nicht in jedem Fall die Bedingung dafür, daß überhaupt systematische Einheit des Wissens möglich ist – und wie oben expliziert, wäre sie insofern in ihrem Status und ihrer Bedeutung verändert. Nicht der Fall wäre dies, wenn wir Gesetze über spezifische Besonderheiten a priori als wahr erkennen würden. Dann bräuchten wir kein Kriterium für die Wahrheit dieser Gesetze mehr. Wir würden der Natur in ihren besonderen Formen diese Gesetze vielmehr vorschreiben.

Aufgrund dieser Überlegungen muß man sagen: Wenn der Status der Prinzipien und Gesetzeshypothesen, die in dem apriorischen System gegeben werden, problematisch ist, diese also nur als mögliche Erklärungsprinzipien aufgefaßt werden und die damit verbundenen Erklärungsansätze und -vorschläge als grundsätzlich revidierbar gelten, kann auf das Prinzip der Zweckmäßigkeit nicht verzichtet werden, weil das System in diesem Fall nur mögliche Erklärungsprinzipien und Gesetzeshypothesen anbietet, ohne der Natur in ihrer spezifischen Besonderheit etwas vorschreiben zu können.[79] Es ist durch diese Prinzipien beispielsweise noch nicht behauptet, daß verschiedene Phänomene (je) durch dieselben Prinzipien erklärt werden können.[80] Eine Ersetzung des Prinzips der Zweckmäßigkeit durch das a priori gegebene System der empirischen Physik ist deshalb nicht möglich, weil dieses System nur dann, wenn die prinzipiell für uns erkennbare Gesetzmäßigkeit der besonderen Formen angenommen wird, überhaupt als Grundlage für die empirische Naturforschung dienen kann. Und auch wenn ein solches System von Erklä-

---

78 So kann man etwa die Erklärung der Kohäsion als Gesetzeshypothese formulieren.

79 Man kann hier eine Unterscheidung, die Buchdahl (1984), 100, für Hypothesen geltend macht, anbringen: Es ist ein Unterschied, ob man eine Hypothese verständlich macht, indem man aufzeigt, daß sie möglich ist, oder ob man diese Hypothese in eine maximal systematische Theorie empirischer Gesetze eingliedern will.

80 Vgl. A 662/B 690.

rungsprinzipien aufgestellt wird, muß es Aufgabe der empirischen Naturforschung selbst sein, ein System von empirischen Gesetzen anzustreben, also beispielsweise verschiedene Phänomene durch dasselbe Prinzip zu erklären.[81] Die Frage nach der Bedingung hierfür muß unabhängig von der Frage nach den möglichen Erklärungsprinzipien beantwortet werden. Daher müssen diese *beiden* unterschiedlichen Voraussetzungen für die empirische Wissenschaft geltend gemacht werden: Es muß ein System der für die Erklärungen erforderlichen Begriffe und Prinzipien zur Verfügung stehen, und es muß das Prinzip der Zweckmäßigkeit angenommen werden. Allerdings ist mit dem Hinweis darauf, daß das System der empirischen Physik in der Tat nicht nur Prinzipien, sondern auch Erklärungshypothesen für empirisch Gegebenes enthält (die ja auch mit Hinblick auf gegebene Materien aufgestellt werden), die Stelle markiert, an dem diese beiden unterschiedlichen Aufgabenbereiche einander überschneiden. Und dies wiederum kann man sowohl als Quelle für viele Mißverständnisse ansehen, als auch als Grund für Zweifel an dem Gelingen des Kantischen Projekts einer Fundierung der empirischen Physik. Gleichwohl scheint es mir ein möglicher und konstruktiver Weg zu sein, diese unterschiedlichen Aufgaben aufgrund dessen, daß sie verschiedene Begründungsleistungen erfordern, auch wenn sich ihre Bereiche überschneiden, als *zwei* erforderliche Aufgaben anzuerkennen.

Diese Überlegungen bieten uns nicht nur die Möglichkeit auszuschließen, daß das a priori gegebene System der empirischen Physik von Anfang an die Konzeption der dritten Kritik überflüssig macht.[82] Wir können auf diese Weise einsehen, daß Kant zu Recht sein neues Projekt als an die *Metaphysischen Anfangsgründe* und nicht an die dritte Kritik anschließend versteht. Darüber hinaus können wir auch erkennen, daß es ein Potential in diesem System gibt, welches uns in die Lage versetzt, eine andere Art von ‚empirischem' Wissen über Besonderheiten (besondere Formen etc.) der Natur zu etablieren: Wir müßten hierfür den Status der in dem System aufgestellten Prinzipien ändern. Dies ist für das Verständnis der Diskussion der Konzeption des Nachlaßwerkes und möglicherweise auch für eine weitergehende Interpretation des Nachlaßwerkes selbst von großem Wert, weil es die Möglichkeit des Gedankens eröffnet, daß Kant sein hier erarbeitetes (Elementar-)System durch eine – natürlich philosophisch zu legitimierende – Neuinterpretation des Status dieser Prinzipien in ganz anderer Weise als Fundament für Wissen über Besonderheiten der Natur ansehen könnte.

Des weiteren kann man aus dieser Perspektive auch noch einen anderen Gedankengang des Nachlaßwerkes in den Blick rücken: Wenn der Begriff des Kör-

81 Aufgrund dessen, daß dieses System von Gesetzen in der Naturforschung angestrebt wird, kann Kant auch sagen, daß das Prinzip der Zweckmäßigkeit keinen eigenständigen Teil der Philosophie abgibt, AA XX, 205.

82 Diese Zielbestimmung hat insbes. Mathieu (1989) dem Nachlaßwerk zugeschrieben. Durch die obige Darstellung wird m.E. deutlich, warum dies (für die hier behandelte Zeit) nur dann möglich ist, wenn man den Status der Begriffe vernachlässigt.

pers, der Dichte etc. Begriffe sind, denen Prinzipien vorausgeschickt werden müssen, um überhaupt eine Grundlage für die Erklärung von Eigenschaften und Wirkungen von Gegenständen zu haben, so scheint diese Strategie grundsätzlich auch bei dem Begriff des Organismus möglich zu sein, nur daß man die Einführung dieses Begriffs anders rechtfertigen müßte, was Auswirkungen auf den Modus seiner Anwendung hätte. So ist nicht verwunderlich, daß Kant – ab einem gewissen Punkt im Nachlaßwerk – den Begriff des Organismus in den Übergang integriert (Vgl. z.B. I, 213).

(b) Mit diesem Gedankengang ist auch bereits die zweite oben aufgeworfene Frage berührt, nämlich in welchem Verhältnis das System der empirischen Physik zur organischen Naturphilosophie steht. Um sie beantworten zu können, muß man aber noch einmal von der Funktion des Übergangs für Erklärungen empirischer Phänomene ausgehen. Oben wurde die These vertreten, daß die Begriffe und Prinzipien des (Elementar-)Systems der Naturforschung zugrundegelegt werden müssen. Es könnte an dieser Stelle aber auch vermutet werden, daß Kants Behauptung, nach der sich ‚aus bloß empirischen Begriffen kein System' gewinnen lasse, nur für die Naturlehre der unorganischen Physik gilt.

Tatsächlich wird man vorläufig sagen können, daß die Übergangskonzeption zunächst nur für die unorganische Physik angelegt ist. Dies ist so, weil Kant in den *Metaphysischen Anfangsgründen* die Prinzipien zur Erklärung der Möglichkeit der Materie überhaupt gibt und eine Materietheorie sich auf diese Grundlage beziehen können soll, wohingegen zur Erklärung der Möglichkeit eines organischen Produkts bekanntlich andere Prinzipien heranzuziehen sind. Dennoch behauptet Kant von den im a priori gegebenen System aufgestellten Begriffen, welche durch die *Allgemeine Anmerkung zur Dynamik* bzw. den Übergang im Nachlaßwerk vorgestellt werden, daß sie *jeder* Naturlehre (die auf Erklärungen nicht völlig verzichtet), also auch der ‚Biologie', zugrundeliegen müssen. Dies ist auch berechtigt. Denn anhand Kants Überlegungen zu organischen Produkten läßt sich zeigen, daß er auch bei der ‚Erklärung' der Organismen von der Konzeption eines unorganischen Körpers ausgeht. Das Problem der Erklärung von Organismen entsteht nach seinem Verständnis dadurch, daß die Erklärungsprinzipien der Physik nicht ausreichen und daher *zusätzliche* Prinzipien eingeführt werden müssen.[83]

Wissenschaftstheoretisch formuliert heißt das, daß alle Zweige von empirischer Wissenschaft Kant zufolge ihre gemeinsame Grundlage in den *Metaphysischen Anfangsgründen* der Naturwissenschaft haben, welche die Prinzipien der Erklärung von Materie überhaupt zur Verfügung stellen. Die Weise, wie diese Prinzipien bei den Erklärungen empirisch gegebener Phänomene zugrundegelegt werden können,

83 Dies hat weitreichende Konsequenzen für die Diskussion des Organismusthemas, die hier aber nicht ausgeführt werden können. Zur These einer Fortsetzung der Überlegungen zum Organismus der dritten Kritik im Nachlaßwerk vgl. Emundts (2001).

expliziert die *Allgemeine Anmerkung* bzw. der Übergang im Nachlaßwerk. Die so möglichen Erklärungen anhand von besonderen bewegenden Kräften bilden die Grundlage der empirischen Physik. Der empirischen Physik muß man, wie in der Einleitung der vorliegenden Arbeit gezeigt, die Chemie zuordnen. Die Erklärungen lassen sich weiterhin ergänzen durch Erklärungen der Biologie, die sich mit Formen beschäftigt, die durch die Prinzipien der Physik unterbestimmt bleiben. Die ergänzenden Prinzipien können demnach aber ohne die Erklärungsprinzipien der Physik überhaupt nicht aufgestellt werden. Daß dies für die Biologie gilt, macht Kant hinreichend deutlich. So bemerkt er etwa in seiner *Ersten Einleitung* zur *Kritik der Urteilkraft* (AA XX, 221) zur teleologischen Urteilskraft:

> „Dagegen, wenn *bereits* empirische Begriffe und eben solche Gesetze, gemäß dem Mechanism der Natur *gegeben sind*, und die Urtheilskraft vergleicht einen solchen Verstandesbegrif mit der Vernunft [...] so ist, wenn diese Form an dem Gegenstande angetroffen wird, die Zweckmäßigkeit objektiv beurtheilt. [herv. v. D. Emundts]"

Und dies ist auch in der Sache insofern überzeugend, als die Weise, wie Kant die Besonderheit eines Gegenstandes der Erfahrung, beispielsweise in seiner Form oder Organisation, einführt, erst vor dem Hintergrund eines physikalischen Begriffs eines Körpers verständlich wird. Bei der Erklärung von Organismen greift Kant demgemäß auf die bewegenden Kräfte zurück, die der mechanistischen Erklärungsweise entsprechen: Ein organisiertes Wesen ist „also nicht bloß Maschine, denn die hat lediglich bewegende Kraft [...]" (*Kritik der Urteilskraft* 293).

Nach alledem läßt sich der Übergang der Metaphysischen Anfangsgründe zur empirischen Physik als eine erneute Durchführung des Projekts der *Allgemeinen Anmerkung zur Dynamik* auffassen, welches das Projekt der *Kritik der Urteilskraft* weder überflüssig macht, noch ersetzt, sondern bei der Fundierung der empirischen Wissenschaften eine eigenständige Rolle spielt. Ein weiteres Resultat einer eingehenderen Auseinandersetzung mit der *Kritik der Urteilskraft* könnte darin liegen, daß die in ihr angestellten Überlegungen zur Möglichkeit empirischen Wissens Kant vor Augen geführt haben, wie sehr das Gelingen seiner Gesamtkonzeption von der Realisierung dieser Möglichkeit abhängt. Darin könnte man einen zusätzlichen Grund dafür sehen, warum Kant auch der anderen für die Fundierung von empirischem Wissen notwendigen Aufgabe, d.i. der Aufstellung der Begriffe, welche in der Naturforschung zugrundegelegt werden können, Anfang der neunziger Jahre eine kaum zu überschätzende Bedeutung beigemessen hat und warum ihn die deutlicher werdenden Probleme dieses Projekts des Systems der empirischen Physik nachhaltig beunruhigten. Dringlicher als dem nachzugehen, ist es aber an dieser Stelle, sich die Zwänge zu vergegenwärtigen, die ihn zu einer neuen Durchführung des Projekts veranlaßten.

D. Die Wiederaufnahme des Projekts der „Allgemeinen Anmerkung zur Dynamik"

Vorab ist festzuhalten: Die bisherigen Überlegungen haben die oben entwickelte These bestätigt, daß die Änderungen der Konzeption die *Allgemeine Anmerkung zur Dynamik* betreffen, den Dynamikhauptteil der *Metaphysischen Anfangsgründe* aber unberührt lassen. Denn Kant unterscheidet in der Konzeption des Nachlaßwerkes zwischen einer Aufstellung von Bewegkräften als Prinzipien für die Erklärung der Möglichkeit von Materie überhaupt und einer Aufstellung der Kräfte, die für die Erklärung der Möglichkeit spezifischer Verschiedenheiten von Materie angenommen werden können. Die ersten Bewegkräfte sind mit den Grundkräften des Dynamikhauptteils der *Metaphysischen Anfangsgründe* zu identifizieren. Dies wird schon dadurch deutlich, daß im Übergang nur die Bewegkräfte, durch welche spezifische Verschiedenheiten der Materien erklärt werden können, angegeben werden sollen, wohingegen die Aufstellung von Bewegkräften, die zur Erklärung der Möglichkeit von Materie überhaupt dienen, beim Übergang der Metaphysischen Anfangsgründe zur empirischen Physik schon vorausgesetzt ist. Demnach fällen die *Metaphysischen Anfangsgründe* das synthetische Urteil a priori: ‚Die Erklärung der Möglichkeit von Materie als etwas, das den Raum erfüllt, setzt als Erklärungsprinzipien zwei Grundkräfte, Anziehungskraft und Repulsivkraft, voraus', aber mit dem Vorbehalt, daß dieses Urteil keine Theorie über die spezifische Verschiedenheit der Materien impliziert. Die Möglichkeit der Erklärung spezifischer Verschiedenheiten von Materien wird vielmehr erst der Übergang behandeln. Wie oben gezeigt worden ist, begründet die Differenz zwischen der Möglichkeit einer Erklärung der Raumerfüllung überhaupt und der einer Erklärung der spezifischen Verschiedenheiten von Materie, den *Metaphysischen Anfangsgründen* zufolge, den Unterschied des Hauptteils der Dynamik und der *Allgemeinen Anmerkung*. Die neue Konzeption, die Kant vorstellen will, tritt damit an die Stelle der *Allgemeinen Anmerkung* und betrifft die Frage, wie die im Hauptteil entwickelten Prinzipien für eine Möglichkeit der Erklärung spezifischer Verschiedenheiten von Materie zu interpretieren sind.

Wenngleich sich die Ausführungen des Nachlaßwerkes, wie sich gezeigt hat, unter der Zielbestimmung der *Allgemeinen Anmerkung* einordnen lassen, hat Kant sie – das war dem Text zu entnehmen – (zumindest ab einem gewissen Punkt) nicht mehr als Ergänzung zur *Allgemeinen Anmerkung* verstanden. Nach seiner Auffassung soll vielmehr ein System entworfen werden, von dem die *Allgemeine Anmerkung* einen vorläufigen Versuch darstellt. Die beiden Konzeptionen könnten nun auch Unterschiede aufweisen, die bereits über den Grund der neuen Durchführung Aufschluß geben und die daher zu untersuchen sind.

Ein auffallender Unterschied betrifft den formalen Aufbau der jeweiligen Konzeptionen. In der *Allgemeinen Anmerkung* werden, so ließe sich zunächst sagen, vier Momente aufgezählt, auf die sich die spezifischen Verschiedenheiten von Materien bringen lassen sollen, ohne daß ein Kriterium angegeben wird, wie die Vollständigkeit dieser Momente auszuweisen ist. Demgegenüber wird im Nachlaßwerk die Frage der möglichen Systematisierung explizit gemacht und die Kategorientafel zum Leitfaden genommen. Außerdem bemüht Kant sich im Nachlaßwerk offenbar darum, einige Erklärungsprinzipien für Eigenschaften von Materien nachzuliefern, die in der *Allgemeinen Anmerkung* nur beiläufig erwähnt wurden, und sie so zu integrieren, daß der Eindruck von Willkür verschwindet. Ein Beispiel hierfür ist die ‚Starrigkeit' von Materien.

Neben dieser Änderung ist einer anderen Rechnung zu tragen. Im Nachlaßwerk scheint sich nämlich auch Kants Einschätzung der Art und Weise, wie die entsprechenden Erklärungsprinzipien zu gewinnen sind, geändert zu haben. Das Verfahren zur Gewinnung der Erklärungsprinzipien oder der besonderen bewegenden Kräfte der Materien sollte in der *Allgemeinen Anmerkung zur Dynamik* der *Metaphysischen Anfangsgründe* darin bestehen, daß a priori angegeben wird, welche Verknüpfungen von Anziehungskraft und Repulsivkraft möglich (im Sinne von denkbar) sind (IV, 524). Das Verfahren läßt sich verkürzend wie folgt rekonstruieren: Als das erste der Momente spezifischer Verschiedenheiten fungiert der Begriff eines Körpers als eine Materie mit einem bestimmten Volumen und einer bestimmten Dichte. Die Erklärungsprinzipien für die Möglichkeit dieser Eigenschaften werden dadurch gewonnen, daß die Grundkräfte als die in einer spezifischen Materie wirkenden Kräfte interpretiert werden. Diese Kräfte sollen erstens dadurch als eine Raumerfüllung der spezifischen Materie bedingend gedacht werden, daß sie sich gegenseitig beschränken, und zweitens sind die verschiedenen Dichtigkeiten der Materie dadurch zu erklären, daß die Repulsivkraft bei verschiedenen Dichten ursprünglich verschieden sein und daher eine unterschiedliche Ausdehnung bei derselben Quantität (Masse) zur Folge haben kann. Die Erklärung weiterer spezifischer Verschiedenheiten der Materien soll dann durch eine weitere Ausführung zu möglichen Verhältnissen der Grundkräfte gewonnen werden. Ausgehend von der Möglichkeit der unter dem ersten Moment erklärten Begriffe, läßt sich – wie im folgenden Kapitel noch ausgeführt wird – eine weitere Kraft annehmen, nämlich eine ‚scheinbare Anziehung' als Wirkung des Druckes einer Materie (oder eines Körpers) auf eine andere. Auf diese Weise ist die Kohäsionskraft unter dem zweiten Moment als Wirkung der bloß ‚scheinbaren Anziehung' – dem Druck einer anderen Materie – zu deuten. Der Anforderung einer a priori zu entwickelnden Materietheorie ist durch dieses (offensichtlich am Hauptteil orientierte) Verfahren Rechnung zu tragen.

Stellt man dem die Konzeption des Nachlaßwerkes gegenüber, so wird man konstatieren, daß Kant hier behauptet, man müsse für die Erklärung der Möglichkeit von Körpern und deren spezifischer Verschiedenheit den Äther voraussetzen. Konkret wird die Dichte, der besondere Grad der Raumerfüllung einer Materie, nun als Folge des Zusammenhangs und damit des Ätherdrucks erklärt. Dieser

Wandel in der Konzeption ist in seiner Reichweite für das angestrebte Programm kaum zu überschätzen: Zwar hat Kant auch in der *Allgemeinen Anmerkung* den Äther (eine durch ein spezifisches Verhältnis der Grundkräfte definierbare Materie) als Erklärungsprinzip nicht ausgeschlossen. Da die Kohäsionskraft unter dem zweiten Moment als Wirkung eines Druckes erklärt wurde, ist der Äther für diese Erklärung verwendbar (und von Kant an späterer Stelle derselben Schrift auch so gemeint)[84]. Aber wie wir gesehen haben, setzte dieses Erklärungsprinzip das erste Moment und damit die Möglichkeit von einer den Raum mit einem bestimmten Volumen und einem bestimmten Grad einnehmenden Materie voraus; der Äther konnte damit als eine solche – grundsätzlich bereits erklärbare – Materie angenommen werden. Dies ist aber nicht mehr möglich, wenn der Äther selbst als Bedingung für die Raumerfüllung eines bestimmten Volumens mit einem bestimmten Grad angesehen wird. Diese Änderung läuft demnach darauf hinaus, daß der Äther im Nachlaßwerk (anders als in der *Allgemeinen Anmerkung*) durch seine Funktion in der Erklärung der spezifischen Verschiedenheiten von Materie eine fundierende Position innerhalb des Systems gewinnt.

Möglicherweise läßt sich aus beiden hier angeführten Unterschieden der beiden Konzeptionen eine für die Rekonstruktion des Übergangs grundlegende These entwickeln. Wenn man aber den bisherigen Ausführungen folgt und bedenkt, daß einerseits auch die *Allgemeine Anmerkung zur Dynamik* einen vollständigen Aufriß der Momente gibt, welche die spezifische Verschiedenheit an sich hat, und insofern die erste Änderung keinen prinzipiellen Unterschied darstellen muß, und daß andererseits die Funktion des Systems der empirischen Physik gerade in der Erklärung der spezifischen Verschiedenheit der Materien liegen sollte, die jetzt eben *anders* durchgeführt wird, so muß bei einer Interpretation der Übergangskonzeption im Nachlaßwerk diese zweite Änderung in den Vordergrund treten. Auf diese Weise kann man außerdem berücksichtigen, daß Kant die systematische Wiederaufnahme des Projekts erst um 1795 beginnt, zu einer Zeit also, wo ihm ein fundamentales Problem seiner Materietheorie (das sogenannte ‚Zirkelproblem', das hier im zweiten Kapitel ausgeführt wird) schon deutlich vor Augen stand. Sollte es nämlich im Folgenden gelingen, die neue Rolle des Äthers als Reaktion auf dieses ‚Zirkelproblem' verständlich zu machen, so scheint es auch möglich, aus dieser Perspektive die neue Konzeption des Nachlaßwerkes zu erschließen.

Dieser Interpretationsansatz erhellt nicht nur die Charakterisierung der Grundsituation, sondern auch die Reflexionen auf den formalen Aufbau des Systems. Wenn Kant von Zweifeln an seiner Materietheorie heimgesucht wurde und schließlich zu dem Ergebnis kam, daß sie nicht durch Ergänzungen auszuräumen sind,

84 Vgl. IV, 564. Diese Stelle kann auch als Beleg dafür angeführt werden, daß Kant den Äther in den *Metaphysischen Anfangsgründen* wie in der oben hierauf folgenden Passage beschrieben behandelt.

sondern das ganze Projekt der *Allgemeinen Anmerkung zur Dynamik* in Frage stellen, dann wird zur unabdingbaren Aufgabe, die im System entstehende Lücke erneut zu überbrücken.

Ebenso deutlich wie der Umstand, daß die aus der gewonnenen Einsicht vorgenommene Änderung sich nicht mehr bloß als Ergänzung zur *Allgemeinen Anmerkung* auffassen läßt, ist auch, daß diese Einsicht den bisherigen systematischen Aufbau des Systems in der *Allgemeinen Anmerkung* zunichte macht. Denn erstens setzen nun bereits die bisher unter dem ersten Moment behandelten Begriffe den Äther voraus, so daß Kant an ihrer Anordnung nicht unverändert festhalten kann, zweitens muß der Unterschied zwischen Körpern und formloser Materie, den Kant bisher überhaupt nicht gemacht hatte, in den im Nachlaßwerk entworfenen Übergang integriert werden. So wird bereits hier zumindest im Ansatz verständlich, wieso Kant (wie wir oben gesehen haben) im Zusammenhang der Funktionsbestimmung des Übergangs darauf verweist, daß für ihn in diesem Übergang der Unterschied von Körpern und einer formlosen Materie konstitutiv ist. Insgesamt erklären die neue Situation und die mit ihr verbundenen Schwierigkeiten, warum die Frage, wie die Aufstellung der in Erklärungen von spezifischen Verschiedenheiten wichtigen Begriffe und die Gewinnung der Erklärungsprinzipien systematisch möglich ist, im Nachlaßwerk eine maßgebliche Rolle spielt und das Übergangsprojekt ab 1795 selbst Gegenstand der Reflexion wird.[85]

In Abhebung von der von mir vertretenen Behauptung, Unstimmigkeiten in der Materietheorie hätten Kant zu einer neuen Konstruktion des Systems der empirischen Physik bewogen, welches er ‚Übergang von den Metaphysischen Anfangsgründen zur empirischen Physik' nennt, läßt sich die bloß an der Änderung der Form orientierte These so formulieren, daß Kant sich zur erneuten Durchführung des in Angriff genommenen Unternehmens veranlaßt sah, weil die Art, wie er seinen Anspruch auf Vollständigkeit der Aufstellung von Begriffen zur Möglichkeit der Erklärung spezifischer Verschiedenheiten der Materien in der *Allgemeinen Anmerkung* verfolgt hatte, mit Mängeln behaftet war. Die durch diese These bestimmte Interpretation läßt sich wie folgt charakterisieren:

---

85 Der Einwand Försters (1991) gegen Tuschlings These (von Unstimmigkeiten der *Metaphysischen Anfangsgründe* im Ganzen als Grund für den ‚Übergang'), daß Kant den Übergang schon spätestens 1790 geplant hat, ist hier nicht zu erheben. Dieser Einwand ist nur überzeugend gegen die These vorzubringen, daß die *Metaphysischen Anfangsgründe* im Ganzen gescheitert sind. Denn zwar mag es wenig plausibel sein anzunehmen, daß Kant sich mit der Abfassung der *Kritik der Urteilskraft* beschäftigt hätte, wenn er das ganze Projekt der *Metaphysischen Anfangsgründe* schon vor 1790 für gescheitert gehalten hätte. Dieser Einwand trifft aber nicht, wenn – wie hier angenommen – die Zweifel die Ausführung der *Allgemeinen Anmerkung zur Dynamik* betreffen. Der vorliegenden Arbeit zufolge, ist es außerdem, wie deutlich geworden sein dürfte, durchaus zulässig, schon das Projekt der *Allgemeinen Anmerkung* als Übergang zu bezeichnen, so daß eine Verwendung dieses Begriffs 1790 gar nicht überraschen darf.

Zwar hatte die *Allgemeine Anmerkung* Begriffe aufgestellt, die in der empirischen Naturforschung zugrundegelegt werden können, aber ohne den Anspruch, daß diese Begriffe ein System darstellen. Dies ist vom Standpunkt der *Metaphysischen Anfangsgründe* aus auch nicht erforderlich, weil hier ‚empirische Gesetze' noch als zufällig angesehen werden, so daß eine Grundlage für ein System der empirischen Wissenschaften nicht notwendig erschien. Die *Kritik der Urteilskraft* ermöglicht es dann aber, den Teil der Naturwissenschaft, der vom Standpunkt der *Kritik der reinen Vernunft* und dem der *Metaphysischen Anfangsgründe* als zufällig anzusehen war, unter einen Systemanspruch zu stellen. Hierbei muß man, folgt man diesem Argumentationsgang, beachten, daß das transzendentale Prinzip der Zweckmäßigkeit nur die Voraussetzung ist, unter der sich so etwas wie ein System einer empirischen Naturwissenschaft a priori denken läßt – das System selber oder die Grundlage für ein System wird in der *Kritik der Urteilskraft* nicht gegeben. Die durch die *Kritik der Urteilskraft* veränderte Situation läßt sich daher so beschreiben, daß ein System für die empirische Naturwissenschaft erforderlich ist, welches durch die *Allgemeine Anmerkung zur Dynamik* aber nicht realisiert werden kann, weil sie keine Systemform hat. Das, was in ihr ansatzweise versucht wurde: der empirischen Naturforschung Begriffe zur Verfügung zu stellen, ist nun als System zu entwickeln.[86]

Es zeigt sich bereits hier, daß dieser Vorschlag in einigen Punkten meinen obigen Ausführungen widerspricht. Dies in der Einschätzung sowohl der *Allgemeinen Anmerkung* als auch in der des Verhältnisses des Systems der empirischen Physik zur *Kritik der Urteilskraft*. Die mit dieser Einschätzung verbundenen Annahmen sind aber für die Durchführung der hier vorgestellten Interpretation erforderlich. Geht es doch Kant, wie deutlich geworden sein dürfte, nicht bloß um Korrekturen an der früheren Konzeption, sondern um die Überbrückung einer sich im System auftuenden Kluft. In Anbetracht dessen muß eine deutliche Konturierung des Unterschieds zwischen den Konzeptionen der *Allgemeinen Anmerkung* und dem Nachlaßwerk möglich sein.

Die zwei sich bereits an dieser Stelle aus den bisherigen Ausführungen ergebenden Einwände gegen den Vorschlag, die Änderungen des Nachlaßwerkes seien durch Defizite der Form der früheren Konzeption motiviert, lassen sich wie folgt darlegen:

Zunächst (1) ist es problematisch zu behaupten, das (Elementar-)System des Übergangs solle das in der *Kritik der Urteilskraft* gerechtfertigte System empirischer Gesetze darstellen – (auch wenn, wie oben dargelegt, eine bestimmte Weise,

---

86 Förster (1991), 30-31, vgl. (2000) 1. chapter. Ich folge Förster darin, daß es so „etwas wie ein apriorisches Elementarsystem der bewegenden Kräfte der Materie geben" muß (1991), 31, aber dies ist m.E. kein Ergebnis der *Kritik der Urteilskraft*, sondern bereits in den *Metaphysischen Anfangsgründen* vorausgesetzt. Die neue, für das Nachlaßwerk wichtige Einsicht besteht darin, daß es nicht in der Weise möglich ist, wie es in den *Metaphysischen Anfangsgründen* vorgesehen war.

das (Elementar-)System zu interpretieren, die Annahme der Zweckmäßigkeit in ihrem Status und ihrer Bedeutung verändern würde). Denn es besteht zwischen diesen ‚Systemen' ein prinzipieller Unterschied in der Weise, wie sie ‚gegeben' werden können. Die Begriffe des Elementarsystems werden a priori vollständig gegeben, während das System der empirischen Gesetze dies nicht gestattet; es kann nicht vollständig gegeben, sondern in der Naturforschung nur angestrebt werden.[87] Außerdem ist auch der Inhalt dieser ‚Systeme' nicht identisch. Der Übergang enthält nur mögliche Verhältnisse bewegender Kräfte und keine spezifischen Gesetzesaussagen über bestimmte Stoffe. In diesem Punkt (1) läßt sich die hier kritisch diskutierte Interpretation allerdings verteidigen, etwa mit dem Argument, daß die Begriffe, die der Naturforschung zugrundeliegen und durch die *Allgemeine Anmerkung* gegeben werden sollten, nun – also erst durch die Konzeption der dritten Kritik – in einem System verortet sein müssen, um die Grundlegung eines von ihnen zu unterscheidenden Systems empirischer Gesetze zu ermöglichen. Dagegen läßt sich aber wiederum Folgendes einwenden: Da auch vom Standpunkt der *Metaphysischen Anfangsgründe* (und der *Kritik der reinen Vernunft*) jede auf Erklärung zielende Naturlehre unter der Anforderung steht, ein System zu bilden, die dritte Kritik also in diesem Punkt keine Neuerung darstellt,[88] müßte der Anspruch, ein System dieser grundlegenden Begriffe aufzustellen, doch bereits in der *Allgemeinen Anmerkung* verfolgt worden sein.[89]

Weiterhin (2) kann man darauf hinweisen, daß Kant in der *Allgemeinen Anmerkung zur Dynamik* ausdrücklich den Anspruch erhebt, die Momente der spezifischen Verschiedenheit der Materie vollständig aufstellen zu können. Zwar trifft zu, daß die systematische Naturforschung, zufolge der *Kritik der Urteilskraft*, in der Lage sein muß, in einer Weise auf eine Grundlage zuzugreifen, die ihr ermöglicht, für alle physikalischen Erklärungen besonderer Ereignisse Prinzipien von bewegenden Kräften zur Verfügung zu stellen. Aber dieser Anspruch kann als grundsätzlich in der *Allgemeinen Anmerkung* erfüllt gelten.

Verfolgt man nun die bloß an der formalen Änderung orientierte (und hier zurückgewiesene) Interpretation weiter und versucht, gemäß ihren Vorgaben die inhaltliche Änderung der Rolle des Äthers zu erklären, so kann man dies – abermals verkürzend gesagt – auf folgende Art tun: Nach Kants Systemauffassung muß jedem System eine Idee oder ein Prinzip zugrundeliegen, das seine Einheit sichert.

---

87 Vgl. I, 475.

88 In diesem Zusammenhang ist auch eine Diskussion zum Verhältnis der dritten zur ersten Kritik geführt worden (vgl. Förster (2000), 7 gegen Friedman) Diese ist hier nicht aufzunehmen, denn die zu verteidigende These ist nicht, daß sich Kants Sicht auf die empirischen Wissenschaften mit der dritten Kritik nicht geändert hat, sondern nur die, daß Kant der empirischen Wissenschaft schon vor der dritten Kritik einen Systemanspruch unterstellte.

89 Daß Kant in der ersten Einleitung der *Kritik der Urteilskraft* das Verhältnis zu den *Metaphysischen Anfangsgründen* grundsätzlich noch für unproblematisch hält, zeigt sich u.a. in der in der Einleitung der vorliegenden Arbeit bereits zitierten Passage, AA XX, 237.

Dieses Prinzip stellt im Nachlaßwerk der Äther als die Einheit aller bewegenden Kräfte dar.

Auf der oben entwickelte Interpretationslinie läßt sich allerdings ein Einwand gegen diesen Vorschlag erheben.[90] Den Äther als Bedingung für die Raumerfüllung von Materien mit einer bestimmten Dichte einzuführen, läuft auf eine inhaltliche Änderung der dynamischen Materietheorie hinaus, welche Auswirkungen auf die Erklärungsweise besonderer Phänomene hat. Daher ist sie allein durch Überlegungen zum formalen Aufbau des Übergangs schwer verständlich zu machen.

Darüber hinaus kann man abermals vom Standpunkt der *Allgemeinen Anmerkung* aus argumentieren: Sie stellt einen Plan für die empirische Naturforschung dar. Sie bedarf dabei keines besonderen Prinzips, welches ihren Systemanspruch legitimieren würde, weil die Grundkräfte, also die Prinzipien für die Erklärung der Möglichkeit von Materie überhaupt, als Basis für die Erklärung der Möglichkeit der spezifischen Verschiedenheit der Materien hinreichen sollen. Es besteht daher auch in dieser Hinsicht kein Grund, ihr aus formalen Gründen abzusprechen, daß sie eine geeignete Basis für die systematische Naturforschung abgibt.

Im Ergebnis führt die Rekonstruktion der Anknüpfungspunkte des Nachlaßwerkes also zu der These, daß zwar im Übergang des Nachlaßwerkes dasselbe Ziel besteht wie in der *Allgemeinen Anmerkung zur Dynamik*, daß dieses Ziel aber mit anderen inhaltlichen Bestimmungen durchgeführt werden muß. Das heißt, das Projekt des Übergangs im Nachlaßwerk zielt auf die Entwicklung einer neuen Materietheorie ab. Die Schwierigkeit, auf die das Projekt reagiert, wurde bereits schlagwortartig mit dem Hinweis auf das ‚Zirkelproblem' benannt. Sie ist nun genauer darzulegen.

90 Dieser Einwand kann auch als Selbstkritik gelesen werden, vgl. Emundts (2000), 196.

2. Die Gründe für die Neukonzeption des Systems der empirischen Physik

In der Materietheorie der *Allgemeinen Anmerkung zur Dynamik* der *Metaphysischen Anfangsgründe* liegt ein Zirkelproblem, welches der Ausgangspunkt für die hier anstehende Rekonstruktion der Materietheorie des Nachlaßwerkes sein soll. Mit der Behandlung dieses Themas wenden wir uns einem weiteren der Gründe zu, warum die von Kant selbst nahe gelegte These, daß die Überlegungen des Nachlaßwerkes eine Fortsetzung der *Allgemeinen Anmerkung zur Dynamik* darstellen, mit Schwierigkeiten verbunden ist. Wenn Kant gegen seine Theorie von 1786, wie man besonders deutlich aus Briefen und Notizen aus dem Jahr 1792 ersehen kann, einen Zirkeleinwand geltend gemacht hat, so kann dieser bei einer Interpretation der neuen Überlegungen zur Materietheorie nicht unberücksichtigt bleiben.[91] Daß das Folgende von dem Zirkelproblem ausgehen muß, zeigen aber auch die bisherigen Ausführungen, die deutlich machen, daß die Materietheorie des Nachlaßwerkes gegenüber der früheren Konzeption Änderungen aufweist, die durch sachliche Einwände bedingt sein müssen.

Auch die Überlegungen des Nachlaßwerkes selbst bedürfen schließlich einer hinführenden Erwägung. Denn setzt man unmittelbar, im Absehen von den Ausführungen zum Zirkelproblem, bei den Überlegungen des Nachlaßwerkes an, ist man mit einer Reihe von zum Teil irritierenden Gedankengängen konfrontiert, in denen der Begriff des Äthers eine zentrale Rolle spielt.

Zunächst eine Vorbemerkung zum Begriff des Äthers: In der Kantischen Konzeption des Nachlaßwerkes sind ‚Äther' und ‚Wärmestoff' als ‚formlose' Materie aufzufassen, die durch bewegende Kräfte Wirkungen auf andere Materien haben oder die Bildung spezifischer Materien bedingen. Kant verwendet die Begriffe

---

91 Friedman (1992a), 237 ff hat, wie schon angemerkt, im Opus postumum ein gegenüber den *Metaphysischen Anfangsgründen* neues, v.a. mit dem Namen von Lavoisier verbundenes Thema bearbeitet gesehen, nämlich chemische Zusammenhänge. Es wird von ihm dabei nicht berücksichtigt, daß die Dichten verschiedener Materien im Nachlaßwerk anders erklärt werden als in der früheren Konzeption. Auch trifft, wie die Textinterpretation unten zeigen wird, Friedmans Einschätzung (Fn 223) nicht zu, daß Kant auf das Zirkelproblem im Nachlaßwerk nicht eingehe. Zum zeitgenössischen naturphilosophischen Hintergrund (und auch zu Kants vorkritischer Materietheorie) vgl. neben Friedman z.B. Gehler (1785 ff) (Dieses Physikalische Lexikon wird von Kant im Nachlaßwerk auch gelegentlich angeführt); Adickes (1922; 1924 f); Vuillemin (1955); Harman (1983); Carrier (1991) und (2001b). Zu Kants Rezeption von Büchern zur Chemie vgl. auch Vasconi (2001). Sie kommt zu dem Ergebnis, daß Kant sich im Jahr 1793 verstärkt ‚der Chemie' zuwendet. Dies würde gut dazu passen, daß Kant das ‚Zirkelproblem', das zufolge meiner These diese Zuwendung motiviert, im Jahr 1792 formuliert.

,Äther' und ,Wärmestoff', aber auch ,Weltmaterie' oder ,Urmaterie', dann synonym, wenn es allgemein um die Rolle der formlosen Materie bei den Erklärungen von Eigenschaften der spezifischen Materien geht. Er unterscheidet zwischen diesen Begriffen (und auch dem des Lichtstoffs) dann, wenn er auf bestimmte Wirkungsweisen einer formlosen Materie verweisen will.

Der Äther erhält seine Bedeutung im Nachlaßwerk, wie bereits gezeigt wurde, erstens dadurch, daß er darin bei den Erklärungen der Möglichkeit der spezifischen Verschiedenheiten von Materien eine zentrale Stellung einnimmt. So sagt Kant im ungefähr auf 1796 zu datierenden *Oktaventwurf*: „Zusammenhang ist also das erste, was Erklärungsgrunde bedarf (Druck des aethers durch die Schweere) und ursprunglicher Unterschied der Dichtigkeit die daraus entspringt die Folge davon" (I, 374). Zweitens stellt der Unterschied von Körpern und formloser Materie ein wichtiges Thema im Nachlaßwerk dar (z.B. I, 215). Die Tatsache, daß Kant diese Unterscheidung in dem zur empirischen Physik hinführenden *Übergang* als eine grundlegende einführt, verweist ebenfalls auf die bedeutende Rolle, die dem ,Äther' in der neuen Konzeption zukommt. Und drittens kommt dem ,Äther' insofern eine hohe Relevanz zu, als innerhalb des Nachlaßwerkes der Status und die Rolle des Äthers selbst immer wieder thematisiert werden, und ihm schließlich der Status einer notwendig anzunehmenden Idee oder eines notwendigen Prinzips zugesprochen wird. Besonders deutlich wird dies in dem sogenannten Ätherbeweis. Von den späteren Darlegungen des Nachlaßwerkes zum Ätherbeweis ausgehend, drängen sich folgende Fragen für die Interpretation auf: Wie kann der Äther überhaupt als eine Materie aufgefaßt werden, wenn er die Bedingung der Eigenschaften (beispielsweise einer bestimmten Dichte) von Materien ist? Was ist der ontologische Status des Äthers, wenn er als formlose Materie mit bestimmten Eigenschaften eine bei der Erklärung der Raumerfüllung von Materien, die einen bestimmten Grad haben, zu machende Voraussetzung darstellt? Kann er selbst in diesem Fall noch als eine den Raum in einem bestimmten Grad erfüllende Materie erklärt werden? Und wie kann die Einführung einer Materie mit nicht – oder zumindest nicht direkt – aus der Erfahrung bekannten Eigenschaften legimitiert werden? Gegenüber diesem Problemzuschnitt befinden wir uns aber noch in einem früheren Untersuchungsstadium. Aus den bisherigen Darlegungen ist deutlich geworden, aufgrund welcher Überlegungen Kant bereit ist, den Ausführungen zur Materietheorie eine solche Bedeutung innerhalb seines philosophischen Programms zuzumessen. Es ist aber noch keine Erklärung dafür gegeben worden, warum der Äther als Bedingung für die Erklärung der Möglichkeit der spezifischen Verschiedenheit der Materien angenommen werden muß. Warum also die Einführung des Äthers in dieser Funktion? Erst die Beantwortung dieser Frage wird uns in die Lage versetzen, die Überlegungen des Nachlaßwerkes zum Äther als Lösungsansätze zu einem Problem begreifen zu können.

Im Folgenden soll das Zirkelproblem der Materietheorie der *Allgemeinen Anmerkung* zur Dynamik rekonstruiert werden, und es soll gezeigt werden, daß dieses

Problem durch die Einführung einer Materie, die Kant ‚Äther' nennt, behoben werden kann. Damit wäre die Basis für den Versuch gewonnen, sich die Entwürfe Kants zu einer neuen Materietheorie verständlich zu machen. Da die Rekonstruktion des Zirkelproblems mit Rücksicht auf die generelle Konzeption der *Allgemeinen Anmerkung*, die im Vorhergehenden dargestellt wurde, zu führen ist, kann der Versuch, dieses Problem anhand von verschiedenen Texten Kants zu belegen, einer Darstellung des Problems und einer Diskussion möglicher Lösungswege erst folgen.

Darüber hinaus ist aber bei der Rekonstruktion des Zirkelproblems zu untersuchen, ob sich die oben aufgestellte These verteidigen läßt, daß dieses Problem nicht den Hauptteil der Dynamik der *Metaphysischen Anfangsgründe*, sondern die *Allgemeine Anmerkung* zur Dynamik betrifft. Nur wenn dies gezeigt werden kann, ist es möglich, die Überlegungen des Nachlaßwerkes von den Funktionen, die die *Metaphysischen Anfangsgründe* in ihren Hauptteilen durch ihr Programm erfüllen sollten, abzulösen und in ihnen eine neue Auseinandersetzung mit der Frage zu sehen, wie die (apodiktisch gewissen) apriorischen Prinzipien der *Metaphysischen Anfangsgründe* in der empirischen Physik zugrundegelegt werden können. Es ist hier noch einmal darauf hinzuweisen, daß die im Vorhergehenden herausgestellte und im Folgenden zu verteidigende These, nach der die Hauptaufgaben der *Metaphysischen Anfangsgründe* nicht infrage gestellt werden, auch Auswirkungen darauf haben muß, wie man die weiteren Ausführungen des Kantischen Nachlaßwerkes zu interpretieren hat.

Dieser Problemlage folgend, umfasst das vorliegende Kapitel drei Teile: (A) Die Rekonstruktion des Zirkelproblems als Problem der *Allgemeinen Anmerkung* und die Lösung dieses Problems durch die Einführung des Äthers in die Übergangskonzeption. (B) Die Interpretation der für das Zirkelproblem einschlägigen Texte. (C) Die Frage, ob das Zirkelproblem nicht doch auch (oder vor allem) den Hauptteil der Dynamik der *Metaphysischen Anfangsgründe* betrifft.

A. Das Zirkelproblem in der Materietheorie der „Allgemeinen Anmerkung zur Dynamik"

Im Folgenden ist zu zeigen, daß es ein Problem bei der in der *Allgemeinen Anmerkung* vorgeschlagenen Erklärung der spezifischen Verschiedenheit von Materien gibt. Es wird sich bei der Analyse herausstellen, daß man verschiedene Probleme voneinander unterscheiden muß, die bei der Erklärung der spezifischen Dichtigkeit auftreten. Ich werde (in A) zwei dieser Probleme unter dem Stichwort ‚Zirkelproblem' diskutieren, wobei aber zu beachten ist, daß das eine dieser Probleme, das meines Erachtens für Kants weitere Überlegungen als Ausgangspunkt dienen kann, genau genommen kein ‚Zirkelproblem' ist. Vielmehr wird ein gegenseitiges Abhängigkeitsverhältnis von Anziehungskraft und Dichtigkeit formuliert, das empirische – nicht logische – Erwägungen verbieten. Das zweite als Zirkelproblem bezeichnete Problem ist dagegen tatsächlich ein Zirkelproblem in dem Sinne, daß die Erklärung der Dichtigkeit eine bestimmte Dichtigkeit von Materien schon voraussetzt. Es soll aber hier nicht zum Ausgangspunkt gemacht werden, weil es in der komplexen Anlage der Kantischen Theorie von 1786 erst aufgrund von Annahmen entsteht, die bei der Erklärung der Unterschiede der Dichtigkeit einzuführen sind, während die zu dem erstgenannten Problem führenden Annahmen (im Vergleich) basaler sind. Hinzukommt, daß das erstgenannte Problem, wie sich in Abschnitt B dieses Kapitels zeigen wird, im Vordergrund der Kantischen Überlegungen steht.

Zunächst zum ersten Problem: Nimmt man den Ausgang bei Kants Formulierungen des Problems, so kann man ihnen entnehmen, daß er einen Zirkel von Anziehungskraft und Dichtigkeit zu erkennen meint. Dieses Problem ist aber nicht nur in seiner Bedeutung für das Nachlaßwerk unterschiedlich eingeschätzt worden; man hat auch Mühe, es genau zu identifizieren. Zudem scheint Kants Formulierung des Zirkels nicht eindeutig erkennen zu lassen, welche Partien seiner früheren Schriften von dem Problem betroffen sind. In den einschlägigen Interpretationen des Zirkelproblems[92] wird dafür argumentiert, daß dieses Problem in unterschiedlicher Weise die Grundannahmen des Dynamikhauptteils der *Metaphysischen Anfangsgründe* betreffe. Eine zusätzliche Komplikation für die Interpretation ist, daß Kant – wie sich anderen Stellen entnehmen läßt – einen weiten Zirkelbegriff hat und auch beispielsweise Regreßprobleme als Zirkelprobleme bezeichnet.[93] Auch wird man zweifellos bei genauerer Prüfung der Überlegungen zur Materie in den *Metaphysischen Anfangsgründen* verschiedene Probleme sehen können, die als Zirkelproblem reformulierbar sind.

Die hier ausführlich zu entwickelnde These, daß der Zirkel bei der Erklärung der spezifischen Verschiedenheit von Materien entsteht und nur die *Allgemeine Anmerkung* betrifft, kann schon im Vorfeld, ausgehend von Kants Formulierung des Zirkels, plausibilisiert werden: Kant schreibt in dem Brief vom 17.10. 1792 an Beck, in dem er den Zirkel erstmals deutlich formuliert:

> „Was Ihre Einsicht in die Wichtigkeit der physischen [herv. v. D. Emundts] Frage: von dem Unterschiede der Dichtigkeit der Materien betrift [...] Ich würde die Art der Auflösung dieser Aufgabe wohl darinn setzen: daß die Anziehung (die allgemeine, Newtonische,) ursprünglich in aller Materie gleich sey und nur die Abstoßung verschiedener verschieden sey und so den specifischen Unterschied der Dichtigkeit derselben ausmache. Aber das führt doch gewissermaaßen auf einen Cirkel aus dem ich nicht herauskommen kan und darüber ich mich noch selbst besser zu verstehen suchen muß." (XI, 362)

---

92 V.a. Förster (2000), aber auch Tuschling (1968). Vgl. hierzu Abschnitt C.
93 Vgl. zum Beispiel I, 525, Zeile 18 f.

Wenn Kant hier von einer ‚physischen' Frage spricht, läßt sich vermuten, daß diese damit als eine über die metaphysische Behandlung der Materie hinausgehende Frage aufgefaßt wird. Bereits in den *Metaphysischen Anfangsgründen* hatte Kant die metaphysischen Prinzipien der Hauptteile von den darüber hinausgehenden ‚physischen' unterschieden (IV, 518) und diese in der *Allgemeinen Anmerkung* behandelt. Es läßt sich zwar auch behaupten, Kant gebrauche den Ausdruck ‚physisch' hier als Gegenbegriff zu ‚mathematisch', dies wäre aber insofern ungenau, als Kant von der mathematischen Betrachtung physische und metaphysische Fragen unterscheidet (zu dieser Verwendung etwa IV, 515), die letzteren aber nicht identifiziert.

Weiterhin beschreibt Kant das Problem als eines der Erklärung des ‚specifischen Unterschieds der Dichtigkeit'. Durch die bisherigen Ausführungen zu Kants früheren Schriften konnte gezeigt werden, daß als eigentlicher Ort der Ausführung der Materietheorie die *Allgemeine Anmerkung* zur Dynamik anzusehen ist, und erst hier die Erklärungen der spezifischen Verschiedenheit der Materie gegeben werden. Ein Problem der Erklärung spezifischer Unterschiede der Dichtigkeit kann daher (zumindest direkt) nur die *Allgemeine Anmerkung* der *Metaphysischen Anfangsgründe* betreffen.

Aufgabe der *Allgemeinen Anmerkung* ist es, mit Blick auf die Momente, auf die sich die spezifische Verschiedenheit von Materien bringen läßt, und mit Bezug auf die beiden Grundkräfte, für die spezifische Verschiedenheit Prinzipien aufzustellen und Erklärungsmöglichkeiten anzugeben. Diese Aufgabe löst Kant so, daß er auf die Grundkräfte zurückführbare besondere bewegende Kräfte einführt, die die spezifisch verschiedenen Eigenschaften der Materien durch ihre Wirkungsweise erklären. Gemäß seiner bereits diskutierten Grenzziehung dessen, was a priori erkannt werden kann, dürfen die Erklärungen der spezifisch verschiedenen Eigenschaften nicht als gleichartig mit den Erklärungen, die a priori als objektiv gültig erkannt werden können, angesehen werden. Und es ist für die nachfolgenden Ausführungen wichtig, in Erinnerung zu behalten, daß die Entwicklung der Materietheorie in der *Allgemeinen Anmerkung* nur Erklärungsprinzipien für die Möglichkeit dieser Eigenschaften aufstellt, ohne daß diese eine Berechnungsgrundlage für die Größe oder den Grad bestimmter Eigenschaften, wie beispielsweise der Dichte einer Materie, abgeben müßten. Anders als die atomistische Materietheorie, gegen die Kant seine dynamische Materietheorie geltend macht, stellt diese, wie bereits gezeigt wurde, nicht einmal ein Verfahren zur Berechnung von verschiedenen Dichtigkeiten zur Verfügung. Die Dichtigkeit einer Materie muß durch das Wägen oder die von einem bestimmten Impuls ausgelöste Bewegung eines Körpers bestimmt werden. (Um die Äthermaterie im Folgenden von den Materien zu unterscheiden, denen eine spezifische Verschiedenheit zukommen soll, werde ich diese ‚besondere Materien' nennen. Kant wird sie später oft als sekundäre Materien bezeichnen, aber das Recht zu dieser Bezeichnung muß sich erst noch ergeben.)

Die Erklärung der Möglichkeit der spezifischen Verschiedenheit von Materien nimmt in der *Allgemeinen Anmerkung* ihren Ausgang bei der Raumerfüllung von einem bestimmten Volumen und einer besonderen Dichte. Eine solche Raumerfüllung ist das erste Moment, das hypothetisch erklärt wird. Es ist für die weiteren Bestimmungen, also die weiteren Momente, auf die sich die spezifische Verschiedenheit der Materien bringen läßt, vorauszusetzen. Bei der Erklärung dieses ersten Moments nimmt Kant die beiden Grundkräfte der Materie überhaupt als ursprüngliche Kräfte für eine besondere Materie an. Gelingt die Erklärung des spezifischen Volumens und der spezifischen Dichte anhand dieser Prinzipien und lassen sich unter Bezugnahme auf das so erklärte Moment der Raumerfüllung die anderen Bestimmungen der spezifischen Verschiedenheit von Materien gewinnen, so kann Kant behaupten, die (hypothetischen) Erklärungen der *Allgemeinen Anmerkung* ließen sich auf die beiden Grundkräfte zurückführen. Dies würde den Vorgaben einer a priori entwickelten Theorie entsprechen, die nicht mit leeren Begriffen operiert, sondern die von ihr eingeführten (möglichen) Prinzipien mit Bezug auf die beiden im Hauptteil als gültig ausgewiesenen Grundkräfte entwickelt.

Die Erklärung der spezifisch verschiedenen Dichtigkeit durch die beiden Kräfte, Anziehungskraft und Repulsivkraft, ist, so Kant, möglich, weil Anziehungskraft und Repulsivkraft sich gegenseitig beschränken, aber von unterschiedlichen Faktoren abhängig sind: Die Anziehungskraft muß der Masse proportional gedacht werden; die Repulsivkraft hingegen ist von der Masse unabhängig. Verschiedene Dichten lassen sich demzufolge dadurch als bedingt denken, daß das Verhältnis von materieeigener Anziehungskraft und Repulsivkraft variabel ist und die Repulsivkraft im Verhältnis zur Anziehungskraft größer oder kleiner sein kann.

Da die Anziehungskraft der Masse proportional ist, kann man sagen: je höher[94] die Anziehungskraft einer Materie in einem *bestimmten* Volumen, desto höher ist die Dichte. Das Volumen, also der Umfang des Raumes, den die Materie einnimmt, wird durch die Repulsivkraft bestimmt. Ferner wird die Anziehungskraft, die der Materie zukommt, durch die Repulsivkraft auf einen bestimmten Raum beschränkt, wobei der Grad der Ausdehnung aufgrund der Unabhängigkeit der Repulsivkraft von der Masse unterschiedlich hoch sein kann, so daß dadurch unterschiedliche Dichten, also Masse pro Volumen, möglich sind. Man wird demnach verschiedene Dichten so erklären, daß bei gleichem Volumen einer Materie mit hoher Dichte gegenüber einer Materie mit niedrigerer Dichte der Ausdehnungsgrad, der durch eine niedrige Repulsivkraft bedingt ist, im Verhältnis zur Masse der Materie gering ist.

Das Attraktive von Kants Überlegung liegt zweifellos darin, daß die Erklärung der spezifischen Dichtigkeit bereits in seinen Ausführungen zur Möglichkeit der Materie überhaupt angelegt war: Denn die beiden Grundkräfte und ihre Wir-

94 Da für Kant die Kräfte intensive Größen sind, rede ich im Folgenden nicht von der Größe, sondern der Höhe der Anziehungskraft.

kungsweisen, die als Bedingungen für die Möglichkeit der Raumerfüllung mit einem bestimmten Grad angenommen werden mußten, können als materieeigene ursprüngliche Kräfte der besonderen Materien interpretiert werden und auf diese Weise können in der Tat auch die spezifischen Unterschiede der Dichtigkeit von Materien erklärt werden.

Als Thesen einer dynamischen Materietheorie lassen sich aus dieser Überlegung folgende gewinnen: (1) Eine Materie ist dichter oder weniger dicht als eine andere, wenn sie ihren Raum zwar ganz, aber nicht in gleichem Grad erfüllt (IV, 526). (2) Die Möglichkeit, daß Materien ihren Raum mit verschiedenen Graden erfüllen, ist dadurch gegeben, daß die Raumerfüllung als von zwei Kräften abhängig gedacht werden muß, die in ihrer Wirkungsweise von verschiedenen Faktoren abhängen. (3) Wir können also annehmen, daß die Dichtigkeit einer Materie davon abhängt, wie groß die Repulsivkraft im Verhältnis zur Anziehungskraft ist. Genauer: Je höher die Repulsivkraft im Verhältnis zur Anziehungskraft, desto weniger dicht ist eine Materie, weil die Ausdehnung der Materie im Verhältnis zu ihrer Masse größer ist. Hierbei ist anzumerken, daß diese Thesen der dynamischen Materietheorie offenbar nicht auf eine Erklärung der Entstehung von Materien zielen. Sie erklären nur die Eigenschaften der gegebenen Materien durch Kräftewirkungen. Gleichwohl wird man die der Erklärung zugrundeliegenden Kräfte als materiekonstituierend interpretieren, also sagen können, daß sie einen Körper (und seine wesentlichen Eigenschaften) bedingen.

Diese Erklärung möglicher Unterschiede der Dichtigkeit von Materien ist im Prinzip eine ausreichende Basis für alle weiteren Erklärungen. Dies deshalb, weil sie erlaubt, Materien von unterschiedlicher Dichtigkeit anzunehmen und deren Wirkungsweisen aufeinander zur Grundlage für die Erklärung weiterer Eigenschaften zu machen. Die Wirkungen, die nicht direkt auf die materieeigene Anziehungskraft und Repulsivkraft zurückzuführen sind, gehen von anderen Materien aus. Kant nennt sie abgeleitete Kräfte.

Das zweite Moment, das an der spezifischen Verschiedenheit hervorgehoben werden soll, ist der Zusammenhang oder die Kohäsion. Da es in dem Nachlaßwerk eine wichtige Rolle spielt, ist darauf kurz einzugehen.[95] Die Kohäsion nennt Kant auch Anziehung in der Berührung (IV, 526 f). Diese ist von der Anziehung als

95 Es ergibt sich eine interessante Perspektive auf das Kantische Projekt, wenn man von der Darstellung dieser Verhältnisse in dem Physikalischen Lexikon von Gehler (1785 ff), Bd. I ausgeht: Die ‚Anziehung' als Fernwirkungskraft wird als ein Gesetz der Körper angesehen, deren Ursache unbekannt ist. Die Anziehung der Berührung (die auch als Ursache für Härte und Festigkeit gilt) wird als Bezeichnung für ein Phänomen betrachtet, von dem man weder die Ursache kannte, noch ihre Wirkungsgesetze angeben konnte. Es gilt, so Gehler, auch nicht als sicher, daß diese ‚Anziehung in der Berührung' mit der Anziehung der Schwerkraft (von der man die Gesetzmäßigkeiten angeben konnte) eine Verwandtschaft habe. Als mögliche Ursache der Kohäsion wird sowohl häufig eine physische Verbindung von Materieteilen (Häkchen oder eine Art Leim), als auch häufig eine äußere Ursache angenommen, wie Druck oder Stoß. Schon aufgrund dessen, daß er kein Atomist ist, tendiert Kant zu der zweiten Annahme.

Fernwirkungskraft zu unterscheiden. Obwohl Kant die Kohäsion von Materien, also den Zusammenhang ihrer Teile, als Anziehung bezeichnet, ist sie nur Folge eines Druckes und insofern bloß eine scheinbare Anziehung.[96] Der Druck läßt sich mithilfe der Annahme einer anderen Materie erklären, die mit sehr hoher Repulsivkraft (IV, 534) sich überall im Raum verteilt und durch ihren Druck die verschiedenen Zusammenhänge bewirkt. Als diese Materie fungiert meist der ‚Äther'. Wiewohl eine Bedingung für Körper, wird die Kohäsionskraft als abgeleitete Kraft von den Kräften unterschieden, die zufolge des Hauptteils jedem Materieteil zukommen müssen, und die in der *Allgemeinen Anmerkung* als materieeigene Repulsiv- und Anziehungskräfte bei der Erklärung der Raumerfüllungen von bestimmten Graden (unter dem ersten Moment) zugrundegelegt werden. Die Kohäsionskraft als Anziehung in der Berührung ist in dieser Konzeption keine Bedingung der Raumerfüllung von einem bestimmten Grad, also keine Ursache für möglichen Zusammenhalt und Dichte, sondern nur für die Art der Verbindung der Materie. Ihre Wirkung besteht also darin, einer Kraft, durch die die Materie getrennt würde, entgegenzuwirken (IV, 527).[97]

Bei genauerer Betrachtung herrscht in den Ausführungen der *Allgemeinen Anmerkung* allerdings auch eine Tendenz, die Dichtigkeit einer Materie als von der Anziehung in der Berührung mitbewirkt zu denken. Dies ist zum einen der Fall, sofern Kant dem Druck des Äthers eine stabilisierende Funktion zuschreibt (IV, 564), zum andern insofern, als er in der Anziehung in der Berührung bei der Herausarbeitung des dritten Moments eine Bedingung für die Wiedereinnahme eines Volumens sieht. Dabei unterscheidet Kant eine ursprüngliche, durch die materieeigenen Repulsivkräfte bedingte Elastizität von einer nach seiner Auffassung abgeleiteten.[98] In diesem Kontext behauptet Kant, daß die Kohäsionskraft dieselbe Ursache habe wie die Wiedereinnahme des (kleineren) Volumens nicht nur nach einer mechanischen sondern auch nach einer chemischen (durch Erwärmung zustande kommenden) Dehnung (IV, 529). Den Grund für diese Behauptung Kants werden wir später noch erkennen können. Den mit ihr verbundenen Schwierigkeiten kommen im Folgenden eine nicht unerhebliche Bedeutung zu. Eine weitere für die späteren Ausführungen wichtig werdende Überlegung der *Metaphysischen An-*

---

96 Hier sieht man, daß die Frage, worin sich die Überlegungen des Nachlaßwerkes von denen der *Metaphysischen Anfangsgründe* unterscheiden, gar nicht durch einen bloßen Verweis auf den Äther beantwortet werden kann, sondern daß gefragt werden muß, wo der Äther in den jeweiligen Konzeptionen eingesetzt werden soll. Daß die Kohäsion als Wirkung des Äthers anzusehen ist, hat Kant beinahe durchgehend – auch schon in der vorkritischen Zeit – behauptet. Zwar nimmt er zwischenzeitlich an, die Kohäsionskraft sei eine ursprüngliche Anziehungskraft, die in der Fläche wirke, aber andernorts (*Reflexionen*, AA XIV, 419 - wahrscheinlich nach 1778, vgl. Adickes (1924 f), 2. Bd., 118) begreift er sie als eine Wirkung des Äthers.

97 Von dieser Wirkung zu unterscheiden ist wiederum die Art der Berührung, d.h. in welchem Maß sich Teile verschieben lassen (flüssig oder fest).

98 Zu den Gründen für diese Unterscheidungen aus wissenschaftshistorischer Sicht, vgl. Carrier (1991), 211.

fangsgründe ist in diesem Zusammenhang anzufügen: Kant nimmt (schon) in der Schrift von 1786 an, daß Wärmematerie sich durch ‚Schwingungen' auszeichnet und folglich auch, daß die Wirkungsweise der Wärmematerie nicht mit der der ursprünglichen Repulsivkraft gleichzusetzen ist (IV, 522). Auch im Falle der Wärmematerie gilt (wie bei der abgeleiteten Elastizität), daß die Wirkungsweisen der ursprünglichen Repulsivkraft nicht in ‚reiner Form' vorliegen müssen.[99]

Gegenwärtig ist vor allem wichtig: Kant meint die Materietheorie in der *Allgemeinen Anmerkung* in der Weise ausführen zu können, daß er eine gegebene Materie als durch ursprünglich wirkende Repulsiv- und Anziehungskräfte bedingt denkt und alle weiteren Momente aus der Möglichkeit der Wirkung von Materien aufeinander erklären kann.

Um das Problem einer Erklärung der spezifischen Verschiedenheit von Materien anhand zweier Kräfte aufzuzeigen, die zusammen den Grad des Volumens und die Dichtigkeit der Materie bedingen sollen, muß man bei der Wirkungsweise der beiden Kräfte ansetzen: Die Anziehungskraft ist eine durchdringende Fernwirkungskraft, die im umgekehrten Quadrat zur Entfernung wirkt, die Repulsivkraft eine Flächenkraft, die im Cubus zur Entfernung wirkt. Das heißt, auf einem kleinen Wirkungsraum ist die Wirkungskraft der Repulsivkraft wesentlich höher. Gleichzeitig identifiziert Kant die Kräfte, die er für die Eigenschaften der Materie verantwortlich macht, mit denen, die eine Materie auf andere Materien ausübt. Die Anziehungskraft wirkt proportional zur Masse, die Repulsivkraft proportional zum Widerstand gegen das Eindringen einer anderen Materie (der ursprünglichen Elastizität). Das heißt, das Kräfteverhältnis von Anziehungskraft und Repulsivkraft läßt sich nicht beliebig variieren; vielmehr ist die Anziehungskraft, die die Raumerfüllung der Materie ermöglicht, stets proportional zur Masse zu denken. Die zur Masse proportionale Anziehungskraft ist aber in einem kleinen Wirkungsraum nicht groß genug, um die Repulsivkraft als Flächenkraft zu beschränken. Dieses Problem hat Kant offenbar schon bei der Abfassung der *Metaphysischen Anfangsgründe* vor Augen gehabt. Es ist der Grund dafür, daß er bei der Erklärung der spezifischen Raumerfüllung immer offen läßt, ob wirklich allein die materieeigene Anziehung oder sie im Verbund mit der Anziehung aller das Universum erfüllenden Materie wirke (IV, 524).

Der hier nachvollzogene Gedankenschritt Kants ist so zu verstehen, daß die Anziehungskraft als Fernwirkungskraft eine Anziehung der das Universum erfüllenden Materie bedingt, die durch Druck auf die besondere Materie wirken kann

99 Wie sich später zeigen wird, ist die in der Konzeption von 1786 am Rande erwähnte Eigenschaft der Wärmematerie ‚in Erschütterung zu sein' im Nachlaßwerk eine Bedingung für die Möglichkeit von Körpern und in diesem Zusammenhang wird ihre Wirkungsweise auch ausführlich Thema. Carrier (2001b), 210 ff koppelt (im Hinblick auf IV, 522) die Erklärung der Wärmematerie, anders als hier geschehen, ganz von der Repulsivkraft ab. Kant sagt über den Äther aber ausdrücklich, ihm käme eine (sehr hohe) Repulsivkraft zu (IV, 534).

und die Zusammendrückung der Materie auf einen kleinen Raum ermöglicht. Dieser Vorschlag zielt also darauf, eine Möglichkeit der Erklärung freizulegen, die man wie folgt ausführen könnte: Da Kant auch zur Zeit der *Metaphysischen Anfangsgründe* annimmt, daß der Weltraum von einer Äthermaterie erfüllt ist, ergibt sich die Möglichkeit, der die Materien umgebenden Äthermaterie die Wirkung eines Druckes auf die Materien oder genauer auf deren Repulsivkräfte zuzuschreiben. Die Äthermaterie wirkt als Flächenkraft und könnte infolgedessen in der Berührung einer Ausdehnung der Materie entgegenwirken. In dieser Überlegung Kants ist auch begründet, daß Kant (wie oben erwähnt) die Ursache der Kohäsionskraft mit der Ursache der Wiedereinnahme des Volumens nach Ausdehnung bei der Herausarbeitung des dritten Moments der *Allgemeinen Anmerkung* identifiziert hat: Beides soll den Druck des Äthers zur Ursache haben.

Man muß also zunächst sehen, daß Kant seine Erklärung der spezifischen Verschiedenheit der Dichtigkeit schon in den *Metaphysischen Anfangsgründen* mit einem Zusatz versieht, wonach die materieeigene Anziehungskraft möglicherweise gemeinsam mit einer Anziehung des Universums wirkt. Man kann zwar sagen, daß das Volumen und damit der Grad der Dichtigkeit sich als von der ursprünglich verschieden hohen Repulsivkraft abhängig denken lasse. Daß die Dichte und das Volumen von der unterschiedlich hohen Repulsivkraft einer Materie abhängig ist, gilt aber nur unter der Bedingung, daß bei Körpern oder auf einen relativ kleinen Raum begrenzten Materien eine Gegenkraft denkbar ist, die die Repulsivkraft auf diesen Raum einschränkt. Die Repulsivkraft bewirkt Ausdehnung, bis sie begrenzt wird. Kann die materieeigene Anziehung die Gegenkraft wegen des kleinen Wirkungsfeldes nicht (allein) aufbringen, so bleibt die Möglichkeit offen, diese als in Verbindung mit der Anziehung aller das Universum erfüllenden Materie wirkend zu denken.

Diese schon in den *Metaphysischen Anfangsgründen* angebotene Erklärung mithilfe eines von außen wirkenden Druckes auf die materieeigene Repulsivkraft birgt ein noch zu diskutierendes Problem. Zunächst ist aber ein Problem aufzuzeigen, das durch die Erklärung der Raumerfüllung mithilfe der ursprünglichen, materieeigenen Anziehungskraft zustande kommt und hier als ‚erstes' Zirkelproblem zum Ausgangspunkt für die weiteren Überlegungen gemacht werden soll. Wir sind jetzt in der Lage, es aufzuzeigen.

Die Anziehungskraft der Materie eines Volumens hängt nach Kant ab von der Repulsivkraft. Daß die Repulsivkraft eine gegebene Anziehungskraft (in verschiedenen Graden) auf ein bestimmtes Volumen zu verteilen hat, besagt: Die Höhe der Anziehungskraft einer Materie hängt von der Dichtigkeit ab. Wenn nun die Repulsivkraft, wie Kant annimmt, durch die materieeigene Anziehungskraft (mit)-begrenzt wird, bestimmt die Höhe der Anziehungskraft den Grad der Zusammendrückung der Materien. So ergibt sich zwar aufgrund der ursprünglichen Gleichheit der Anziehungskraft eine Raumerfüllung mit einem bestimmten Grad und einer bestimmten Dichte. Aber durch eine gleichartige Vergrößerung des Volumens (beispielsweise durch die Hinzufügung einer gegebene Materie zu einer bestimmten Menge einer gegebenen Materie gleicher Repulsivkraft) würde die Anziehungskraft verstärkt werden können. Und aufgrund dessen, daß die Anziehungskraft eine Durchdringungskraft, die Repulsivkraft hingegen eine Flächenkraft ist, wird die Anziehungskraft durch eine gleichartige Vergrößerung des Volumens im *Verhältnis zur Repulsivkraft* verstärkt. Dies deshalb, weil sie auf alle Teile der Materie wirkt (also auch auf die entfernteren, wenn auch im umgekehrten Verhältnis zur Entfernung), während die Repulsivkraft nur in der Berührung wirkt. Eine gleichartige Vergrößerung des Volumens würde also eine im Verhältnis zur Repulsivkraft größere Anziehungskraft bedingen.[100] Deren Verstärkung würde ihrerseits eine stärkere Zusammendrückung bewirken und dadurch das Volumen und die Dichtigkeit des Körpers verändern. Die Dichtigkeit eines Körpers wäre von der Höhe der Anziehungskraft abhängig. Und das heißt: je größer das Volumen einer gleichartigen Materie, desto dichter würde diese sein. Diese Konsequenz muß vermieden werden. Die Anziehungskraft darf nur von der Dichtigkeit abhängig sein, nicht umgekehrt.

Die Erklärungsweise der Unterschiede der Materien führt folglich auf einen Zirkel von Anziehungskraft und Dichtigkeit, weil sie die Höhe der Anziehungskraft von der Dichtigkeit, die Dichtigkeit dann aber auch von der Höhe der Anziehungskraft abhängig macht. Aufgegeben werden muß diese Erklärungsweise jedoch nicht darum, weil eine gegenseitige Abhängigkeit (aus logischen Gründen) nicht möglich wäre, sondern weil sie zur Erklärung der empirischen Phänomene unbrauchbar ist:[101] Die Dichtigkeit ändert sich nicht abhängig vom Volumen einer gleichartigen Materie. Dies aber müßte in Anbetracht der Wirkungsweise der Anziehungskraft behauptet werden.

Mit der gegebenen Darstellung ist das Problem jedoch noch nicht vollständig erfaßt. Um einen möglichen Lösungsweg auszuarbeiten, sind erst Teilaspekte des Problems auszuführen. Die Ausleuchtung dieser Aspekte wird zeigen: Das Problem ist so geartet, daß es nicht mit den in der *Allgemeinen Anmerkung* zur Verfügung stehenden Mitteln zu lösen ist. Nur so wird auch verständlich, wieso dieses

---

100 Dies wendet Kant bereits vor 1786 gegen die Möglichkeit ein, die Ursache der Dichte in der materieeigenen Anziehungskraft zu sehen. Vgl. *Reflexionen*, AA XIV, 328. Der Einwand wird in dem Nachlaßwerk wiederholt angeführt (etwa I, 425, Zeile 10 ff). Adickes hat diesen Selbsteinwand Kants kritisiert (in seinem Kommentar zum Band der Akademie-Ausgabe, AA XIV, 328 ff), indem er einwendet, Kant beachte die ursprüngliche Verschiedenheit der Repulsivkräfte nicht. Dabei berücksichtigt Adickes aber die verschiedenen Wirkungsweisen der beiden Kräfte nicht.

101 Das hier beschriebene erste Zirkelproblem läßt sich auf folgende Weise als mit einem logischen Problem verbunden ansehen : Würde sich die Dichtigkeit einer spezifischen Materie bei größerer Menge der Materie erhöhen, würde der Begriff einer spezifischen Materie – nun im Sinne von einem spezifischen Stoff – problematisch werden. Dieses Problem ist aber kein Zirkelproblem. Denn es wird nicht vorausgesetzt, was *erklärt* werden soll. Vielmehr könnte es sein, daß wir logische Schwierigkeiten mit unseren Begriffen (z.B. Eisen) bekämen, *wenn* sich tatsächlich die Dichte unabhängig von Temperatur etc. änderte. Dieses logische Problem ließe sich ferner durch andere Kriterien für den Begriff eines spezifischen Stoffes beheben.

Problem schließlich als Ausgangspunkt für eine neue Konzeption angesehen werden muß. Bei der Beschreibung der dermaßen zugespitzten Problemlage und der Sichtung der aus ihr entwickelten Vorgaben für einen Lösungsweg kann man sich größtenteils auf verschiedene Überlegungen Kants stützen. Denn der Ausarbeitung einer neuen Konzeption gehen in der Entwicklung der Kantischen Philosophie gescheiterte Versuche voran, dieses Problem mit den bisher zur Verfügung stehenden Mitteln zu lösen.

Vorab muß die Frage beantwortet werden, ob nicht eine ursprünglich unterschiedliche Anziehungskraft angenommen werden kann, die gemeinsam mit der Repulsivkraft eine bestimmte Dichte festlegt. Die These der ursprünglich gleichen Anziehungskraft und der Anziehung als durchdringender Fernwirkkraft will Kant aus verschiedenen Gründen auf keinen Fall aufgeben. Ein Grund ist, daß er die Anziehungskräfte, die Materien aufeinander ausüben und deren Wirkungsgrad sich nach den Massen richtet, mit der ursprünglichen Anziehungskraft identifizieren muß, will er bei der Erklärung der spezifischen Verschiedenheit nicht verschiedene Kräfte und Wirkungsweisen voraussetzen und damit den Bezug zu dem Dynamikhauptteil verlieren. Ein weiter unten auszuführender Grund ist der, daß verschieden dichte Körper zwar unterschiedlich viel wiegen, aber (im luftleeren Raum) gleich schnell fallen, was (in Kants Augen) nur dann erklärbar ist, wenn die Anziehungskraft ursprünglich gleich ist und ihre Unterschiede durch die Menge der Teile ausgedrückt werden können. Mag man das auch wenig überzeugend finden, so ist doch zu berücksichtigen, daß Kant diese Behauptung nun einmal für unverzichtbar hält. Die These der ursprünglich gleichen Anziehungskraft als durchdringender Fernwirkungskraft kann auf einer Kantischen Basis nicht aufgegeben werden.

Eine von der seinigen abweichende These über die Wirkungsweise der materieeigenen Anziehungskraft stellt für Kant also keinen Lösungsweg dar. Ein Ausweg aus dem oben skizzierten Zirkel ist nur dadurch möglich, daß die materieeigene Anziehungskraft von ihrer Funktion, eine Zusammendrückung der Materie zu bewirken, entbunden wird. Um dies leisten zu können, greift Kant auf die oben (S. 82) bereits vorgestellte Überlegung der *Metaphysischen Anfangsgründe* zurück.

Diese Überlegung läßt sich wie folgt in Erinnerung rufen: Aufgrund der Wirkungsweise der beiden ursprünglichen Kräfte kann die Anziehungskraft der Teile in einem bestimmten (kleinen) Raum im Verhältnis zur Repulsivkraft keine Zusammendrückung der Materie bewirken. Denn die Anziehungskraft ist der Masse proportional und in kleinen Mengen zu schwach, um die erforderliche Gegenwirkung gegen eine Flächenkraft auszuüben. Wenn die Erklärung der Raumerfüllung in einem bestimmten (relativ kleinen Volumen) nicht durch die Repulsivkraft und durch die materieeigene Anziehungskraft geleistet werden kann, weil die materieeigene Anziehungskraft hier als Gegenkraft zur Repulsivkraft nicht ausreicht, so muß sie noch von einem anderen Faktor abhängig gemacht werden. Die Zusammendrückung der Materie auf einen bestimmten Grad will Kant dadurch erklären, daß er die der Beschränkung der Ausdehnung entgegenwirkende Anziehungskraft als im Verein mit der Anziehung des Universums wirkend denkt.

In dieser Form bietet die Überlegung der *Metaphysischen Anfangsgründe* allerdings noch keine Lösung. Denn solange die materieeigene Anziehung gemeinsam mit der Anziehung des Universums wirkt, besteht das Problem weiter, daß die Dichtigkeit von der materieeigenen Anziehung abhängig ist. Dies ist sowohl bei (1) einer ‚unkantischen' als auch (2) bei einer ‚kantischen' Interpretation dieser Überlegung einer ‚gemeinsamen' Wirkung der Fall:

(1) Soll – anders als in der Erklärung der *Allgemeinen Anmerkung* – der Druck der Anziehung der Materie des Universums als von der materieeigenen Anziehung bedingt gedacht werden, indem die Anziehung eine Anziehung auf alle Materie des Universums ausübt und diese damit durch Druck wirkt, so wird auch dieser Druck abhängig von der materieeigenen Anziehung und verstärkt die Veränderung des Verhältnisses bei gleichartiger Veränderung des Volumens.

(2) Man könnte allerdings auch – wie offenbar Kant[102] – annehmen, daß die Anziehung der Materie des Universums, die wir hier als ‚äußere' Materie bezeichnen können und deren Funktion letztlich der ‚Äther' ausüben soll, in ihrem Vermögen zu wirken, anstatt von der materieeigenen Anziehung der besonderen Materien abhängig zu sein, nur durch Druck, gemeinsam mit der materieeigenen Anziehung, wirkt. Der Druck auf besondere Materien entsteht durch die Anziehung der Erde oder, allgemeiner gesagt, durch Körper mir sehr großer Anziehungskraft. Auch ohne an dieser Stelle schon auf die zusätzlichen Möglichkeiten und Probleme einzugehen, die mit diesem Vorschlag Kants verbunden sind, scheint man konstatieren zu müssen: Wenn auch in diesem Fall die ‚äußere Materie' die Zusammendrückung unabhängig von der Dichte der besonderen Materien bewirken würde, so könnte sie doch einer Zunahme der materieeigenen Anziehungskraft bei gleichartiger Vergrößerung des Volumens der besonderen Materien auch nicht entgegenwirken.

Beide Varianten der Annahme einer gemeinsamen Wirkung von materieeigener Anziehung und Anziehung der Materie des Universums hätten also zur Folge, daß bei einer Zunahme der materieeigenen Anziehung durch eine gleichartige Vergrößerung des Volumens die Anziehungskraft als Fernwirkungskraft gegenüber der Repulsivkraft als Flächenkraft zunehmen müßte und daher eine gleichartige Vergrößerung des Volumens eine höhere Dichtigkeit bedingen müßte.

Dennoch ist festzuhalten, daß die Konzeption der *Allgemeinen Anmerkung* durch die Überlegung, die Anziehung des Universums in der Erklärung der Raumerfüllung einer Materie hinzuzuziehen, d.h. die Möglichkeit einer vereinigten Wirkung von materieeigener Anziehung und Anziehung der Materie des Universums zu erwägen, bereits die Möglichkeit bereitstellt, bestimmte Raumerfüllungen (relativ

102 Vgl. IV, 564 f.

kleiner Volumen oder auch Körper) mithilfe einer anderen Materie zu erklären. Will man auf diese Weise die Entstehung von spezifisch verschiedenen Materien erklären, muß man diese ‚äußere' Materie als eine gegebene voraussetzen, um die bestimmten Raumerfüllungen der besonderen Materien als durch sie ermöglicht denken zu können.

Um die hier erinnerte Überlegung der *Metaphysischen Anfangsgründe* tatsächlich für die Lösung des Problems der Materietheorie fruchtbar machen zu können, muß man jedoch, wie sich jetzt gezeigt hat, die Beschränkung der Repulsivkraft als von der materieeigenen Anziehungskraft besonderer Materien *unabhängig* denken, mithin annehmen, daß das Volumen von der materieeigenen Repulsivkraft und einer ihr entgegenwirkenden Kraft bedingt ist, die nicht die materieeigene Anziehungskraft sein kann.

Demnach kann man – im Unterschied zu dem, was für die Darlegung der *Allgemeinen Anmerkung zur Dynamik* grundlegend war – nun nicht mehr davon sprechen, daß die beiden ursprünglichen Kräfte die Erklärung der spezifischen Raumerfüllung bedingen. Vielmehr muß man zunächst eine Materie einführen, den Äther, der eine Gegenwirkung gegen die Ausdehnungswirkung der materieeigenen Repulsivkraft, also Zusammendrückung der Materie bewirkt. Das so entstandene Verhältnis von materieeigener Repulsivkraft (der besonderen Materien) und materieeigener Anziehungskraft ermöglicht allerst eine bestimmte Dichtigkeit. Den Grund für die Einführung der Anziehung der Weltmaterie als zusätzlicher Faktor in der *Allgemeinen Anmerkung*, nämlich daß eine Anziehung auf so kleinem Raum zu klein wäre, um gegen die Repulsivkraft wirken zu können, kann Kant auch zugleich dafür in Anspruch nehmen, daß er den Ätherdruck für die Dichtigkeit verantwortlich macht.

Die bisherigen Überlegungen haben gezeigt, worin ein Problem bei der gegenseitigen Abhängigkeit von Anziehungskraft und Dichtigkeit besteht und wie es gelöst werden kann. Dazu, die Möglichkeit einer solchen Problemlösung durchzuspielen, entschließt sich Kant im Nachlaßwerk. Hier zeichnet sich auch bereits ab, warum der Versuch, das bisher besprochene Problem auf diese Weise zu lösen, mit weiteren Schwierigkeiten verbunden ist, die zu weiteren Änderungen der Materietheorie gegenüber der Konzeption der *Allgemeinen Anmerkung* nötigen.

Die Erklärung der spezifischen Verschiedenheit mithilfe des Äthers stößt ebenfalls auf Schwierigkeiten. Eine dieser Schwierigkeiten ist schon in der in der *Allgemeinen Anmerkung* bereitgestellten, aber nicht ausgeführten Möglichkeit angelegt, die von der Anziehung der Materie des Universums ausgeübte Wirkung zur Hilfe zu nehmen. Jedenfalls läßt sie sich ausgehend von dieser Operation verdeutlichen. Dies geschieht am besten durch die Vergegenwärtigung folgender naheliegender These: Die bei einer Zuhilfenahme nicht materieeigener Kräfte anzunehmende Einwirkung 'äußerer' Kräfte auf die besonderen Materien, also eine Zuhilfenahme nicht materieeigener Kräfte, ist nur dann in die Erklärung der spezifischen Dichtigkeiten integrierbar, wenn die jeweiligen Materien selbst durch Kräfte zusammengehalten werden, also durch Kräfterelationen bestimmt sind. Dies deshalb, weil Materien in der Konzeption, die Kant im Dynamikteil vorgestellt hat, als Kräfterelationen interpretiert werden, und weil man Materien Wirkungen aufeinander nur unter der Bedingung zusprechen kann, daß sie als jeweils bestimmte Materien voneinander unterscheidbar sind.[103]

Stimmt man dieser These zu, kann man den Vorschlag problematisieren, die Raumerfüllung einer besonderen Materie als durch eine äußere Kraft bedingt zu denken. Man kann auch dieses Problem als eines beschreiben, bei dem vorauszusetzen ist, was erklärt werden soll, nämlich eine durch eine bestimmte Relation von Anziehungskräften und Repulsivkräften bedingte Materie, die auf andere Materien wirkt oder mit anderen in Wechselwirkung steht. Etwas forciert ausgedrückt: Nimmt man an, daß eine Kräfteeinwirkung von außen benötigt wird, um die Raumerfüllung in einem bestimmten Volumen überhaupt erst zu ermöglichen, so behauptet man die Raumerfüllung einer Materie bereits mit der Annahme einer Wirkung *von außen*. Die drohende petitio principii ist wohl auch der Grund dafür, daß Kant immer wieder versucht, die spezifische Verschiedenheit so zu erklären, daß sie durch die materie*eigenen* Anziehungs- und Repulsivkräfte bedingt ist. Die Einführung einer anderen Materie kann in der Konzeption der *Allgemeinen Anmerkung* eigentlich nur entweder dazu dienen, weitere besondere Eigenschaften von Materien, wie den Zusammenhang, zu erklären, oder aber sie kann eine bloß bewahrende Funktion ausüben.[104]

Die Schwierigkeit, welche die Annahme einer Wirkung ‚von außen' bereiten würde, macht ferner verständlich, warum der Schritt, den Kant zu machen sich aufgrund des bisher behandelten Zirkelproblems genötigt sieht, ein Schritt mit weitreichenden Konsequenzen ist. Denn solange Kant – wie in den *Metaphysischen Anfangsgründen* – behauptet, daß die Anziehung der Materie des Universums im Verein mit der ursprünglichen, materieeigenen Anziehung wirkt, kann er gegen den Einwand, daß die Annahme einer Wirkung von ‚außen' Materien schon voraussetze, immerhin noch so argumentieren, daß materieeigene Anziehung und Repulsivkraft die Raumerfüllung der Materie durchaus ermöglichen und daß nur die Anziehungskraft ‚zu klein' ist, also für die Zusammendrückung der Materie auf ein bestimmtes (relatives kleines) Volumen eine *zusätzliche* Kraft nötig ist. Geht man dagegen, wie auf Kants späterem Weg einer Lösung des Zirkelproblems, da-

103 Bei Kants Vorschlag der Erklärung des Drucks des Äthers durch die Erdanziehung kommt noch hinzu, daß die Möglichkeit der Erklärung der Dichte der Erde durch die beiden Grundkräfte vorausgesetzt werden muß. Vgl. das zweite, unten ausgeführte, Zirkelproblem.

104 Beispielsweise kann der Ätherdruck eine stabilisierende Funktion haben. Diese wird ihm in den Ausführungen zur Materietheorie der *Metaphysischen Anfangsgründe* auch nur zugewiesen. Vgl. etwa IV, 564. Hier sagt Kant, daß der Äther alle Körper einschließt und „sie in ihrer Dichtigkeit durch Zusammendrückung erhält".

von aus, daß das Volumen einer Materie (auch der größerer Körper)[105] nicht durch die Anziehungskraft und Repulsivkraft der besonderen Materien bedingt ist, sondern durch den Äther und die Repulsivkraft einer besonderen Materie, so muß man erklären, auf welche Weise diese Wechselwirkung von Kräften, die verschiedenen Materien zugrundeliegen sollen, möglich ist. Das setzt zumindest voraus, daß die Repulsivkraft der besonderen Materie sich von der des Äthers unterscheiden läßt. Einer Differenzierung bedarf auch die Anziehungskraft, da sie als eine der besonderen Materien nicht mit der Anziehungskraft des Äthers gleichzusetzen ist, die jene infolge der Zusammendrückung der Materien in ein bestimmtes Verhältnis zur Repulsivkraft setzt. Es ist demnach zu erwarten, daß erstens das a priori aufzustellende System der empirischen Physik in der neuen Form ein umfassenderes und differenzierteres Spektrum von besonderen bewegenden Kräften umfassen wird und daß zweitens Kant den Unterschied von materiekonstituierenden Kräften und solchen Kräften, die Körper aufeinander ausüben, neu formulieren muß.[106]

Zu erklären sein wird auch, wie es überhaupt möglich ist, daß die materieeigene Anziehungskraft *nicht* die Zusammendrückung der Materie und damit eine Veränderung des Volumens bewirkt. Es liegt nahe, dies zu versuchen, indem man den Zusammenhang oder die Kohäsionskraft in die Erklärung der spezifischen Dichtigkeit von besonderen Materien integriert. Dies aus folgendem Grund: Die Kraft des Zusammenhangs ist wie die Repulsivkraft eine Flächenkraft, und sie kann als solche bei einem bestimmten Volumen eine Verbindung der Materie oder der Materieteile bewirken, die eine Veränderung des Volumens nur durch Kräfte zuläßt, die ebenfalls als Flächenkräfte wirken. Die Einführung der Kohäsionskraft in die Erklärung der spezifischen Dichtigkeit ist auch deshalb ein naheliegender Schritt, weil diese Kraft in der Konzeption der *Metaphysischen Anfangsgründe* durch den Druck des Äthers auf die Materie bedingt sein sollte.

Es ergeben sich also aus der Schwierigkeit, eine ‚Wirkung von außen' zu denken, zwei Anforderungen an die neue Konzeption: die einer gegebenenfalls neuen Unterscheidung von Kräftetypen und die einer Einbeziehung der Kohäsionskraft in die Erklärung der spezifisch verschiedenen Dichtigkeiten.

Dies ist aber nicht die einzige bei dieser Erklärung begegnende Schwierigkeit. Man muß darüber hinaus auch fragen, wie es zu einem Druck auf die besonderen Materien kommen kann. Dies aus folgendem Grund: Der Äther ist nur durch die Anziehung der Masse des Universums beschränkt, also an einer unendlichen Ausdehnung gehindert. Ein Gegenwirken (durch Druck) gegen die Repulsivkraft der besonderen Materien wäre dann vorstellbar, wenn der Äther selbst wieder durch

---

105 Dieser Hinweis ist für die oben kurz angeführte These der *Metaphysischen Anfangsgründe* wichtig, daß der Äther durch die Erdanziehung einen Druck ausüben können soll.

106 Im Rahmen dieser Anforderung wird – wie im nächsten Kapitel deutlich werden wird – die Repulsivkraft, die Körper aufeinander ausüben, auch nicht mehr mit der körperkonstituierenden Repulsivkraft identifiziert.

eine ihn drückende Materie zusammengehalten würde, was aber in einen Regreß führen würde. Dieses Gegenwirken gegen die Repulsivkräfte läßt sich auch nicht durch die materieeigene Anziehung des Äthers erklären, denn da diese im Verhältnis zur Repulsivkraft die weitere Ausdehnung des Äthers verhindert, würde ein verändertes Verhältnis der Kräfte nur seine größere Ausdehnung bedingen. Erklärt man den Äther bloß durch ein Gleichgewicht von Anziehungskraft und Repulsivkraft, kann man also nicht erklären, wie er Druck ausüben können soll. Es bleibt hier nur die Möglichkeit, den Äther als durch eine interne Bewegung seiner Teile, d.h. durch ein nicht stabiles Kräfteverhältnis ausgezeichnet zu denken. In diesem Fall könnte er Wirkungen auf andere Materien vermöge dieser inneren Oszillation ausüben beziehungsweise zur Erklärung der Bildungen von Körpern dienen. Wie zu Beginn dieses Kapitels erwähnt, charakterisiert Kant die Wärmematerie auch in der Schrift von 1786 durch ‚Schwingungen'. Dort sind diese aber nicht – wie im Nachlaßwerk – die Grundlage für die Möglichkeit von Körpern; sie können daher als abgeleitete oder durch bestimmte Relationen zwischen Materien hervorgerufene Wirkungsweisen behandelt werden.[107]

Nach alledem läßt sich erklären, daß Kant die schon in den *Metaphysischen Anfangsgründen* erwogene Einführung eines Ätherdrucks für die Lösung seines Zirkelproblems in der Form, die er ihr dort gab, nicht fruchtbar machen kann. Will er zur Lösung des Problems der Materietheorie auf den Äther zurückgreifen, so benötigt er die soeben in den Blick gebrachten weitergehenden Annahmen.

Auch in Bezug auf das Problem, wie es zu einem Druck des Äthers auf die besonderen Materien kommen kann, ist zu erwägen, ob es schon in dem Versuch der *Allgemeinen Anmerkung*, die Raumerfüllung mithilfe der Anziehung der Materie des Universums zu erklären, angelegt ist. Aus folgendem Grund liegt dieses Problem dort nicht vor. Der Druck durch eine Materie sollte in dieser Konzeption als durch die Anziehungskraft sehr großer Körper, wie der Erde, verursacht gedacht werden, d.h. so, daß diese eine Anziehung der Materie des Universums bewirkt, wodurch die besonderen Materien (auch kleinerer Volumina) von einer Materie umgeben sind, die durch Repulsivkräfte wirken kann. Auf diese Weise wäre aber, wie oben bereits diskutiert, die Dichte der besonderen Materien (der Erde und auch die kleinerer Volumina) immer auch von der materieeigenen Anziehungskraft der Materien abhängig. Insofern kann wohl diese Erklärungsmöglichkeit zwar nicht von dem Problem betroffen sein, wie es zu einem Druck des Äthers auf die besonderen Materien kommen kann – dafür aber von dem oben dargelegten (ersten) Zirkelproblem.

---

107 Man könnte an dieser Stelle einwenden, daß Kant schon 1786 den Äther und seine Wirkungsweisen hätte ausführlicher erklären müssen. Mag dies auch zutreffen, so bleibt doch festzuhalten, daß der Äther Basis der Erklärung von Körpern erst in der neuen Konzeption wird und dadurch sowohl hinsichtlich der Möglichkeit als auch der Dringlichkeit der Erklärung seiner Wirkungsweise eine veränderte Lage besteht.

Wie man nun erkennen kann, liegt in dieser Erklärungsmöglichkeit der *Metaphysischen Anfangsgründe* mithilfe der Anziehung der Materie des Universums allerdings auch ein noch anders geartetes Zirkelproblem von Anziehungskraft und Dichtigkeit vor: Die Anziehung der Materie des Universums und der dadurch erzeugte Druck sind nur unter der Bedingung denkbar, daß die (oder zumindest eine) besondere Materie schon eine Materie mit bestimmter Dichtigkeit ist. Dies deshalb, weil die Anziehung einer durch *Druck* wirkenden Weltmaterie nur so vonstatten gehen kann, daß eine Materie mit einem spezifischen Grad der Anziehung eine Anziehung einer anderen Materie bewirkt. Nur wenn die Materie den Raum in einem bestimmten Grad erfüllt, also die (ursprünglich gleiche) Anziehungskraft (der Materieteile) durch die Repulsivkraft auf einen bestimmten Raum verteilt wird, kann diese durch die Kräfte bedingte Materie, die Anziehung einer im Raum verteilten Materie bewirken, die durch Druck auf sie wirken kann. Der Druck der Materie des Universums setzt also die Dichtigkeit der Materien (oder zumindest einiger sehr großer Körper) schon voraus. Demnach führt die Annahme einer nicht-materieeigenen Wirkung, die durch die materieeigene Anziehungskraft möglich sein soll, tatsächlich auf ein zweites Problem, das als Zirkelproblem bezeichnet werden kann. Und dieses Problem ist im Unterschied zu dem obigen Problem so geartet, daß die Behauptung der gegenseitigen Abhängigkeit sich nicht nur aufgrund empirischer Phänomene verbietet, sondern daß sie aufgrund logischer Probleme unmöglich ist. Darf doch die Erklärung verschiedener Dichtigkeiten nicht schon voraussetzen, daß eine bestimmte Dichtigkeit vorliegt. Die Begründung der Raumerfüllung von bestimmten Materien durch eine vereinigte Wirkung von materieeigener Anziehung und der Anziehung der Weltmaterie muß also auch wegen dieses Zirkelproblems aufgegeben werden.[108] Bei der bereits skizzierten Lösung für das erste hier behandelte Problem, die spezifische Dichtigkeit durch einen in sich bewegten Äther bedingt zu denken, würde dieses zweite Problem nicht mehr auftreten, weil darauf verzichtet wird, die materieeigene Anziehung als Bedingung zur Erklärung der spezifischen Dichtigkeit hinzuzuziehen.

Ginge man tatsächlich bei der Lösung der Probleme in die oben vorgegebene Richtung, so könnte man eine neue Materietheorie mit den in der *Allgemeinen Anmerkung* zur Verfügung gestellten Mitteln nicht mehr hinreichend leisten. Denn erstens werden in dieser neuen Konzeption Unterschiede eingeführt, die in der *Allgemeinen Anmerkung* gar keine Rolle spielen, und die auf ihre Legitimität erst zu prüfen sind. Zweitens liegt es nahe, wenn man auf die neue Erklärungsweise zurückgreift und das Verhältnis von Anziehungskraft und Repulsivkraft durch die Einwirkungen des Äthers erklären will, die Kohäsionskraft, also einen Zusammen-

108 Gerade im Hinblick auf dieses Problem wäre eine Einbeziehung der vorkritischen Schriften Kants wie v.a. die *Allgemeine Naturgeschichte* (AA I, 215-368) interessant, weil dort, schlagwortartig formuliert, kosmogonische Überlegungen im Vordergrund stehen.

hang der Teile der besonderen Materien, mit in die Erklärung der spezifischen Dichtigkeit einzubeziehen. Man wird also den Zusammenhang der Materien, der in der *Allgemeinen Anmerkung* das zweite Moment war, auf das Kant die spezifische Verschiedenheit der Materien zurückgeführt hatte, bei der Erklärung der spezifischen Verschiedenheit der Materien bereits miterklären müssen. Naheliegend ist diese Einbeziehung der Kohäsionskraft ferner auch deshalb, weil Kant, wie oben gezeigt wurde, bereits in der *Allgemeinen Anmerkung* die Erklärung der Kohäsion infolge der Hinzuziehung des Ätherdrucks bei der Erklärung spezifischer Dichtigkeiten nicht eindeutig von der Erklärung der spezifischen Dichtigkeit zu trennen vermochte.

Sobald man den Äther als Bedingung für eine Raumerfüllung eines bestimmten Volumens behandelt, muß man drittens bei der Erklärung der spezifisch verschiedenen Dichtigkeiten von besonderen Materien genetische Erklärungsweisen zulassen. Dies zumindest insofern, als bei der Erklärung auf etwas zurückgegriffen werden muß, das so zu denken ist, daß es der *Bildung* von Materien oder Körpern mit einer spezifischen Dichtigkeit vorhergeht. Will man aber mithilfe des Äthers die Möglichkeit der spezifischen Verschiedenheit von Materien in dieser Weise erklären, so ist man viertens darauf angewiesen, daß man dem Äther etwas zusprechen kann, das eine Gegenwirkung der Repulsivkräfte auf die Repulsivkräfte der besonderen Materien verständlich macht, was erfordert, dem Äther eine *innere* Bewegtheit zuzusprechen. Diese Bestimmung des Äthers stellt nun für die neue Konzeption die größte Schwierigkeit dar: Läßt sich die innere Bewegtheit noch auf der Grundlage der Grundkräfte erklären? Möglich wäre dies, wenn man sie selbst genetisch herleiten könnte, aus einer Zusammenziehung (bedingt durch die Anziehungskräfte des Äthers) und einer plötzlichen Gegenwirkung der Repulsivkräfte in der Berührung. Diese genetische Erklärung würde allerdings den Charakter eines Übergangs grundlegend verändern. Eine andere Möglichkeit wäre, eine ursprüngliche Bewegung zu postulieren. Damit aber wäre der bisher behauptete Bezug zu dem Hauptteil möglicherweise gefährdet und der Übergang mit einer qualitas occulta belastet.[109]

Oben wurde gesagt, eine Konsequenz der neuen Konzeption sei, daß der Unterschied von materiekonstituierenden Kräften und den Kräften, die Körper aufeinander ausüben, zu reformulieren ist. Dazu läßt sich nun (immer noch skizzenhaft) ergänzen, daß die innere Bewegtheit des Äthers nicht als chemische oder physikalische Wirkung (in Ruhe oder Bewegung einer Materie) aufgefaßt werden kann, sondern als eigener Wirkungs- und Bewegungstyp verstanden werden muß.

Die hier angestellten Überlegungen zu einer möglichen Lösung der in der bisherigen Materietheorie steckenden Probleme lassen sich auf folgende Weise noch einmal zusammenfassen: Gegenüber den materieeigenen Kräften Anziehungskraft und Repulsivkraft muß zur Erklärung der spezifischen Dichtigkeit eine andere

109 Vgl. dazu Kap.3.

Wirkung auf die besonderen Materien eingeführt werden. Diese Wirkung ist aber nicht so zu denken, daß die durch die ursprünglichen materieeigenen Kräfte konstituierten (besonderen) Materien aufeinander wirken. Dies würde ja schon voraussetzen, daß die Materien spezifisch verschieden sind.

Zunächst bietet es sich an, die die spezifische Dichtigkeit bedingende Materie für eine zu nehmen, die von den Materien mit spezifischer Dichtigkeit irgendwie unterscheidbar ist. Dieser Lösungsweg ist aber nur gangbar, wenn die so eingeführte Materie in der Lage ist, durch bewegende Kräfte die Bildung anderer Materien zu ermöglichen. Die Einführung einer irgendwie anders gearteten Materie scheint also zunächst gar keine Lösung bringen zu können.

Man könnte nun natürlich in das System der empirischen Physik eine dritte, andersgeartete Kraft einführen. Damit würde man sich aber das Problem aufladen, daß diese dritte Kraft nicht die Bedingung erfüllt, unter die Kant seine Materietheorie stellt, nämlich auf den Hauptteil der Dynamik zurückführbar zu sein. Es müßte also doch eine Materie eingeführt werden, die selbst nicht in derselben Weise wie die spezifischen Materien (Körper) zu erklären und die für die Erklärung der Möglichkeit der spezifischen Verschiedenheit von Materien vorauszusetzen ist.

Jetzt zeichnet sich genauer ab, unter welcher Bedingung allein die Einführung einer andersartigen Materie einen Lösungsweg vorgeben könnte: Da diese Materie eine von den materieeigenen Kräften der besonderen Materien unabhängige Wirkung erzielen muß, ist ausgeschlossen, diese Wirkung einfach als *Druck* einer anderen Materie zu denken. Die Wirkung der Materie, die zur Möglichkeit besonderer Materien vorauszusetzen ist, macht es erforderlich, die wirkende Materie selbst als eine innerlich bewegte und Wirkungen durch ihre innere Bewegtheit erzielende zu denken.

Das heißt, eine ‚dritte Kraft' soll zwar eingeführt werden, diese wird aber als Wirkung einer Materie gedacht, die selbst wieder durch die beiden von dem Dynamikteil zur Verfügung gestellten Grundkräfte, die Anziehungskraft und die Repulsivkraft, erklärt werden kann. Wäre dies nicht der Fall, würde, nach den obigen Ausführungen, keine Möglichkeit eines sicheren Ganges der Naturwissenschaft bestehen, weil die Grundkräfte nicht länger die Basis für die Aufstellung besonderer bewegender Kräfte wären. Die Materie, die die spezifische Verschiedenheit von Materien mitkonstituiert, ist aber durch die beiden Grundkräfte anders zu erklären, als dies die in der *Allgemeinen Anmerkung* entwickelte Erklärungsweise der besonderen Materien vorgab, eben weil sie sich durch innere Beweglichkeit auszeichnen soll.[110]

Gegen diese Darstellung läßt sich einwenden, daß Kant auch eine dritte *Grund*kraft hätte einführen können, also eine Kraft, die er in dem Hauptteil der

110 Eine mit der Erklärung des Äthers zusammenhängende Frage ist die danach, ob der (materielle) Weltraum infolge der gegenseitigen Beschränkung der Kräfte als *begrenzt* anzusehen ist. Diese Frage wird im vierten Kaptitel noch einmal aufgenommen.

Dynamik der Metaphysischen Anfangsgründe verankert.[111] Folgt man den bisherigen Ausführungen, ist dies aber kein für ihn gangbarer Lösungsweg. Sind doch die Grundkräfte als Prinzipien der Möglichkeit der Materie überhaupt konzipiert. Daß sich anhand der zwei Grundkräfte des Dynamikhauptteils der Begriff der Materie konstruieren läßt, wird Kant aber auch später nie in Frage stellen. Es wird nicht angezweifelt, daß der Äther durch die Grundkräfte erklärbar ist. Das Problem ist für Kant lediglich, auf welche Weise der Äther selbst auf andere Materie wirken kann. Es ist folglich Aufgabe des Übergangs, zu zeigen, wie der Äther erklärt und zur Erklärung anderer Materien vorausgesetzt werden kann.

Der hier vorgestellte Lösungsweg erlaubt die Lösung des Zirkelproblems. Die Erklärung der spezifischen Dichtigkeit der Materien wird mithilfe der Einführung eines Äthers geleistet, der mittels bewegender Kräfte die Zusammendrückung von Materien bewirkt. Gleichwohl ist noch offen, ob dieser Lösungsweg durchführbar ist.

Zunächst kann man sagen: Der Lösungsversuch setzt voraus, daß die Zirkelprobleme, die Kant seiner früheren Materietheorie attestiert, so geartet sind, daß trotz dieser Probleme noch die Möglichkeit besteht, die Raumerfüllung einer Materie durch die Anziehungskraft und Repulsivkraft zu erklären. Andernfalls müßte er seine Frage erneuern, welche Prinzipien der Möglichkeit von Materie überhaupt anzunehmen sind. Es wird nicht die Möglichkeit einer gegenseitigen Beschränkung von Anziehungskraft und Repulsivkraft angezweifelt. Vielmehr liegt die Annahme ihrer gegenseitigen Beschränkung der Einführung des Äthers zugrunde. Dies kann auch deshalb behauptet werden, weil das Problem die Erklärung der *spezifischen* Dichtigkeit betrifft, also den Fall eines Gleichgewichts von Anziehungskraft und Repulsivkraft, in welchem eine Raumerfüllung mit einem *bestimmten* Volumen und einer *bestimmten* Dichtigkeit vorliegt. Die Tatsache, daß Kant den hier grob skizzierten Lösungsweg gewählt hat und damit den Zweifel an der Möglichkeit einer Erklärung der Raumerfüllung einer Materie ausgeschlossen hat, bestätigt die oben entwickelte These über die Reichweite der Probleme.

Nach der gegebenen Darstellung ist jedoch auch deutlich, daß die neue Weise, die spezifische Verschiedenheit von Materien zu erklären, nicht nur ein Schritt ist, der weitreichende Folgen für die Übergangskonzeption selbst hat, sondern daß er auch zu einer Aussage darüber nötigt, wie die Prinzipien der neu konzipierten Materietheorie sich gemäß den erhobenen Forderungen auf die beiden Prinzipien der Möglichkeit von Materie überhaupt zurückführen lassen. Das Nicht-Einlösen dieser Aufgabe würde eine Lücke in dem Systemaufbau aufreissen.

Gleichzeitig wissen wir, daß es Aufgabe des Übergangs war, die Erklärungsprinzipien für die besonderen Phänomene mit Bezug auf die beiden Grundkräfte zu geben, ohne daß damit beansprucht wurde, anhand dieser Prinzipien die Materi-

111 Wie in Abschnitt C deutlich werden wird, ist ein solcher Vorschlag von Förster (2000) durchgeführt worden.

en und ihre spezifische Verschiedenheit zu konstruieren, also Prinzipien ihrer Darstellung zu geben. Es stellt also wenigstens im Prinzip keine Schwierigkeit dar, eine Materietheorie in der oben angedeuteten, im Vergleich zu der früheren wesentlich komplizierteren Weise zu entwickeln. Mit einer prinzipiellen Schwierigkeit bekäme man möglicherweise dann zu tun, wenn man den Äther in die Konstruktion der Materie einbeziehen müßte, wenn also der Äther eingeführt werden müßte, um die Möglichkeit der Materie überhaupt zu erklären. Bevor geprüft wird, ob das Zirkelproblem nicht doch auch die Erklärung der Möglichkeit der Materie überhaupt betrifft (C), ist zu versuchen, die bisher durchgeführte Interpretation anhand von Kants Texten zu belegen und in diesem Zusammenhang einige Aspekte näher zu betrachten.

B. Interpretation der für das Zirkelproblem einschlägigen Textstellen

Textgrundlage müssen zunächst die beiden an Beck geschriebenen Briefe, vom 17.10. 1792 und vom 4.12. 1792, sein, in denen ein Zirkelproblem genannt wird, samt mehreren Seiten mit *Bemerkungen Kant's zu vorstehendem Briefe*, die Kant zu Becks Brief vom 8.9.1792 verfaßt hat (XI, 348 ff). Einzugehen ist sodann insbesondere auf die Notizen des Nachlaßwerkes bis zum *Oktaventwurf* aus dem Jahr 1796, in dem erstmals klar ersichtlich ist, daß Kant ein neues Werk über den Übergang abfassen will.

Ausgangspunkt der erstgenannten Ausführungen Kants zum Zirkelproblem ist ein Brief von Beck, in dem dieser Kant fragt, wie unter der Voraussetzung einer im Grad variierenden Raumerfüllung ohne Zuhilfenahme leerer Zwischenräume zu erklären sei, daß zwei Körper verschiedener Dichten die gleichen Fallhöhen in gleicher Zeit (im luftleeren Raum) haben, wohingegen bei an einer Federwaage hängenden Körpern die Wirkung derselben anziehenden Kräfte (auch im luftleeren Raum) unterschiedlich lange Wege dieser Körper bedingt. Obwohl nicht feststeht, ob Becks Frage und die Antwort, die er sich selbst auf diese Frage gibt (in seinen beiden Briefen vom 8.9.1792 und vom 10.11.1792), direkt das Zirkelproblem betreffen, muß der Zusammenhang seiner Frage mit dem Kantischen Problem aufgezeigt werden können. Dazu sind einige Vorbemerkungen nötig.

Eine atomistische Erklärung (der damaligen Zeit) geht von der Gleichartigkeit der Teile in einem Raum aus, deren Raumerfüllungen sich durch die Größe der leeren Zwischenräume unterscheiden. Die gleichen Fallhöhen lassen sich atomistisch dadurch erklären, daß die Atome (aufgrund ihrer Gleichartigkeit) mit derselben Anziehungskraft angezogen werden. Der Unterschied des Wiegens, also beispielsweise an der Federwaage, ist so erklärbar, daß bei einer dichteren Materie *mehr* Teile zurückgehalten werden als bei einer weniger dichten, die Atome also – anders als im freien Fall – in Summe wirken. Beim Wiegen kommt es anders als beim freien Fall auf die Menge der Teile an.

Becks Auffassung zufolge wirft die dynamische Materietheorie Kants die Frage auf, wie sie die unterschiedlichen Wirkungen der Anziehungskraft, beim Wiegen und beim Fallen, auf ihre Weise zu erklären vermag. Dies aus folgendem Grund: Nach Beck folgt in der dynamischen Theorie aus der vollständigen Raumerfüllung, daß die den Raum vollständig erfüllende Materie eine unterschiedliche Anziehungskraft hat, die nicht über die Menge der Teile definiert werden kann.[112] Nach seiner Auffassung ist die Anziehungskraft also nicht ursprünglich gleich, sondern die dynamische Erklärung der Raumerfüllung läßt unterschiedliche Anziehungs- und Repulsivkräfte zu.

Vor dem Hintergrund dieser These versucht Beck, verkürzend gesagt, die gleiche Fallhöhe im luftleeren Raum so zu erklären, daß hier durch die verschieden hohe Anziehungskraft der Körper zwar unterschiedliche Kräfte wirken, diese Wirkungen aber bei einer nicht allzu großen Entfernung von der Erde (aufgrund der ungleich größeren Erdkräfte) vernachlässigt werden können.

Gegen diesen Vorschlag argumentiert Kant in seinen Antwortbriefen mit dem dritten Grundsatz der Mechanik der Gegenwirkung: Eine unterschiedliche Anziehungskraft der Körper würde unter Becks Vorgaben bewirken, daß ein Körper aufgrund des Widerstands der Erde eine Geschwindigkeit erhielte, die doppelt so groß wäre wie die, die er ohne die eigene Anziehungskraft hätte, weil Wirkung und Gegenwirkung einander gleich sein müssen (IV, 548). Kants Argument greift auf den Mechanikteil der *Metaphysischen Anfangsgründe* zurück: Kant hat dort bei der Bestimmung der Quantität der Materie durch die Federwaage behauptet, daß hier Erde und der Körper wechselseitig Anziehungskräfte aufeinander ausüben, wobei der ziehende Körper sich durch den Widerstand des Gezogenen selbst eine Geschwindigkeit erteile, welche der Menge seiner Teile proportioniert ist. Kants Erklärung erlaubt – wie die atomistische – zu sagen, daß der Körper gegen die ihn ziehende Feder einen Zug erzeuge, welcher der Menge seiner Teile proportional sein soll (IV, 541). Kant zufolge ist die Quantität der Materie als Menge des Beweglichen definiert.

Die Lösung, die Beck vorschlägt, wird von Kant verworfen (XI, 362; XI, 377). Zur Beantwortung der von Beck gestellten Frage bemüht er in dem Brief vom 17.10. abermals seine in der *Allgemeinen Anmerkung* gegebene Erklärung der spezifischen Verschiedenheit. Wie wir oben bereits gesehen haben, funktioniert seine Interpretation der Quantität als Menge nur unter der Bedingung, daß die Anziehungskraft ursprünglich gleich ist. Denn nur dann kann man in einem Modell von Materieteilen mit gleicher Anziehungskraft sprechen. Wenn eine Materie mehr

112 Vgl. den Brief vom 10. Nov. 1792 Becks an Kant, in dem er bei der erneuten Explikation des Problems von verschiedenen Größen der vis inertia der Materiepartikel spricht (XI, 385). Das ist wahrscheinlich der Grund, warum Beck sich in seinem Brief nicht auf die *Metaphysischen Anfangsgründe*, sondern auf die *Kritik der reinen Vernunft* (die *Antizipationen der Wahrnehmung*) bezieht, denn erst die Ausführungen von 1786 führen die Definition der Quantität als Menge der Teile ein.

wiegt, ist dies nicht (wie Beck meint) so zu erklären, daß sie höhere Anziehungskräfte hat, sondern so, daß ihre Anziehungskräfte auf einem geringeren Raum versammelt sind. Die Dichte oder Menge der Teile auf einem Volumen ist folglich durch die Repulsivkraft festgelegt. Diese Erklärung bietet Kant Beck in seinem ersten Antwortbrief an:

> „Ich würde die Art der Auflösung dieser Aufgabe wohl darinn setzen: daß die Anziehung (die allgemeine, Newtonische,) ursprünglich in aller Materie gleich sey und nur die Abstoßung verschiedener verschieden sey und so den specifischen Unterschied der Dichtigkeit derselben ausmache." (XI, 362)[113]

Das Eingeständnis, daß die dieser Erklärung zugrundeliegenden Annahmen auf einen Zirkel führen, über den er sich noch Klarheit verschaffen müsse, macht Kant im selben Kontext.[114] Vor dem Hintergrund der obigen Überlegungen zur Materietheorie dürfte einsichtig sein, warum er sein Problem als eine Folge seiner Annahmen über die Wirkungsweise der Anziehungskraft beschreibt.

Vor einer näheren Betrachtung des zweiten Antwortbriefs, sollen die *Bemerkungen* Kants zu dem ersten Beckbrief noch hinzugezogen werden. Seine hier gemachten Ausführungen stehen in großer Nähe zu den (gleichzeitigen) Überlegungen des Nachlaßwerkes.

In den *Bemerkungen* verortet Kant das Zirkelproblem ebenfalls in der Erklärung der spezifischen Unterschiede der Dichtigkeit von Materien. Er leitet es hier ein mit der Feststellung, daß sich die größte Schwierigkeit bei der Erklärung eines *bestimmten* Volumens durch die *eigene* Anziehung und Abstoßung der Teile einer Materie stelle (XI, 348). Als eine Folge der Schwierigkeit der Erklärung eines bestimmten Volumens anhand der beiden Grundkräfte kann man das oben beschriebene Problem deshalb bezeichnen, weil die materieeigene Anziehungskraft das Volumen und dadurch die Dichtigkeit mitbestimmen muß, obwohl sie gleichzeitig selbst als von der Größe des Volumens abhängig gedacht werden muß.

Im Anschluß an die Feststellung der Schwierigkeit, welche die Erklärung eines bestimmten Volumens bereitet, formuliert Kant den Zirkel wieder im Ausgang von den beiden Kräften: „Denn das Anziehungsvermögen kommt auf die Dichtigkeit

113 Gegenüber beiden Erklärungsmodellen könnte man eine dritte Möglichkeit einführen, in der die verschiedenen Gewichte und gleichen Fallhöhen durch die Schwere und Trägheit der Materie erklärt werden, die einander entsprechen, aber nicht identisch sind. Beim freien Fall benötigt die Materie mit mehr Masse aufgrund ihrer Trägheit einen größeren Impuls, um dieselbe Geschwindigkeit zu erreichen, die die Materie mit weniger Masse hat, der ihr durch ihre größere eigene Anziehungskraft gegeben wird. Aus Kants Perspektive sprechen gegen diese Erklärung wohl zunächst zwei Argumente: Die gegenseitige Anziehung von Erde und Körper bewirkt eine Bewegung beider Körper, bei der jeweils der Widerstand des einen Ursache der Bewegung des anderen ist, die Trägheit spielt also nicht für die eigene Bewegung eine Rolle. Damit zusammen hängt Kants Ablehnung einer vis inertia, die einen Teil der Bewegung des stoßenden (oder ziehenden) Körpers aufzehrt.

114 Es geht hier um das erste im vorherigen Abschnitt (A) charakterisierte ‚Zirkelproblem'.

diese aber wieder aufs Anziehungsvermögen an. Auch richtet sich die Dichtigkeit nach dem umgekehrten Verhältnis der Abstoßung d.i. des volumens" (XI, 348). Den Satz kann man so lesen, daß es grundsätzlich (mindestens) zwei Möglichkeiten der Erklärung des bestimmten Volumens gibt: Zum einen läßt sich das bestimmte Volumen als durch die materieeigene Anziehungskraft bedingt denken. Diese Erklärung enthält – wie sich gezeigt hat – die Annahme, daß das Verhältnis von Repulsivkräften und Anziehungskräften je nach Volumen variiert, also (bei derselben Materie) unterschiedliche Dichten ergibt. Zum andern läßt sich die Dichtigkeit, also die Bestimmung des Volumens und dadurch die Höhe der Anziehungskraft pro Volumen, als von der materieeigenen Anziehung unabhängig erklären und statt dessen als durch die Repulsivkraft bestimmt denken. Diesen Vorschlag will Kant im weiteren ausführen. Jener Satz weist jedoch darüber hinaus auf die Möglichkeit hin, ein Problem auch darin zu sehen, daß einerseits das Volumen als durch beide Kräftewirkungen *gemeinsam* festgelegt und von der Höhe beider Kräfte abhängig zu denken ist, andererseits aber als nur durch die Repulsivkraft und deren verschiedene Grade bestimmt gedacht werden sollte.

Nach dieser Problemanalyse fährt Kant wie folgt fort:

> „– Nun frägt sich ob wenn ich eine Quantität Materie darin ihre Theile einander in allen Entfernungen nach obigem Gesetz anziehen aber der[selben] Zurückstoßung doch größer ist sich selbst überlasse ob es eine gewisse Grenze der ferneren Ausdehnung gebe, da die Anziehung mit der Zurückstoßung im Gleichgewicht ist oder ob nicht wenn die Zurückstoßung bey einer Dichtigkeit größer ist als die Anziehung sie es nicht ins Unendliche bey größerer Ausdehnung bleibe. Die Abnahme nach dem Cubus der Entfernungen aber scheint das erstere zu bestätigen." (XI, 348)

Mit dieser Frage knüpft Kant an das oben vom Zirkelproblem unterschiedene Problem seiner Materietheorie an, daß die Anziehungskraft auf einem kleinen Wirkungsraum im Verhältnis zur Repulsivkraft aufgrund ihrer Wirkungsweisen für die Beschränkung der Repulsivkraft einen zusätzlichen Wirkfaktor benötigt. Dies sagt Kant auch weiter unten in den *Bemerkungen* ausdrücklich: „Die verschiedene Dichtigkeit einer gegebenen Quantität Materie rührt aber nicht von dieser ihrer Anziehung denn die ist zu klein sondern von der des ganzen Universi her." (XI, 352 am Rand) Die in dem vorhergehenden Zitat gestellte Frage Kants läßt sich demzufolge auch so formulieren: Geht man davon aus, daß eine spezifische Dichte durch die Begrenzung der Repulsivkraft durch die materieeigene Anziehungskraft (auf ein relativ kleines Volumen) nicht erklärbar sei, heißt dies, daß eine Begrenzung durch die Anziehungskraft überhaupt ausgeschlossen ist? Diese Frage ist für die Lösung des Zirkelproblems wichtig. Denn, wie gezeigt wurde, muß Kant bei seinem Versuch einer Lösung des Problems von einer Begrenzung der Repulsivkraft durch den Äther ausgehen. Dabei muß er voraussetzen, daß die Erklärung der Möglichkeit des Äthers im Prinzip immer noch gelingt. Sie gelingt, so Kant hier, weil die Anziehungskraft sich im Verhältnis zur Repulsivkraft je nach Volumen im Verhältnis ändert.

Man wird daher sagen können: Die Erkenntnis, daß sich das Verhältnis von Anziehungskraft und Repulsivkraft je nach Volumen ändert, führt zu der Einsicht, daß ein Zirkelproblem vorliegt. Denn die bisherige Erklärungsweise macht die Dichtigkeit von der Höhe der Anziehungskraft abhängig, und dies ist gerade aufgrund des sich verändernden Verhältnisses der Kräfte nicht wünschbar. Die Veränderung des Verhältnisses ist aber gleichzeitig die Bedingung dafür, daß die Möglichkeit der Raumerfüllung durch die beiden Grundkräfte nach wie vor außer Zweifel steht: Bei einem sehr großen Volumen ist die Anziehungskraft aufgrund ihrer Wirkungsweise als Durchdringungskraft in der Lage, die Repulsivkraft zu begrenzen.

Die dem obigen Zitat (XI, 348) zu entnehmende Verneinung der Frage, ob die Repulsivkraft sich ewig ausdehnen wird, zeigt, daß Kant daran festhält, daß eine Raumerfüllung von einem bestimmten Grad anhand der beiden Grundkräfte erklärt werden kann. Eine Schwierigkeit besteht eben darin, durch diese Kräfte die besonderen Materien oder Körper zu erklären, bei denen die materieeigene Anziehungskraft in kleinen Mengen anzutreffen ist. Und was diese Schwierigkeit verursacht, nämlich daß die Höhe der Anziehungskraft wegen ihrer Wirkungsweise vom Umfang ihres Wirkungsfeldes abhängt, stellt gerade die Ursache für das Zirkelproblem dar, welches wiederum zu der Behauptung nötigt, der Grad der Zusammendrückung der besonderen Materien sei überhaupt nicht von der materieeigenen Anziehungskraft abhängig.

Die Verneinung der Frage ermöglicht es Kant zugleich, die noch verbleibende Möglichkeit der Erklärung einer Raumerfüllung auch für die Erklärung von besonderen Materien irgendwie fruchtbar zu machen. Wie aus seinen direkt an diese Frage angeschlossenen Ausführungen hervorgeht, versucht er hier eine genetische Erklärungsweise von Körpern vorzubereiten, die ihm erlaubt, den Äther für die Erklärung der spezifischen Verschiedenheit der Materien hinzuzuziehen. Im Kontext einer genetischen Erklärung führt er auch die innere Oszillation des Äthers ein (XI, 348; vgl. eine spätere Parallelstelle im Nachlaßwerk I, 378). In den nachfolgenden Überlegungen erörtert er jedoch die Möglichkeit, die spezifische Verschiedenheit der Materien als Wirkungen eines Drucks des Äthers zu erklären.

In den hier folgenden nur noch rhapsodisch zu durchlaufenden Ausführungen versucht Kant, an den Gedanken der *Metaphysischen Anfangsgründe* anzuknüpfen, daß die Anziehung des Universums mit der eigenen Anziehung der Teile der Materie zusammenwirken könne:[115]

115 In diesem Zusammenhang spricht Kant auch weitere Fragen an, die Konsequenzen betreffen, die mit dieser These einhergehen. Sie können hier aber nur angedeutet werden: Für die Frage der Ermittlung eines bestimmten Grades der Anziehung in einem bestimmten Volumen ist die Einführung einer solchen Wirkung schon deshalb kein Problem, weil dieser Grad unabhängig von der materieeigenen Repulsivkraft geprüft werden muß: nicht „nach dem Wiederstand der expansiven Kraft gegen die Compression" (XI, 350), sondern durch Impuls oder durch Federwaage.

„Man muß um den Unterschied der Dichtigkeit zu erklären, annehmen daß dieselbe Anziehungskraft einer gegeben[en] Quantität Materie gegen eine unendliche verschiedene Zurückstoßungskraft wirke, dieser aber das Ge[gen]gewicht (oder die Gegenwirkung die zur bestimmten Einschränkung des Raumes der isolirten Materie) nicht leisten könne ohne vermittelst der Anziehung aufs ganze universum." (XI, 349)

Nach den obigen Ausführungen zum Zirkelproblem kann man hier bemerken: Solange die materieeigene Anziehung als die Gegenwirkung zur Repulsivkraft benötigt wird, richtet sich die Dichtigkeit nach der Menge der Materie. Dies gilt nach wie vor, denn leitend ist auch bei den Ausführungen Kants in den *Bemerkungen*, daß man (anders als Beck meint) an der These der ursprünglich gleichen Anziehungskraft festhalten müsse: Man muß die Materie „sich als gleichartig und nur durch die Menge der Theile unterschieden vorstellig machen weil wir auf andere Art kein Verhältnis der Massen uns begreiflich machen können" (XI, 350). Dies muß angenommen werden. Zugleich ist die geforderte Vorstellung allerdings in eine dynamische Erklärung der vollständigen Raumerfüllung zu integrieren und nicht etwa atomistisch zu verstehen. Ihre Integration in die dynamische Materietheorie ist, grob gesagt, möglich, weil man die Materie, anstatt sie durch Teile zusammengesetzt zu denken, als Kräfterelationen bedingt annimmt, die keineswegs verbieten, das Modell der Menge der Teile auf sie anzuwenden.

Wie oben dargelegt, kann eine Lösung des Zirkelproblems nur gelingen, wenn die äußere Zusammendrückung der besonderen Materien (also die Beschränkung der Wirkung der Ausdehnung ihrer Repulsivkräfte) in diesen neuen Erklärungsversuchen allein als durch äußere Wirkungen bedingt gedacht wird. Eine Möglichkeit, dies durchzuführen, besteht darin, die Zusammendrückung durch äußeren Druck zu erklären: So sagt Kant im Kontext der weiteren Überlegungen die er in den *Bemerkungen* anstellt, man könne sich eine ihren Raum erfüllende Abstoßungskraft vorstellen, die nicht durch „eigene Anziehungskraft ihrer Theile sondern durch äußern Druck zurückgehalten würde" (XI, 351).

Dabei ist ihm bewußt, daß dies nur dann gelingen kann, wenn das Zirkelproblem nicht die Möglichkeit der Erklärung einer Raumerfüllung überhaupt gefährdet. Daher versucht er an mehreren Stellen aufzuweisen, daß dies nicht der Fall ist. Im Anschluß an seine These, daß die Abstoßungskraft durch äußeren Druck zurückgehalten werde, ergänzt er, daß dies aber nicht „ins Unendliche ginge" (XI, 351) und kurz darauf fügt er hinzu: „Das volumen selbst braucht nicht von etwas anderm ausser ihm: es kan durch die Anziehung seiner eignen Theile eingeschränkt gedacht werden" (XI, 351). Da man ausschließen darf, daß Kant wahllos sich widersprechende Behauptungen über die Rolle der Anziehungskraft anbietet, kann er sich mit der Hinzufügung nur dessen versichern wollen, daß eine Einschränkung der Materie durch die beiden Kräfte grundsätzlich immer noch möglich ist. Dementsprechend fährt er, das Problem fokussierend, fort:

„der Grund davon daß die Abstoßung in einem Volumen ohne daß die innern Theile sich ziehen von außen bewirkt werde liegt darin daß die Theile sich nicht in der Entfernung abstoßen da hingegen sie sich in der Entfernung unmittelbar anziehen können" (XI, 351).

Und daran schließt er noch mit der Bemerkung an: „Der Grad der Zurückstoßung wird bey gleichartiger Vergrößerung des volumens nicht vermehrt, aber wohl der Grad der Anziehung" (XI, 351). Daß der Grad der Anziehungskraft sich bei einer gleichartigen Vergrößerung des Volumens verändert, ist, wie gezeigt, einerseits der Grund des (ersten) Zirkelproblems. Gleichzeitig dient diese Überlegung, um sich dessen zu versichern, daß andererseits ein Verhältnis der gegenseitigen Beschränkung von Anziehungskraft und Repulsivkraft beim Äther sehr wohl denkbar ist. Die Raumerfüllung einer Materie mit einem sehr großen Volumen läßt sich auch dann, wenn die Wirkungsweisen von Anziehungskraft als Fernwirkungskraft und Repulsivkraft als Flächenkraft angenommen werden, durch diese beiden Kräfte erklären.

Im Rahmen dieser neuen Erklärungsversuche ist aber auch wichtig, daß an der These ursprünglich verschiedener Repulsivkräfte festgehalten werden muß,[116] soll die Erklärung der spezifischen Dichtigkeit gelingen.[117] Denn allein durch die äußere Zusammendrückung müßte auch die daraus entspringende Dichte gleich sein (XI, 352).

Auch ist sich Kant über die Notwendigkeit im Klaren, zu erklären, wie es möglich ist, daß die materieeigene Anziehungskraft nicht an der Zusammendrückung der Materien beteiligt ist. Wie wir gesehen haben, bedarf es hierfür einer Unterscheidung der Kräfte, die für die Zusammendrückung der Materie aufkommen sollen, von denjenigen Kräften, die dieser Materie als solcher zukommen. Aus diesem Grund behauptet Kant im Fortgang der *Bemerkungen*, zwar sei die Stärke der Abstoßung (XI, 352, Zeile 8) dadurch zu erklären, daß sie durch eine äußere Zusammendrückung bedingt wäre, dadurch sei aber der Grad der Raumerfüllung ‚innerlich' nicht bestimmt. Da die Repulsivkraft eine Flächenkraft ist, kann ihre weitere Ausdehnung von einer anderen Flächenkraft (dem Äther) verhindert werden, ohne daß dadurch die Materie ‚innerlich' bestimmt würde. Dies setzt allerdings, wie wir oben gesehen haben, sowohl eine Differenzierung zwischen Repulsivkräften voraus, als auch die Kohäsionskraft, also die Möglichkeit, die Teile der besonderen Materie als zusammenhängend ansehen zu können. Diese These und ihre Konsequenzen wird Kant in seinem Nachlaßwerk wiederaufnehmen.

116 In der Diskussion der damaligen Zeit wurde diese These der ursprünglichen Repulsion als Ursache für die Elastizität interessanterweise besonders angegriffen. Schon daher liegt es nahe, daß diese Überlegungen Kant nach 1786 besonders beschäftigt haben, vgl. Gehler (1785 ff) (Art. ‚Zurückstoßung', Bd. 5 (Supl.), 892-895). Vgl. auch Landau (1991), 512 f; Förster (2000), 38; Pollok (2001) 176 u. 519 ff.

117 Vgl.: „Die Abstoßung aber kan ursprünglich ungleich seyn in einem gewissen volumen. Denn da die Dichtigkeit ins Unendliche muß verschieden seyn können dieses aber nicht auf der ursprünglichen Verschiedenheit der Anziehung beruhen kan muß sie auf der der Abstoßung beruhen" (XI, 352).

Vor der Hinzuziehung des Nachlaßwerkes ist aber noch kurz auf Kants Brief an Beck vom 4. 12. 1792 zurückzukommen. Darin schreibt Kant, nachdem er sich noch einmal gegen Becks Erklärungsversuch gewandt und festgehalten hat, daß man bei dem Fallen eine gleiche Krafteinwirkung auf die Körper voraussetzen und erklären muß, wieso diese Körper unterschiedlich wiegen (bzw. durch einen Impuls unterschiedlich große Strecken zurücklegen):

> „[...] daß man sich so zu sagen die Masse unter demselben volumen nicht durch die Menge der Theile sondern durch den Grad specifisch verschiedenen Theile, womit sie, bey eben derselben Geschwindigkeit ihrer Bewegung, doch eine verschieden Größe derselben haben könne denken könne. Denn, wenn es auf die Menge ankäme, so müßten alle ursprünglich als gleichartig, folglich in ihrer Zusammensetzung unter einerley Volumen nur durch die leere Zwischenräume unterschieden gedacht werden (quod est contra hypothesin)." (XI, 396)

Offensichtlich ist auch hier, daß Kant sich gegen eine atomistische Erklärungsweise der spezifischen Verschiedenheiten von Materien wendet und als Basis für die Möglichkeit einer vollständigen Raumerfüllung eine Kräfterelation anbieten will. Es ist aber nicht so, daß Kant hier die Position Becks übernimmt, die Anziehungskraft als ursprünglich verschieden zu denken.[118] Vielmehr verweist er auf die Möglichkeit, den ‚Grad spezifisch verschiedener Teile' als Grund für eine bestimmte Anziehungskraft auf einem bestimmten Volumen anzunehmen. Er verfolgt also auch hier, wie in den *Bemerkungen*, die Möglichkeit, die eigene Repulsivkraft der Materieteile für eine spezifische Verschiedenheit der Dichtigkeit verantwortlich zu machen. Und gerade seine Ausführungen in den *Bemerkungen*, nach denen dies auch dann möglich sein muß, wenn man die Repulsivkraft nicht als durch die materieeigene Anziehungskraft begrenzt denkt, bestätigen ihn in dieser These seiner dynamischen Materietheorie, daß die Repulsivkräfte die intensive Größe der Raumerfüllung bedingen. Die Durchführung dieser These bedeutet in seinen Augen nun allerdings, wie wir bereits gesehen haben, daß er mit Annahmen arbeiten muß, die gegenüber denen der *Allgemeinen Anmerkung* neu sind, und daß er eine von dem Modell von 1786 durchaus sehr verschiedene Konzeption entwickeln muß. Er muß seine neue Konzeption jedoch noch ausführen und begründen. Vielleicht bricht Kant deshalb seinen Brief nach diesen Andeutungen ab. Er beschließt ihn mit der Bemerkung, er würde Beck diesbezügliche Versuche zukommen lassen, die er zur Zeit der Abfassung der *Metaphysischen Anfangsgründe* angestellt, aber verworfen habe. Für uns ist diese Bemerkung ein Hinweis darauf, daß Kant die um die Mitte der achtziger Jahre einsetzenden Überlegungen des Nachlaßwerkes zur dynamischen Materietheorie als Entwürfe zu einer Materietheorie ansieht, die zu

---

118 Tuschling (1968) hat die These vertreten, daß Kant (durch Beck veranlaßt) das Problem seiner Konzeption darin sieht, den Massebegriff nicht als intensive Größe aufgefaßt zu haben. (vgl. dazu Abschnitt C). Aus der Perspektive Kants ist aber der Vorschlag Becks unhaltbar, und daher hält Kant auch in seinem Brief Beck die Lösung der ursprünglich gleichen Anziehungskraft ausdrücklich als *Alternative* vor („Ihre Auflösungsart wird Ihnen auch nicht Gnug thun" (XI, 377)).

der in der *Allgemeinen Anmerkung* vorgestellten eine Alternative bietet. Da die Konzeption der *Allgemeinen Anmerkung* auf in ihrem Rahmen unlösbare Probleme stößt, drängt sich eine alternative Materietheorie sogar dann auf, wenn sie als ‚Übergang' von der apriorischen Wissenschaft zur empirischen Physik - und wie wir aus dem ersten Kapitel wissen, soll die Materietheorie eine Übergangsfunktion zur empirischen Physik einnehmen können - mit weit mehr Problemen als die Theorie der *Allgemeinen Anmerkung* belastet sein sollte.

Von den wiedergegebenen Erörterungen Kants ausgehend, lassen sich nun verschiedene Textpassagen des Nachlaßwerkes in den Blick nehmen und verständlich machen. Im Nachlaßwerk sind ebenfalls viele Formulierungen zu finden, die sich mit dem Zirkelproblem in Verbindung bringen lassen, das oben als erstes eingeführt worden ist. Beispielsweise thematisiert Kant immer wieder die Frage, wie sich die Zusammendrückung der Materie erklären lasse: „Die Qualitat der Materie wodurch eben dieselbe quantitat durch dieselbe Kraft gedrukt einen kleinern Raum einnimmt bleibt uns auf immer unbekannt" (I, 423). Und wie in den *Bemerkungen* versucht er das Problem zu lösen, indem er die Unterschiede der Dichtigkeit „allein" oder „zuletzt" aus der Zurückstoßungskraft (I, 422) und nicht mithilfe der materieeigenen Anziehungskraft erklärt.

Die Beschränkung der Repulsivkraft durch materieeigene Anziehungskraft betrachtet Kant dabei ausdrücklich als möglich; unmöglich erscheint ihm nur, diese Erklärungsweise für die spezifische Dichtigkeit von besonderen Materien anwenden zu können.

> „Eine Materie ist entweder durch die eigene Anziehung oder durch den Druk anderer zusammengedrukt sonst hätte sie keine bestimmte Dichtigkeit. Dieser Druk anderer ist entweder durch die mit der vorigen gemeinschaftliche Anziehung bewirkt oder immer wieder durch den Druk anderer ins unendliche. Das letztere ist unmöglich wenn gleich der gantze Raum ins Unendliche erfüllet wäre u. also gleichsam kein Platz für weitere ausbreitung wäre. Also muß das erstere seyn. Denn durch eigene Anziehungskraft ist keine Materie von Korpern die wir kennen zusammengedrukt auf den Grad der ihre materielle Dichtigkeit ausmacht die da bleibt wenn man jeden Theil vom gantzen absondert" (I, 425).

Mit dem letzten Satz spielt Kant auf das Zirkelproblem an, das entsteht, wenn man die eigene Anziehungskraft der Materie als ursprünglich gleich für die Dichte verantwortlich macht. Wie aus der ganzen Passage hervorgeht, ist die Art und Weise, wie die *Allgemeine Anmerkung* die spezifische Dichtigkeit erklärte, deshalb unbrauchbar, weil sie an bestimmte Phänomene, wie die Veränderung des Volumens derselben Materie bei gleichbleibender Dichtigkeit, nicht heranreicht.

Auch erwägt Kant im Nachlaßwerk, die Dichtigkeit als durch den Druck des Äthers bedingt zu denken, indem dieser für die Zusammendrückung der Materie verantwortlich gedacht werden soll. Dabei stützt er sich auf die oben diskutierte Einsicht, daß Anziehungskräfte auf einem kleinen Raum eine Zurückhaltung der

Repulsivkräfte gar nicht bedingen könnten, weil die Anziehungskraft der Masse proportional ist und daher in kleinen Materiemengen nicht ausreicht, um einer Flächenkraft entgegen zu wirken:

> „Die Dichtigkeit der Materien scheint von diesem Druck des Aethers herzurühren weil sie durch ihre eigene ursprungliche anziehung in so kleinen Massen keine solche Anziehung ausüben können[,] die Masse des Aethers aber sich selbst durch ihre Anziehung begrenzt u. nun nach Verschiedenheit der zurückstoßenden Krafte (ihrem moment der Geschwindigkeit nach) verschiedene Dichtigkeit bewirkt" (I, 428).

Im Nachlaßwerk lassen sich auch verschiedene Aspekte aufzeigen, die man, wie oben gezeigt, vor Augen haben muß, wenn man den vorgezeichneten Weg zur Lösung des Problems gehen will. So diskutiert Kant die Möglichkeit, verschiedene „Species von Anziehungen so wohl als Zurückstoßungen" zu denken (I, 423) und die „immerwährende Erschütterung des aethers" von den „zurücktreibenden Kräften" der anderen Materien zu unterscheiden (I, 374). Solche Überlegungen zur Materietheorie stellt Kant ausdrücklich unter den Titel eines Übergangs von den Metaphysischen Anfangsgründen zur empirischen Physik.

Er erwägt an einer Stelle auch, ob „ausser der Allgemeinen Anziehung dem Grade nach es noch eine andere gebe die nach anderen Gesetzen ursprünglich wirke" (I, 430).[119] Zu dieser Erwägung sieht er sich veranlaßt, weil dem Äther, der sich nicht nur als durch Druck wirkend denken läßt, eine innere Beweglichkeit zuzusprechen ist. Eine Anziehung, die „ausser der Allgemeinen Anziehung [...] ursprünglich wirke", könnte, folgt man der Darlegung im ersten Kapitel dieser Arbeit, nur in dem ‚Übergang', also in dem Teil, der der empirischen Physik einen Plan aller möglichen bewegenden Kräfte zur Verfügung stellen soll, eingeführt werden (vgl. ferner auch Teil C). Könnte man den Äther mit seinen ‚Erschütterungen' in den Übergang einführen, würde dies erlauben, von ihm wieder andere Species von Kräften als abzuleitende zu unterscheiden. Dies versucht Kant an anderer (schon angeführter) Stelle:

> „Verschiedene Species von Anziehungen so wohl als Zurückstoßungen nach Gesetzen die von denen der Quadrate u. Würfel der Entfernungen unterschieden wären lassen sich als Ursprüngliche Krafte garnicht denken aber wohl als abgeleitete. So kan die Luft deren Elasticitat auf Wärme d.i. einer andern elastischen Materie[,] deren Elasticitat vielleicht ursprunglich ist[,] beruht nach dem Gesetz der Entfernungen zurückstoßen weil diese auf Erschütterungen beruht" (I, 423).

Wie ist diese innerliche Bewegung des Äthers zu erklären? Muß sie postuliert werden? Kann sie genetisch, im Rückgriff auf die Grundkräfte, erklärt werden? Eine genetische Erklärung wird von Kant an vielen Stellen versucht: „Man kan alle Materie als Ausgespannt und Uranfanglich den aether seiner eignen Anziehung überlassen denken. Daraus entsprang eine Erschütternde Bewegung die bestandig

---

119 Adickes (1920) datiert diese Stelle auf die zweite Hälfte der 80iger Jahre, Förster in die Zeit der Abfassung des Beckkommentars (1792 f) (vgl. Förster (2000), 37).

fortdauert u. alle andere Bildungen veranlaßt" (I, 424; vgl. I, 378). Die Behandlung zweier möglicher Bewegungen der Materie wird dann überhaupt zu einem wichtigen Thema des Nachlaßwerkes (I, 341).

Insgesamt dominieren, wie die Überschriften zu den einschlägigen Ausführungen zeigen, die Erklärungsversuche unterschiedlicher Dichtigkeiten (I, 446; I, 449; I, 450) und des Zusammenhangs (I, 430 f; I, 443). Da, wie wir gesehen haben, der Zusammenhang in die Erklärung der spezifischen Dichtigkeit einbezogen werden muß, um erklären zu können, wie eine Wirkung von materieeigenen Repulsivkräften und den Repulsivkräften des Äthers ohne Beteiligung der materieeigenen Anziehungskraft möglich ist, sind beide Themen Hauptbestandteile der neuen Materietheorie. Am deutlichsten macht dies der schon mehrfach zitierte *Oktaventwurf*, in dem Kant Zusammenhang als „das erste, was Erklärungsgrunde bedarf" vorstellt und behauptet, der Unterschied der Dichtigkeit sei „die daraus entspringt die Folge davon" (I, 374). Der Zusammenhang wird wiederum als eine Wirkung der Oszillation des Äthers interpretiert (I, 374; I, 380).

Schließlich ist ein Beleg für Kants Einschätzung der Reichweite des Zirkelproblems, daß er den Äther zunächst als eine Hypothese in die Konzeption des Übergangs einführt. Wäre Kant der Meinung, mit dem Äther eine Änderung an seiner Erklärung der Möglichkeit der Materie überhaupt vornehmen zu müssen, müßte er den Äther als apodiktisch gewisses Prinzip behaupten. Daß von der Hypothese des Äthers die Rede ist, verweist darauf, daß dieser denselben Status hat wie die möglichen Prinzipien für die empirische Physik, die in der *Allgemeinen Anmerkung* gegeben werden sollten.

Von der obigen Darstellung ausgehend werden aber auch auf den ersten Blick abgelegenere Themen des Nachlaßwerkes interpretierbar. Als Beispiele hierfür sind erstens all die Bemerkungen zu nennen, mit denen Kant auf die Möglichkeit und den systematischen Aufbau des Übergangs zielt. So reflektiert er beispielsweise auf den Begriff der Größe.[120] Den Hintergrund für diese Überlegungen kann man wie folgt andeuten:[121] Da sowohl die Masse als auch das Volumen unter der Kategoriengruppe der extensiven Größe abzuhandeln sind und außerdem im Rahmen der neuen Theorie nicht mehr klar ist, ob der in der *Allgemeinen Anmerkung* als zweites Moment eingeführte Zusammenhang nicht der Behandlung der Dichtigkeit vorhergehen müsse, besteht hinsichtlich dieser Fragen Klärungsbedarf. Als zweites Beispiel sind die Fragen zu nennen, die sich offenbar weniger mit der Dichtigkeit beschäftigen, als vielmehr mit der Frage der Erklärungen von festen und flüssigen Materien. Dieses Thema ist schon in der *Allgemeinen Anmerkung* ein Aspekt der Überlegung zum Zusammenhang der Materieteile. Gerade wenn sich Kant dazu entscheidet, dem Äther eine fundierende Rolle und ihm ein inneres Oszillieren

---

120 Vgl. I, 451, Zeile 18.

121 Nach Adickes' (1920) Einschätzung haben diese Überlegungen keinen direkten Bezug zur dynamischen Materietheorie (dagegen Tuschling (1968), 19 f; Förster (1993)).

zuzusprechen, werden diese Untersuchungen wichtig. So dient Kant im *Oktaventwurf* (I, 379 ff) die Diskussion der Frage, ob sich der Zusammenhang flüssiger Materien durch Druck erklären lasse oder ob hier nicht auf die Materien einwirkende Stöße anzunehmen wären (weil sie durch Druck keine Kugelform oder Tropfengestalt bilden würden), auch der Erörterung der Frage, ob die Annahme von oszillierenden Kräften des Äthers durch die Phänomene flüssiger Materien sich nicht auch empirisch bestätigen lasse.

Bevor die Realisierung der Konzeption des Nachlaßwerkes genauer behandelt wird, ist die hier entwickelte These zur Reichweite des Zirkelproblems noch einer weiteren Prüfung zu unterziehen.

C. Betrifft das Zirkelproblem den Hauptteil der Dynamik der „Metaphysischen Anfangsgründe"?

Die These, daß das sogenannte Zirkelproblem auf den Hauptteil der Dynamik der *Metaphysischen Anfangsgründe* zu beziehen sei, kann auf zwei Weisen vertreten werden. Es kann (1) angenommen werden, daß die hier rekonstruierten Zirkelprobleme auch die Thesen im Hauptteil der Dynamik betreffen. Oder es kann (2) behauptet werden, das Zirkelproblem sei so zu rekonstruieren, daß es bei der Erklärung der Möglichkeit der Materie überhaupt auftritt.

(1) Wendet man sich der ersten Behauptung zu, so läßt sich hier zunächst festhalten: All die Deutungsangebote, welche die Funktion der *Metaphysischen Anfangsgründe* letztlich im Aufweis der Möglichkeit einer Konstruktion des Begriffs des Körpers suchen, sind durch die Argumentation des ersten Kapitels dieser Arbeit bereits zurückgewiesen worden. Da im ersten Kapitel der vorliegenden Arbeit gezeigt wurde, daß Kant in den *Metaphysischen Anfangsgründen* zwar beansprucht, Erklärungsprinzipien für die Möglichkeit verschiedener Dichtigkeiten zu geben, daß er diese Erklärungsprinzipien aber als nur mögliche Prinzipien für die empirische Naturforschung aufstellt, ist ein Problem der Erklärung spezifischer Unterschiede der Materien von einem Problem einer Erklärung der Möglichkeit von Materie überhaupt streng zu unterscheiden. Erweisen sich die Prinzipien, die für die empirische Physik aufgestellt wurden, als unzureichend, weil anhand ihrer keine sich empirisch bewährende Erklärung für die spezifische Verschiedenheit der Materien aufgestellt werden kann (vgl. 1. Kapitel), so ist nach anderen auf die Grundkräfte rekurrierenden Erklärungsprinzipien zu suchen. Die Aufstellung dieser Prinzipien hat aber die Ansprüche zu erfüllen, unter denen die *Allgemeine Anmerkung* zur Dynamik stand. Diese sollte ja als System der empirischen Physik einen überleitenden Schritt von den *Metaphysischen Anfangsgründen* zur empirischen Physik darstellen. Die Funktionen und die Aufgabe, die der Hauptteil der Dynamik erfüllen sollte, können damit weiterhin als erfüllt gelten. Die Aufgabe des Hauptteils ist nach der vorliegenden Arbeit, die Raumerfüllung als dasjenige zu

erklären, was der Materie notwendig zukommt, damit sie als Gegenstand des äußeren Sinns angesehen werden kann.[122]

Dagegen ließe sich nun aber einwenden, daß schon laut Hauptteil der Dynamik eine Materie entweder durch eigene Anziehungskräfte allein oder aber als durch diese zusammen mit der Anziehung aller Weltmaterie bedingt sei. Die mit ‚oder' bezeichnete Alternative macht nur unter der Voraussetzung Sinn, daß es Kants Absicht war, bereits die Möglichkeit unterschiedlicher Grade der Zusammendrükkung von Materien aufzuweisen. Denn wie sich bei der Diskussion der Erklärung verschiedener Dichtigkeiten ergeben hat, ist die alternative Erklärung unter Hinzuziehung der Weltmaterie erforderlich, um die Raumerfüllung in einem relativ kleinen Volumen erklären zu können. Kant sagt denn auch an einer Stelle im Hauptteil der Dynamik:

> „Da alle gegebene [!] Materie mit einem bestimmten Grade der repulsiven Kraft ihren Raum erfüllen muß, um ein bestimmtes materielles Ding auszumachen, so kann nur eine ursprüngliche Anziehung im Conflict mit der ursprünglichen Zurückstoßung einen bestimmten Grad der Erfüllung des Raums, mithin Materie möglich machen; es mag nun sein, daß der erstere von der eigenen Anziehung der Theile der zusammengedrückten Materie unter einander, oder von der Vereinigung derselben mit der Anziehung aller Weltmaterie herrühre." (IV, 518)

Da derlei Bemerkungen, wie sich gezeigt hat, für das Nachlaßwerk relevant werden, verlangt eine Verteidigung der hier vorgelegten Interpretation eine nochmalige Auseinandersetzung mit ihnen.

Vorab ist daran zu erinnern: Die soeben zitierten Passagen des Hauptteils, nach denen Kant sagt, daß zur Erklärung der Raumerfüllung die Anziehung der Weltmaterie hinzugezogen werden könne, spielen für die Ermittlung der beiden Grundkräfte als Prinzipien der Möglichkeit der Raumerfüllung keine Rolle. Auch bei der Konstruktion des Begriffs der Materie werden sie nicht einbezogen. Dies wäre nach der obigen Analyse der Funktionen des Hauptteils auch gar nicht denkbar. Des weiteren bestätigen, wie bereits oben angeführt, verschiedene Formulierungen Kants, daß nur apodiktisch behauptet werden kann, daß zur Möglichkeit der Materie eine ursprüngliche Anziehungskraft und Zurückstoßungskraft erforderlich ist. So sagt Kant, es müsse zur Möglichkeit der Raumerfüllung „irgendwo" (IV, 509) oder „irgend" (IV, 514) eine der Repulsivkraft entgegengesetzte Anziehungskraft

---

122 Förster sieht, anders als ich (wie im 1. Kapitel der vorliegenden Arbeit dargelegt), die Aufgabe des Hauptteils der Dynamik der *Metaphysischen Anfangsgründe* darin, die Möglichkeit von Körpern mit verschiedener Dichtigkeit konstruieren zu können. Er lokalisiert das Zirkelproblem daher im Hauptteil der Dynamik, meint aber gleichzeitig, es beträfe (nur) die Konstruktion von Körpern, Förster (2000), 45. Für die Erklärung von Körpern sollen die Grundkräfte nicht ausreichen (66): „gravitational attraction could not figure as the second fundamental force in the construction of ‚matter'", während der Äther noch mithilfe der Grundkräfte erklärt werden können soll. Infolgedessen argumentiert Förster, Kant müsse den Zusammenhang als Grundkraft zulassen. Für seine Interpretation führt er u.a. die oben bereits diskutierte Stelle an, in der Kant von einer anderen ursprünglichen Anziehung redet (I, 430).

wirken. Der Alternative, die Anziehung bloß als Flächenkraft anzunehmen, begegnet er nicht mit dem Argument, auf diese Weise könne die Raumerfüllung einer bestimmten Materie nicht erklärt werden, sondern mit dem Hinweis darauf, daß die Möglichkeit der Materie „zuletzt" (IV, 514) eine wahre Anziehung erfordert. Diese Aussagen sind aber noch gültig für die neuen Konzeption des Nachlaßwerkes, denn mithilfe der Annahme von materieeigener Anziehungskraft soll die Möglichkeit des Äthers erklärt werden. Im *Oktaventwurf* heißt es etwa: „Diese allgemeine Attraction der Materie des Äthers auf sich selbst ausgeübt muß als ein begränzter Raum [...] gedacht werden" (I, 378 f). Und diese „allgemeine Attraction" ist als durchdringende Fernwirkungskraft zu verstehen (I, 378).[123] Nach der Diskussion des Zirkelproblems dürfte auch einsichtig sein, warum das so ist, denn nur so kann die Anziehungskraft der Repulsivkraft zur Erfüllung des Weltraumes durch den Äther entgegenwirken. Dem könnte man entgegenhalten, daß die Annahme einer den Raum vollständig erfüllenden Materie eine durch den als leer vorgestellten Raum hindurchwirkende Anziehungskraft überflüssig macht. Aber Kant gibt mit seinem Gedanken seine These über die Wirkungsweise der Anziehungskraft keineswegs auf, sondern er behauptet nur, daß eine Wirkung der Materie durch den leeren Raum empirisch nicht vorliegt, weil der Raum allwärts erfüllt ist (vgl. II, 192). Gleichwohl kann aber die Anziehungskraft eine durchdringende Fernwirkungskraft sein.

Die soeben angeführten Bemerkungen des Hauptteils der *Metaphysischen Anfangsgründe* sind sogar als grundlegend für das Nachlaßwerk anzusehen. So etwa wenn Kant sagt:

> „Aber selbst diese scheinbare Anziehungen [durch Druck oder Stoß, D. Emundts] müssen doch zuletzt eine wahre zum Grunde haben, weil Materie, deren Druck oder Stoß statt Anziehung dienen soll, ohne anziehende Kräfte nicht einmal Materie sein würde (Lehrsatz 5) und folglich die Erklärungsart aller Phänomene der Annäherung durch blos scheinbare Anziehung sich im Cirkel herumdreht." (IV, 514)

Wie sich gezeigt hat, argumentiert Kant auch im Nachlaßwerk dafür, daß der Äther nur durch eigene Anziehung und nicht wieder durch Druck zusammengehalten werden könnte (I, 425; I, 428).

Die im Hauptteil für die Erklärung der unterschiedlichen Grade der Zusammendrückung mobilisierten Bemerkungen sind also so zu verstehen, daß sie auf Möglichkeiten *vorgreifen*, die sich erst im Anschluß an die Überlegungen des Hauptteils ausführen lassen. Denn daß Kant zur Zeit der *Metaphysischen Anfangsgründe* von der Möglichkeit ausgeht, verschiedene Dichtigkeiten anhand der beiden Grundkräfte und (möglicherweise) der zusätzlichen Wirkung eines Druckes zu erklären, steht außer Zweifel. Die vorgreifenden Bemerkungen (über das Zusammenwirken der materieeigenen Anziehungskraft mit der Anziehung der Welt-

123 Daher soll der Äther auch – wie Carrier (1991), 217 ausführt – *relativ unwägbar* sein.

materie bei aller gegebenen Materie) wären vom Standpunkt des Nachlaßwerkes zu modifizieren.

Weiterhin muß man aber auch bedenken, daß eine solche Modifikation eine Folge für das Verhältnis zu dem auf dem Dynamikteil aufbauenden Mechanikteil haben könnte. Denn der Mechanikhauptteil könnte diese in den *Metaphysischen Anfangsgründen* angenommene Möglichkeit einer Erklärung der Raumerfüllung von gegebenen Materien voraussetzen. Nach der bisherigen Darstellung dürfte die Modifikation allerdings nur das Verhältnis des Mechanikhauptteils zu dem neuen Übergang betreffen. Dieses Verhältnis wird hier erst im Anschluß an eine eingehende Untersuchung der neuen Konzeption thematisiert werden (Kapitel 3 C).

(2) Wendet man sich nun der zweiten (zu Beginn von 2. C eingeführten) Behauptung zu, daß das Zirkelproblem die Erklärung der Möglichkeit der Materie überhaupt betrifft, so scheint nach der bisherigen Darstellung auch eine Zurückweisung dieser Behauptung relativ einfach möglich. Dies deshalb, weil man argumentieren könnte, daß die zur Erklärung der spezifischen Dichtigkeit dienende Einführung des Äthers – die Kant im Nachlaßwerk vornimmt – nur unter der Voraussetzung einer Erklärung der Möglichkeit des Äthers anhand der beiden Grundkräfte gelingen kann.

Genau genommen reicht dieses Argument aber für eine Zurückweisung jener zweiten Behauptung nicht: Denn es könnte ja übersehen worden sein, daß Kant, wenn er bei der Einführung des Äthers auf die Grundkräfte zurückgreift, tatsächlich eine seine Erklärung der Möglichkeit der Materie überhaupt betreffende Änderung vornimmt, und zwar aufgrund eines bei dieser Erklärung auftretenden Zirkelproblems.

Um die oben aufgestellten Thesen verteidigen zu können, muß darum noch versucht werden, solche etwaigen Zirkeleinwände gegen die Kantische Konzeption zu entkräften.

Die Rekonstruktion eines Zirkelproblems, das sich bei der Erklärung der Möglichkeit der Materie überhaupt einstellte, muß abermals bei der Wirkungsweise und Funktion der Anziehungskraft ansetzen.[124] Soll angenommen werden, daß das Zirkelproblem so geartet ist, daß es die Anziehungskraft als die Bedingung für die Erklärung der Möglichkeit der Raumerfüllung der Materie überhaupt betrifft, wäre zu behaupten, daß sie als Grundkraft etwas (eine Eigenschaft oder einen Zustand der Materie) voraussetzt, das sich erst aus ihrem Zusammenspiel mit der Repulsiv-

124 Es gäbe auch die Möglichkeit zu wesentlich allgemeineren Einwänden. So ließe sich einwenden, daß der Kraftbegriff tautologisch ist, indem Masse durch Kraft und Kraft durch Masse erläutert wird. Dieser Einwand geht grundsätzlich gegen das Erklärungspotential des Kraftbegriffs und ist auch zu Kants Zeit viel diskutiert worden (vgl. Gehler (1785 ff)). Dies paßt aber nicht auf Kants konkreteren Selbsteinwand eines Zirkels von Anziehungskraft und Dichtigkeit; auch wird der Kraftbegriff im Nachlaßwerk keineswegs aufgegeben.

kraft ergibt, von dem sie aber, eben als Bedingung der Raumerfüllung der Materie, unabhängig wirken können muß. Dies ließe sich auf zweierlei Weise denken.

Die These, die der ersten Möglichkeit (a) zugrundeliegt, das Zirkelproblems so zu rekonstruieren, daß es die Erklärung der Möglichkeit der Materie überhaupt betrifft, lautet, daß die Anziehungskraft als eine Kraft, die die Bedingung der Berührung von Materie sein soll, die Dichtigkeit von Materie schon voraussetzt. Die zweite Möglichkeit (b) der Ausführung besteht kurz gesagt darin, daß man ein Problem darin sieht, von Teilen der Materie zu reden, wenngleich Materie erst durch die Grundkräfte konstituiert wird. Immer, wenn man von der ursprünglichen Anziehungskraft als Fernwirkungskraft redet, setzt man Materie als Masseteilchen voraus, die Anziehungskräfte aufeinander ausüben. Eine dynamische Materietheorie, so die Überlegung, muß Materie auf Kräfte zurückführen. Sie darf kleinste Teile überhaupt nicht voraussetzen.

Wie wir oben bereits gesehen haben, kommt Kant in dem Dynamikhauptteil zu dem Ergebnis, daß zur Möglichkeit der Materie überhaupt eine Anziehungskraft erforderlich ist, weil sonst die Repulsivkraft eine unendliche Ausdehnung der Materie verursachen würde. Wie wir ebenfalls gesehen haben, behauptet er, die Anziehungskraft sei eine durchdringende Fernwirkungskraft, weil sie die Bedingung für eine physische Berührung der Materie sei.

(Zu a) Die erste Möglichkeit, das Zirkelproblem zu fassen, läßt sich wie folgt erläutern:[125] Zunächst wird behauptet, daß die Anziehungskraft unabhängig von etwas wirken muß, das erst durch gemeinsames Wirken von Anziehungskraft und Repulsivkraft zustande kommen soll. Dann wird behauptet, daß die Anziehungskraft als eine zur Masse proportionale Durchdringungskraft bei ihrer Wirkungsweise Materie mit einer bestimmten Dichte bereits voraussetzt. Dies deshalb, weil man bei der Wirkungsweise der Anziehungskraft der Materie von Masse pro Volumen ausgehen muß, diese aber bereits eine bestimmte Dichtigkeit bedeutet. Daher kann man sagen: Als Bedingung der Berührung von Materie betrachtet, setzt die Anziehungskraft also in ihrer Wirkung die Dichtigkeit bereits voraus.

Vorab ist hier festzuhalten: An der Stelle, an der Kant die Anziehungskraft als Bedingung für die physische Berührung anführt, zielt er offenbar gerade darauf ab, eine Abhängigkeit der Wirkung der Repulsivkräfte von der Anziehungskraft zu

---

125 Adickes (in seinem Kommentar zu AA XIV, 337 f) formuliert den Zirkel zunächst so, daß die Quantität schon das Produkt von Anziehung und Repulsivkraft sei und daher die Anziehungskraft nicht von der Quantität abhängig sein könne. Er widerruft später (1924 f), 1. Bd., 214 diesen Zirkel, indem er von der Repulsivkraft ausgeht und sagt, diese bestimme das Maß der in diesem Raum möglichen Anziehung. Dieser Einwand gegen seine eigene Zirkeldiagnose ist m.E. richtig, nur sieht Adickes nicht, daß für die Erklärung der spezifischen Dichtigkeiten dennoch ein Problem bei der Erklärung der Zusammendrückung der Repulsivkraft auftritt. Außerdem beharrt Adickes darauf, daß die Konzeption eine unüberwindliche Schwierigkeit impliziere, weil sie sich nicht von sich anziehenden Teilen lösen könne. Diesen Einwand hat v.a. Tuschling ausformuliert und er wird hier unter der letzten Rekonstruktion eines Zirkels aufgeführt.

behaupten: Die Anziehung als durchdringende Fernwirkungskraft will er mit dem Argument begründen, daß sie der physischen Berührung vorhergeht. Physische Berührung ist, folgt man Kants Bestimmung, unmittelbare Wirkung und Gegenwirkung der Undurchdringlichkeit oder auch unmittelbare Wirkung und Gegenwirkung der Repulsivkräfte. Die Repulsivkraft bewirkt die Ausdehnung von Materie. Würde man die Wirkung und Gegenwirkung von Repulsivkräften voraussetzen, wäre schon die Materie als etwas Ausgedehntes vorausgesetzt. Stattdessen soll die Anziehungskraft die Bedingung für die Wirkung von Repulsivkräften aufeinander sein. Man kann aber (zufolge Kant) ebenso gut auch umgekehrt argumentieren: Die Anziehungskraft setzt in ihrer Wirkung bereits die Repulsivkräfte voraus, weil ohne diese keine Ausdehnung stattfände und ohne Ausdehnung keine sich anziehende Materie existieren könnte (vgl. *Bemerkungen* XI, 351). Nun ist Kant diese gegenseitige Abhängigkeit keineswegs entgangen. Vielmehr muß man ihn hier so verstehen, daß er zeigen will, daß für die Möglichkeit der Materie beide Kräfte notwendig sind und zwar so, daß die Wirkungsweisen der Kräfte die Bedingung für die Wirkung der jeweils anderen enthalten. Eine genetische Erklärung ist nicht beabsichtigt, ja sie ist in Kants Augen unmöglich. Jede genetische Erklärung einer dynamischen Theorie, also die Beantwortung der Frage nach der Entstehung der Materie, müßte schon von der Möglichkeit der Materie ausgehen.[126]

Allerdings könnte man dagegen noch einwenden, daß die These, beide Kräfte seien die Bedingungen für Materie, nicht bedeuten kann, sie in ihrer Wirkungsweise voneinander abhängig zu machen. Hier muß man in der Tat unterscheiden: Sowohl Repulsivkräfte als auch Anziehungskräfte setzen sich gegenseitig voraus: die Repulsivkraft setzt die Annäherung der Teile, die Teile setzen die Ausgedehntheit voraus. Dennoch darf das *Wirkungsgesetz* der Anziehungskraft keine Variable enthalten, die sich erst durch das Verhältnis von Anziehungs- und Repulsivkraft bestimmen läßt.[127] Enthält das Wirkungsgesetz der Anziehungskraft eine solche Variabel? Auch gegen einen in diesem Sinne formulierbaren Verdacht läßt sich Kants Theo-

---

126 Die Interpreten, die einen derartigen Zirkel bestreiten – wie Adickes (1924 f), 1. Bd., 214 (in Abgrenzung zu seiner früheren Interpretation); Vuillemin (1989) und Carrier (1991) – , versuchen demnach auch nicht, eine Genese der Materie zu erklären, sondern gehen bei ihrer Darstellung (auch bei der Bestimmung der Anziehungskraft als Bedingung der Berührung) von der raumerfüllenden Materie aus. Dies bedeutet nicht, daß man den Begriff der dynamischen Materie nicht *konstruieren* kann.

127 Die Formulierung des Zirkelproblems als eines Problems des Gesetzes für die ursprüngliche Anziehungskraft findet sich bei Förster (2000), 35: „This identification (der ursprünglichen Anziehungskraft mit der Gravitationsanziehung), however, introduces a serious problem into Kant's theory. For gravitational attraction is always proportional to the mass or, for a given volume, the density of a matter". Vgl. auch Förster (2001b), 181: „Die Intensität der Attraktionskraft müßte also einerseits die Ursache der Dichte, die Dichte andererseits die Ursache der Attraktionskraft sein". In seiner Ausführung bezieht Förster diesen Zirkel nur auf die Konstruktion von Körpern. Aus diesem Grund hat seine These zum Zirkelproblem durchaus eine Nähe zu meinen obigen Ausführungen zum Zirkelproblem. Aus einer anderen Einschätzung der *Metaphysischen Anfangsgründe* heraus, genauer: der Aufgabe des Dynamikhauptteils, kommt Förster zu der Auffassung, dieses Problem betreffe den Hauptteil der Dynamik.

rie verteidigen: Dies ist, folgt man Kant, nicht der Fall, denn die Masse kann in seiner Konzeption von der Dichte unterschieden werden. Nur so kann er behaupten, die Anziehungskraft sei ursprünglich gleich, während die Anziehungskraft einer raumerfüllenden Materie von der Repulsivkraft mitbedingt und darum unterschiedlich hoch ist. Kants These ist, Raumerfüllung und Dichtigkeit seien ein Produkt zweier Kräfte, von denen die eine (die Anziehungskraft) der Masse proportional, die andere aber von Masse unabhängig ist. Wenn die Anziehungskraft durch die Repulsivkraft auf einen bestimmten Raum verteilt wird, hat die Raumerfüllung einen bestimmten Grad.

Es stellt sich allerdings die Frage, ob ein Problem nicht darin liegt, daß die Größe der Masse in dem Kantischen Modell nicht unabhängig von der Dichte bestimmt werden kann. Dazu ist anzumerken, daß Kant die Masse nur als Wirkfaktor voraussetzen muß. Zwar kann man die Masse nicht bestimmen, ohne daß eine bestimmte Dichte vorliegt, jedoch soll mit den Wirkungsgesetzen im Zusammenhang der Konstruktion der Materie überhaupt nichts berechnet, sondern nur die Darstellbarkeit anhand von Prinzipien aufgezeigt werden. Und für die besonderen Materien gilt ohnehin, wie wir gesehen haben, daß die Dichte eines Körpers nicht berechnet werden können soll, sondern durch Wiegen oder Impuls zu ermitteln ist. Daher kann Kant von Masse (bzw. einer bestimmten Anziehungskraft) ausgehen, ohne Dichtigkeit vorauszusetzen.

Wollte man bestreiten, daß Kant zwischen Dichte und Masse zu unterscheiden vermag, so wäre der hier beschriebene Zirkel allerdings vitiös und für die Ergebnisse des Hauptteils der Dynamik desaströs. Denn dann müßte das Wirkungsgesetz der Anziehungskraft, das er zur Konstruktion des Begriffs der Materie benötigt, Dichtigkeit schon voraussetzen. Es ist aber, wie gerade erwiesen wurde, möglich, Kant gegen diesen Zirkeleinwand zu verteidigen.

Von dieser Zirkelrekonstruktion eines Problems der Erklärung der Möglichkeit der Materie überhaupt ausgehend, könnte man folgern, daß Kant eine dritte Grundkraft neben den beiden anderen Grundkräften annehmen muß.[128] Dies deshalb, weil er durch die Einführung einer dritten Grundkraft die Möglichkeit hätte, die Anziehung, die die Bedingung für Berührung sein soll, von der Anziehung, die vom Grad der Dichtigkeit abhängen soll, abzukoppeln. Interessant ist eine solche Erwägung deshalb, weil auch die Rekonstruktion des Zirkels, den man in der Erklärung verschiedener Dichtigkeiten sieht (und der in Abschnitt A ausge-

128 Die Lösung einer dritten Grundkraft schlägt Förster vor. Er geht davon aus, daß die Möglichkeit des Äthers anhand der Mittel der *Metaphysischen Anfangsgründe* aufgezeigt werden kann, daß das Problem aber dennoch den Hauptteil betrifft. Wie oben erwähnt, hängt dies mit seiner These zusammen, daß im Hauptteil die Möglichkeit und Konstruierbarkeit von Körpern aufgezeigt werden sollte. Allerdings stellt sich für diese Interpretation die Frage, ob der Äther anhand der beiden Grundkräfte auch dann erklärt werden kann, wenn das Zirkelproblem, wie Förster meint, das Wirkungsgesetz der Anziehungskraft betrifft. Eine – an Kant orientierte – Materietheorie mit *drei* Grundkräften entwickeln (um 1800) interessanterweise Baader (1987), 247-268 und Schelling (1857 ff), II, 241. Vgl. Förster (2000), 39 und (2001a). Vgl auch die folgende Anmerkung.

führt wurde), die Lösung des Problems nur so erlaubte, daß dem Äther eine bestimmte Weise der Wirkung auf die besonderen Materien unterstellt wurde. Diese Wirkungen des Äthers oder der inneren bewegenden Kräfte des Äthers sollten nicht so interpretiert werden können, daß er durch Druck wirkt, und sie konnten auch nicht mit der Anziehung als durchdringende Fernwirkung gleichgesetzt werden. Es stellt sich für Kant dann die Frage, wie der Äther in seiner Weise, durch innerliche Bewegtheit zu wirken, auf die beiden Grundkräfte zurückführbar ist. Aber diese Frage drängt sich, wie gezeigt, nur auf, weil das Zirkelproblem in der Erklärung der spezifischen Dichtigkeit dazu nötigt, für die Erklärung der Raumerfüllung von besonderen Materien den Äther zugrundezulegen, was nur so möglich ist, daß der Äther, der nicht bloß durch Druck wirken kann, als eine innerlich bewegte Materie aufgefaßt wird.

Es ist dieser Zusammenhang, in dem zu bedenken war, ob nicht ein Problem, auf das er bei der Lösung für ein Zirkelproblem der Erklärung der spezifischen Verschiedenheit der Dichtigkeit gestoßen ist, Kant dazu geführt haben könnte, in den Hauptteil der Dynamik eine dritte Kraft als Grundkraft einzuführen. Folgt man den bisherigen Ausführungen, ist dies deshalb unmöglich, weil er die benötigte Wirkung oder Kraft nicht annehmen muß, um die Möglichkeit der Materie überhaupt zu erklären.

Es ist aber nach den bisherigen Ausführungen auch klar, daß es ein wesentlicher Unterschied ist, ob Kant bestreitet, daß die Grundkräfte zur Möglichkeit der Materie überhaupt die richtigen sind und ausreichen, oder ob er anzweifelt, daß die Grundkräfte ausreichen, um die spezifische Verschiedenheit der Materien zu erklären. Den Äther auf die Grundkräfte zurückzuführen und ihn auf eine Weise zu konzipieren, die es erlaubt, ihn zur Erklärung der Bildung von Körpern heranzuziehen, ist die Aufgabe, die der ‚Übergang' im Nachlaßwerk erfüllen soll. Gelingt dies nicht, ist die Möglichkeit, empirische Physik als Wissenschaft aufzufassen, und damit sichere Naturforschung überhaupt gefährdet. Es würde eine Lücke im Systemaufbau wissenschaftlicher Erkenntnisse entstehen.

(Zu b) Die Darstellung dieses Zirkelproblems von Anziehung und Dichtigkeit gibt schon einige Hinweise für die Auseinandersetzung mit der zweiten oben angedeuteten Möglichkeit, das Zirkelproblem als Problem des Hauptteils zur Dynamik der *Metaphysischen Anfangsgründe* zu rekonstruieren. Zeigt sie doch, daß man in einen Zirkel gerät, wenn man bei einer dynamischen Materietheorie von Materieteilen ausgeht. [129] Diese Einsicht läßt sich für die Diskussion der Zirkelproblematik

129 Auch Adickes konstatiert, daß Kant einerseits als letztes Subjekt die Kraft, andererseits die Materie als Träger der Kräfte annehme, allerdings ohne dies mit dem Zirkelproblem in Verbindung zu bringen. Adickes (1924 f), 1. Bd., 218. Dieser Einwand findet sich schon bei Schelling. Vgl. (1857 ff), IV, 27: „Also gelten alle diese Prädicate nur von der anziehenden und zurückstoßenden Kraft, insofern sie schon durch Materie dargestellt sind." Der Einwand steht bei Schelling am Ende einer Auseinandersetzung, in der er von Beginn an behauptet, Kant habe nicht die *Produktion* der

als einer radikalen Kritik fruchtbar machen. Das bisher beschriebene Problem der Erklärung der Möglichkeit der Materie überhaupt anhand von Anziehungs- und Repulsivkräften ist Folge eines grundsätzlichen konzeptuellen Problems, welches etwas verkürzend so zusammenzufassen ist: Die Zirkularität von Anziehungskraft und Dichtigkeit stellt sich in einer Konzeption ein, die für die Erklärung der Materie anhand der Kräfte Materie schon voraussetzen muß.

Genauer gesagt, wird hier behauptet, es bestünde eine Inkonsistenz in der Theorie, da sie kleinste Materieteile voraussetze oder in ihrer Ausführung immer wieder auf die Annahme kleinster Materieteile oder leerer Zwischenräume führe, obwohl diese Annahmen der These der dynamischen Materietheorie von einer kontinuierlichen Raumerfüllung widerspreche. Wenn man diese Probleme eines atomistischen oder monadologistischen Restbestands der dynamischen Materietheorie als Zirkelprobleme formulieren will, kann man etwa sagen: Das Modell der Grundkräfte setzt eine Verfassung der Materieteile voraus, die diese Materieteile als sich anziehende Körper betrachtet und für den Mikrokosmos daher letztlich mechanistische Gesetze behauptet, denen dynamische, eine andere Art der Raumerfüllung verbürgende Prinzipien vorhergehen sollten. Dies wäre aber nur dann ein Problem, wenn diese Strukturgleichheit von Mikro- und Makrokosmos auf die Annahme kleinster Teile führte, da nur eine solche Annahme der These über eine unendliche Teilbarkeit der Materie widersprechen würde. Daher müßte man sagen: Wenn die Materie unendlich teilbar sein soll, kann die Konstruktion der Materie nicht von sich anziehenden Punkten ausgehen, die bei einer Annäherung mit Repulsivkräften aufeinander wirken.[130]

Materie erklärt, sondern sei von dem *Produkt* Materie immer schon ausgegangen. Diese Perspektive ist insofern aufschlußreich, als sie sehr genau die Grenze dieses Einwands reflektiert. Denn man macht Kant damit eine falsche Fragestellung zum Vorwurf, die er selbst aber überhaupt nicht verfolgt haben muß. Schelling sieht außerdem eine unauflösliche Schwierigkeit darin, „daß die Anziehungskraft, welche zur Construktion jeder endlichen Materie gehört, dieselbe sey, welche noch außerhalb ihrer Sphäre ins Unendliche wirke"(1857 ff), III, 103. Dieser Einwand – der keinen Zirkeleinwand darstellt – läßt sich gegenüber der neuen Konzeption im Nachlaßwerk nicht mehr erheben.

130 So behauptet Tuschling (1968) 58; 60, daß Kant in den *Metaphysischen Anfangsgründen* von ersten einfachen Teilen ausgehen müsse. Ebenso vertritt Washner (1981), 110 die These, Kant bleibe in seiner Kräftetheorie an den Atomismus gebunden. Tuschling interpretiert die Laplacekritik im Nachlaßwerk als Selbstkritik an diesem atomistischen Ansatz. Folgerichtig vertritt er die These, Kant habe die *Metaphysischen Anfangsgründe* auf ihr erstes Hauptstück, die Phoronomie, reduziert. Eine These, der sich auch die Interpreten Bonsiepen (1997) und Westphal (1995) anschließen. Demgegenüber läßt sich einwenden, daß Kant auch im Nachlaßwerk noch von sich anziehenden Teilen spricht und auch die Möglichkeit der Materie überhaupt schon voraussetzt (I, 373). Die Laplacekritik kann man ohne Probleme als Kritik an einem Atomismus lesen, der die Annahme leerer Zwischenräume macht, wogegen Kant ja schon 1786 argumentiert hatte. Carrier ((1991), 213) hat gezeigt, daß die Annahme von 1786, daß die Anziehungskraft die Bedingung für Berührungskräfte sei, in atomistischen Konzeptionen der Zeit nicht auf die oben dargestellten Schwierigkeiten führen würde. Es ist allerdings eine Erkenntnis von Laplace, daß dieser Ansatz der Erklärung der Berührungskräfte für den Atomismus die Konsequenz habe, sehr große Zwischenräume in Körpern denken zu müssen. Es ist daher durchaus auch von dem oben (in A) be-

Dieser Zirkeleinwand ist nun offensichtlich auf die Unterstellung angewiesen, daß Kant die *Genese* der Materie aus Kräften erklären wolle. Diese Unterstellung wurde schon im Rahmen der bisherigen Ausführungen zurückgewiesen. Auch in diesem Punkt kann man folglich Kant mit dem Hinweis verteidigen, daß er nur behauptet, beide Kräfte seien für die Raumerfüllung erforderlich, ohne damit eine genetische Erklärung für Materie liefern zu wollen.
Um eine genetische Erklärung anbieten zu können, müßte Kant von unausgedehnten Massepunkten ausgehen, die durch die Anziehungskraft angezogen werden und in unmittelbarer Entfernung zueinander durch unterschiedliche Repulsivkräfte wirken, so daß sie eine Ausdehnung unterschiedlicher Grade verursachen, mit der weiteren Folge einer unterschiedlichen Verteilung der Anziehungskraft im Raum. Tatsächlich hat Kant mit solchen Modellen gearbeitet. So sagt er in den *Metaphysischen Anfangsgründen*: Ohne Repulsivkräfte würden alle Theile der Materie „in einen mathematischen Punkt zusammenfließen" (IV, 511) und in den *Bemerkungen*:

> „Die Puncte der Anziehung enthalten eigentlich die Substanz. Die Anziehungskräfte sind in allen Puncten gleich[;] in jedem Puncte aber wird sie (in Vergleichung mit andern) durch das Abstoßungsvermögen welches in ihm verschieden seyn kan bestimmt" (XI, 350).

Mit dem Rückgriff auf ‚Punkte' verweist Kant aber nur auf eine mögliche Veranschaulichung. Die Annahmen, die man machen müßte, wollte man die von ihm selbst nicht gewählte Möglichkeit ergreifen, würden seiner eigenen Materietheorie widersprechen, die als dynamische Materietheorie die Möglichkeit von Materie gerade nicht durch kleinste Teile, sondern durch Kräfte erklären will.

Allerdings läßt sich der obige Einwand auch noch ausführen. Er kann auch so formuliert werden, daß eine Inkonsistenz in der Bestimmung der Anziehungskraft besteht, da diese als intensive Größe eingeführt wird, also als Kraft mit einem Grad, Kant aber gleichzeitig einen extensiven Massebegriff verwendet, indem er Masse über die Menge der Teile definiert (IV, 524).[131] Einem derart explizierten Einwand gegen die *Metaphysischen Anfangsgründe* wäre zweierlei entgegenzuhalten: Erstens bedient sich Kant der Vorstellung von einer Menge der Teile nur, um auszudrücken, daß die Anziehungskraft der Masse einer Materie proportional ist und der Grad dieser Kraft ursprünglich gleich ist. Zweitens denkt er, wie oben bereits gezeigt wurde, die Unterschiede der Grade auf einem bestimmten Raum als durch die Repulsivkraft bedingt.

---

schriebenen Problemen eine Verbindung zu dem Laplacethema herzustellen. Die Frage, inwiefern Konzeptionen wie Substanzen etc. in den *Metaphysischen Anfangsgründen* eine Rolle spielen (dürfen), behandelt in Gegenüberstellung der Schrift von 1786 mit vorkritischen Schriften: Pollok (2002).

131 Die These, daß Kant nicht die Unteilbarkeit der Materie behaupten und gleichzeitig die Quantität als die Menge des Beweglichen in einem bestimmen Raum definieren kann, ist die Leitthese der Interpretation des Nachlaßwerkes von Tuschling (1968), den Einwand formuliert aber bereits Adickes (1924 f), 1. Bd., 217; 293.

Auch die Überlegungen, die dem erläuterten Einwand zugrundeliegen, berühren sich mit der obigen Darstellung des bei den spezifischen Unterschieden der Dichtigkeit auftretenden Zirkelproblems. Denn daß der Grad der Anziehungskraft von der Menge der Materie abhängig ist, führt, wie wir gesehen haben, zu einem Problem der Erklärung. Es ist daher durchaus richtig, daß Kant mit seiner neuen Konzeption bei der Erklärung von Körpern das Moment des Wiegens, das vom Grad der materieeigenen Anziehungskraft und infolgedessen von einer intensiven Größe abhängt, von derjenigen Anziehungskraft abkoppelt, deren die Raumerfüllung der besonderen Materie bedarf, und daß er diese Raumerfüllung mit einem bestimmten Grad abhängig von Repulsivkraft der Materie und Äther denkt.

Weiterhin ist der hier diskutierte Einwand mit einer Unklarheit in dem Dynamikteil der *Metaphysischen Anfangsgründe* in Verbindung gebracht worden, die ebenfalls ein atomistisches oder monadologistisches Konzept nahe zu legen scheint: Kant deutet in den *Metaphysischen Anfangsgründen* an, daß er insofern Schwierigkeiten der Konstruktion seines Materiebegriffs sehe, als die Wirkungsgesetze der Repulsivkräfte kleinste Zwischenräume der Materieteile voraussetzen, die diesen aber nicht zukommen sollen. Die Lösung, die Kant hier vorschlägt, diese kleinen Räume in der Idee anzunehmen und die Konstruktionsbedingungen nicht so zu interpretieren, als würden durch sie Aussagen über die tatsächliche Beschaffenheit der Materie gemacht, wird von ihm auch im Folgenden nicht dementiert. Wichtig ist vor allem, daß sie sich nicht mit dem hier in Frage stehenden Zirkelproblem belastet, da sie keineswegs die ganze Konstruktion der Materie auf kleinste Teile, sondern lediglich deren Wirkungsgesetze auf die Annahme leerer Zwischenräume gründet. Das im Verhältnis von Anziehungskraft und Dichtigkeit drohende Zirkelproblem ist aber von dem sich aus dem Wirkungsgesetz der Repulsivkräfte ergebenden Problem leerer Zwischenräume zu unterscheiden.

Alle diese Zirkelrekonstruktionen müssen, will man die damit verbundenen Überlegungen zum Ausgangspunkt der Interpretation des Nachlaßwerkes machen, darauf abzielen, eine Erklärung dafür bereitstellen zu können, daß Kant im Nachlaßwerk die These vertritt, der Äther wirke der Repulsivkraft der verschiedenen raumerfüllenden Materien entgegen und sei daher die Bedingung der verschiedenen Dichtigkeiten von Materien beziehungsweise der Erklärung der Bildung von Körpern.[132] Dieses Ziel ist schon durch die erste Zirkelrekonstruktion erreicht worden.

---

132 Wie oben bereits erwähnt, geht auch Förster davon aus, daß die *Metaphysischen Anfangsgründe* die Möglichkeit der Äthermaterie aufgezeigt haben. Tuschling (1968) behauptet einerseits ebenfalls, daß nun der Äther der Repulsivkraft entgegenwirke (60), andererseits vertritt er aber die These, Kant gebe die These der ursprünglichen Repulsivkräfte (53; 57) und die der Undurchdringlichkeit der Materie auf (dagegen Carrier (1991) Fn 23). Wenn dies so wäre, könnte der Äther nicht der Repulsivkraft entgegenwirken. Es muß hier folglich die Funktionsweise des Äthers genauer untersucht werden. Wie sich zeigen wird, ist der Äther für Kant ‚relativ undurchdringlich'. Zwar gibt es später durchaus Stellen, an denen Kant auch die Ausdehnung durch die

Diese macht aber zugleich verständlich, wieso Kant seine Überlegungen im Nachlaßwerk als Übergang bezeichnen kann von den Kräften, „wodurch Materie überhaupt möglich ist zu denen welche ihr eine bestimte und durch andere Naturkräfte veranderliche“ Dichtigkeit etc. geben (I, 373) und wie er auf dieser Grundlage, ohne die Möglichkeit dieser Materie noch aufzeigen zu müssen, mit der Hypothese eines Äthers operiert. Darüber hinaus erlaubt die erste Zirkelrekonstruktion, wie sich in diesem Kapitel zeigen ließ, verschiedene Überlegungen des Nachlaßwerkes verständlich zu machen. Die Ausarbeitung der neuen Konzeption soll nun Thema sein.

Wärme bedingt denkt (I, 255), in diesen Ausführungen hat der Äther aber schon seine fundierende Rolle eingenommen (vgl. Kap.3).

3. Der Übergang im Nachlaßwerk

Bisher sollte erklärt werden, (1) welche Funktion und Bedeutung dem ‚System der empirischen Physik' zukommt. Des weiteren (2) sollte dargelegt werden, warum die Aufgabe dieses Systems, einen Übergang von den *Metaphysischen Anfangsgründen* zur empirischen Physik herzustellen, nur erfüllt werden kann, wenn darin ‚der Äther'[133] als grundlegendes Erklärungsprinzip eingeführt wird. Der Grund ist kurz gesagt der, daß die Erklärung der spezifischen Verschiedenheit der Materien nur gelingt, wenn man den Äther (mit bestimmten, im letzten Kapitel schon dargelegten Wirkungsweisen) als Erklärungsprinzip von Anfang an in Anschlag bringt. Daraus ergab sich – worauf bereits an verschiedenen Stellen hingewiesen worden ist – (3), daß die Konzeption eines Systems der empirischen Physik gegenüber der *Allgemeinen Anmerkung* der Dynamik der *Metaphysischen Anfangsgründe* neu anzulegen ist.

Um die Übergangskonzeption des Nachlaßwerkes in den Griff bekommen zu können, sind zwei Schritte erforderlich: Zunächst müssen die inhaltlichen Ausführungen skizziert, sodann die Fragen nach deren Charakter geklärt werden. Hier zeigt sich abermals, daß diese beiden Aufgaben schwer voneinander zu trennen und in ihrer wechselseitigen Abhängigkeit zu entwickeln sind. Dies deshalb, weil die bisher herausgestellten Resultate bezüglich dessen, was erfüllt sein muß, um einen Übergang herstellen zu können, Folgen für die ganze Anlage des Übergangs haben müssen, die bisher noch nicht hinreichend deutlich geworden sind.

Die folgende Darlegung will keine detaillierte Interpretation der fortgeschrittenen Überlegungen im Nachlaßwerk sein; vielmehr sind diese auf ihre Methode, ihre Struktur und einige Grundgedanken zu befragen (A). Sodann gilt es, sich über den ‚Charakter' der im Nachlaßwerk entwickelten Übergangskonzeption, das heißt über den Status von deren Prinzipien und Begriffen, zu verständigen. In diesem Zusammenhang werden einige für das Nachlaßwerk wichtige Begriffe wie ‚Zwischenbegriffe', ‚Elementarsystem' und ‚Weltsystem' erläutert werden (B). Vor diesem Hintergrund können wir (C) die im ersten und zweiten Kapitel zurückgestellte Interpretation der Textstellen geben, in denen Kant sich im Nachlaßwerk zu den *Metaphysischen Anfangsgründen* äußert.

---

133 Wie sich zeigen ließ und weiterhin bestätigen wird, ist der Äther hier zumeist ein Name für einen Materietyp oder für die Idee von einer Materie mit bestimmten Eigenschaften.

A. Die Übergangskonzeption. Methode, Struktur und Ausführung

Blicken wir noch einmal auf die Konzeption der *Allgemeinen Anmerkung zur Dynamik*: In ihr sollten die vier Momente herausgearbeitet werden, auf denen die spezifische Verschiedenheit der Materie basiert. Sodann waren im Ausgang von möglichen Verhältnissen der beiden Grundkräfte spezifische Erklärungsprinzipien (bewegende Kräfte und ihre Verhältnisse) für die Eigenschaften der besonderen Materien aufzusuchen. Diese Prinzipien sollen eine systematische Naturforschung anleiten können. Daß Kant seinem neuen Projekt im Nachlaßwerk ebenfalls die Aufgabe zuschreibt, der empirischen Naturforschung spezifischere Prinzipien als nur die Grundkräfte zur Verfügung zu stellen, konnte im ersten Kapitel gezeigt werden. Gleichzeitig ließ sich dort bereits plausibilisieren, daß die inhaltlichen Änderungen, die in der Materietheorie erforderlich sind (und in Kapitel 2 ausgeführt wurden), den Charakter des Übergangs verändern. Um diese Änderungen einsehen und im Einzelnen begründen zu können, sind verschiedene Überlegungen erforderlich. Der Ausarbeitung der neuen Konzeption kann man sich zunächst durch folgenden, die bisherigen Ergebnisse aufgreifenden Gedankengang nähern:

Die Aufgabe eines für die empirische Physik a priori aufzustellenden Systems besteht darin, die spezifische Verschiedenheit von Materie systematisch zu analysieren, so daß sich ein Plan aller möglichen bewegenden Kräfte aufstellen läßt. Nach den bisherigen Ausführungen zur Materietheorie muß zur Erklärung der Möglichkeit der spezifischen Verschiedenheit von Materien ein besonderer Materietyp eingeführt werden. Dies aus folgendem Grund: Die Analyse eines Begriffs der Materie, der der spezifischen Verschiedenheit von Materie Rechnung trägt, führt zu dem Ergebnis, daß dieser Begriff einen Rekurs auf die Wirkungen des Äthers, verstanden als weitere besondere bewegende Kräfte, erfordert. Dies kann aber nicht bedeuten, diese bewegenden Kräfte als den Grundkräften gleichartige Prinzipien a priori zu behandeln. Dies deshalb nicht, weil die Grundkräfte – Anziehungskraft und Repulsivkraft – zur Möglichkeit der Materie *überhaupt* erforderlich sind. Stattdessen muß der Äther in den *Übergang* eingeführt werden, der an den – den Begriff einer Materie überhaupt behandelnden – Dynamikhauptteil der *Metaphysischen Anfangsgründe* anschließen soll. Dies bedeutet, daß der Äther samt seinen für die Erklärung der spezifischen Verschiedenheit von besonderen Materien hinzuzuziehenden Wirkungen grundsätzlich als eine Spezifikation der Verhältnisse der Grundkräfte denkbar sein muß. Infolgedessen ist er als ein besonderer Materietyp zu betrachten. Der Äther ist also neben den Grundkräften „das dritte" (II, 211), was zur Erklärung der spezifischen Verschiedenheit von Materie vorauszusetzen ist. Daß das ‚Dritte' eine Materie und nicht eine Kraft als Prinzip darstellt, führt zu Komplikationen des Systems der empirischen Physik, die im weiteren noch deutlich gemacht werden müssen. Kant bestimmt den Gegenstand des

‚Übergangs von den metaphysischen Anfangsgründen zur empirischen Physik' in diesem Sinne auch wie folgt:

> „Dieser Begriff ist nicht der von der Materie überhaupt (dem Beweglichem im Raum) sondern den bewegenden Kräften der Materie nach besonderen Bewegungsgesetzen (der Erfahrung) [,] deren specifischer Unterschied aber als wirkender Ursachen sich durch im Raum mögliche Verhältnisse (der Anziehung und Abstoßung) als Glieder der Eintheilung der Bewegung a priori erkennen läßt." (I, 286)

Wichtig ist hier, daß Kant (1) an der Unterscheidung der verschieden reichen Materiebegriffe (dem Begriff der Materie überhaupt und dem der spezifisch verschiedenen Materien) festhält und (2) darauf besteht, daß die möglichen Verhältnisse der Grundkräfte Erklärungsgrundlage dieses spezifischeren Begriffs der Materie bleiben.

Im ‚Übergang' werden also, wie aus der vorangehenden Überlegung hervorgeht, die Begriffe von zwei Materietypen eingeführt, die Kant als formlose und geformte Materie einander gegenüberstellt. Dabei muß man die ‚formlose' Materie so charakterisieren können, daß sie einerseits selbst nicht die Eigenschaften (der besonderen oder geformten Materien) hat, die erst durch ihre Wirkungen möglich sein sollen, und andererseits die Eigenschaften besitzt, die es erlauben, sie als Bedingungen für bestimmte Eigenschaften der besonderen Materien anzusehen. Berücksichtigt man, daß die dynamische Materietheorie bewegende Kräfte als Erklärungsprinzipien für Materien und deren Eigenschaften aufstellen will, so kann man bereits hier einige im Folgenden noch auszuführende Bemerkungen hinzufügen. Zunächst ist offensichtlich, daß die Unterscheidung der Materietypen aus der Einsicht hervorwächst, daß die bewegenden Kräfte, die für die Erklärung der Möglichkeit der spezifischen Verschiedenheiten der besonderen Materien oder Körper anzunehmen sind, nicht mit den Kräften identifiziert werden dürfen, die besondere Materien oder Körper aufeinander ausüben. Aufgrund der Unterscheidung von körperkonstituierenden Kräften und solchen, die Körper aufeinander ausüben, läßt sich auch die körperkonstituierende Repulsivkraft nicht mehr mit der, die Körper aufeinander ausüben, gleichsetzen. Die Erklärung der Bildung von Körpern führt Kant nun etwa so aus, daß Körper aus einer durch die Eigenschaften des Äthers ermöglichten Verdichtung von Materie entstehen. Körper, die durch Eigenschaften, wie die der Kohäsionskraft, Wirkungen aufeinander ausüben können, setzen damit die körperkonstituierenden Kräfte voraus.

Der formlosen Materie oder dem Äther ist gemäß der von ihm zu erfüllenden Funktion eine „continuirliche[r] Agitation" (I, 210; I, 551) zuzusprechen. Demnach wird er als durch stetigen Wechsel von Anziehungs- und Repulsivkräften bedingt angesehen. Man kann seine Bewegung als „rein dynamisch" bezeichnen.[134] Sie ist nicht wie die Bewegung eines Körpers als Bewegung im Raum bestimmbar, und sie kann nicht durch eine äußere Wirkung verursacht, sondern muß durch „innere ur-

134 Kant tut dies im Kontext des Ätherbeweises, I, 228, Zeile 6; I, 236.

sprünglich bewegende Kräfte" (I, 206) bedingt sein. Wie es zu dieser Selbstbewegung des Äthers kommen soll, ist noch nicht geklärt. Kant stellt diese Frage als die nach dem Recht, eine uranfängliche Bewegung des Äthers anzunehmen. Daher müssen wir uns vor der Beantwortung dieser Frage über Struktur und Methode der neuen Konzeption verständigen. Festzuhalten ist aber für das Folgende, daß dann, wenn von den bewegenden Kräften des Äthers die Rede ist, diese bewegenden Kräfte solche sind, die den Äther in eine innere Oszillation versetzen und dadurch zugleich Wirkungen auf andere Materien ausüben können. Diese bewegenden Kräfte werden daher auch als lebendige bewegende Kräfte oder, wenn ihre Vorgängigkeit vor den bewegenden Kräften, die Körper aufeinander ausüben, betont werden soll, als ‚ursprünglich' bezeichnet.

Nach den hier bisher angeführten Überlegungen ist zunächst zu klären, wie die Analyse des Begriffs der Materien unter den neuen Bedingungen möglich sein soll, d.h. welche *Methode* Kant anwendet, um ein System der empirischen Physik zu entwerfen und insbesondere die bewegenden Kräfte des Äthers in dieses einzuführen.

Was die Eigenschaften der geformten Materien oder Körper angeht, so ist zu erwarten, daß sie sich durch eine die Kategorientafel zum Leitfaden nehmende Analyse gewinnen lassen, indem man, ähnlich wie vormals in der *Allgemeinen Anmerkung*, den empirischen Begriff der Materien oder Körper zugrundelegt und ihn hinsichtlich seiner Bestimmbarkeit als etwas mit einer bestimmten Quantität, Qualität und in bestimmten Relationen zu anderen Körpern stehend zu erklären versucht. Dabei könnte man (wie in der *Allgemeinen Anmerkung*) bewegende Kräfte und ihre Verhältnisse zueinander als Grund für die Eigenschaften einer geformten Materie oder Körpern (wie Wägbarkeit, Aggregatszustände, Zusammenhang) angeben.

Nun gilt es zu klären, wie die Analyse im Fall der *formlosen* Materie vonstatten gehen soll, genauer: ob hier der Begriff einer bestimmten Materie als etwas in Quantität, Qualität und in Relationen zu anderen Materien Bestimmbares analysiert werden kann und bewegende Kräfte für die Erklärungen ihrer Eigenschaften angegeben werden können. Vorderhand kann man sagen, daß in das a priori aufzustellende System der empirischen Physik der Begriff einer Materie einzuführen ist, welcher die Eigenschaften, die die spezifische Verschiedenheit der Körper ausmachen, *nicht* zukommen. Aufgrund der Tatsache, daß dieser Begriff der Materie nur negativ – nämlich in Abgrenzung von dem Begriff der geformten Materie – zu bestimmen ist, muß die Analyse abermals vom Begriff der besonderen (geformten) Materien ausgehen.

Zwar läßt sich einwenden, daß man auch bei der Analyse des Begriffs einer formlosen Materie auf nicht-geformte *empirisch gegebene* Materien – wie die Luftmaterie – Bezug nehmen kann. Diese Bezugnahme auf gegebene Materien ist jedoch bei der Entwicklung des Systems gar nicht hilfreich. Denn es soll der Begriff einer Materie bestimmt werden, der die bestimmbaren Eigenschaften, welche wir an spezifischen Materien und Körpern erfahren,[135] selbst nicht zukommen dürfen. Bei der zu bestimmenden formlosen Materie darf man sich daher aufgrund der ihr zuzusprechenden Funktion nicht direkt auf Erfahrung beziehen. Wenn man zum Beispiel die Luftmaterie als ‚sperrbar' annimmt (vgl. I, 333) und damit behauptet, daß ihre ‚Ausbreitung' über einen bestimmten Raum hinaus verhindert werden kann, so kann sie, obwohl sie eine Art von formloser Materie ist, doch nicht als eine Materie, die die Bedingung der Sperrbarkeit sein soll, analysiert werden. Eine solche Bedingung wäre vielmehr die formlose Materie als ein Wärmestoff, der nicht daran zu hindern ist, sich noch weiter auszubreiten. Für die Bestimmung der formlosen Materie, die als Bedingung für Eigenschaften wie Sperrbarkeit und Wägbarkeit angenommen werden muß, ist die Materie, an der selbst diese Eigenschaften erfahren werden können, kein möglicher Bezugspunkt.[136]

Um den Begriff der formlosen Materie im Rahmen des Systems der empirischen Physik zu bestimmen, muß also Bezugs- und Ausgangspunkt der Begriff der besonderen (geformten) Materien sein. Der Eigenschaft einer geformten Materie werden die einer formlosen entgegengestellt, so daß unter jeder Kategoriengruppe der Materie disjunktive Prädikate zugesprochen werden. Hierbei ist zu beachten, daß diese ‚negativen' Eigenschaften im Kontext einer dynamischen Materietheorie, wie sie Kant in der Dynamik der *Metaphysischen Anfangsgründe* vertritt, als Wirkungen von bewegenden Kräften zu gelten haben. Dies läßt sich im Vorgriff auf die erste Kategoriengruppe veranschaulichen: Der in ihrer Quantität bestimmbaren oder der ‚wägbaren Materie' wird die ‚unwägbare' entgegengesetzt, wobei man die Unwägbarkeit nicht einfach als Mangel der Eigenschaft der Wägbarkeit ansehen darf, sondern gehalten ist, für die Unwägbarkeit bewegende Kräfte als Ursache einzuführen: Kann die Wägbarkeit als das Streben einer Materie hin zum Erdmittelpunkt interpretiert werden, so verlangt die Annahme der Unwägbarkeit einer Materie, dieser eine solchem Streben entgegenwirkende Kraft zuzusprechen (vgl. I, 175).

Nach der soeben vorgestellten Überlegung stehen bei einer Charakterisierung der formlosen Materie anhand der Kategorientafel die ihr zugesprochenen Eigenschaften zu den Eigenschaften der Körper in einem Negationsverhältnis oder in einem Verhältnis der Entgegensetzung. Die Entgegensetzung ist allerdings keine logische, sondern eine reale. Dies betont Kant nachdrücklich (z.B. I, 287; I, 175). Mit anderen Worten: Die Entgegensetzungen sind so zu verstehen, daß die den Ei-

---

135 ‚Erfahren' hat hier durchaus eine zweifache Bedeutung: Einerseits sollen die Eigenschaften der formlosen Materie nicht ‚bestimmbar' sein, also ihre Quantität zum Beispiel soll sich grundsätzlich nicht ermitteln lassen, andererseits sollen wir diese Materien auch nicht direkt wahrnehmen können. (Dies ist der Grund, warum Kant das Gefühl der Wärme ausdrücklich von der Wärmematerie abkoppeln will). Der Grund dafür, daß die formlose Materie nicht direkt wahrnehmbar sein soll, ist der, daß sie die Funktion eines Mediums haben soll.

136 Hier geht es zunächst nur um die Methode. Es ist damit noch nichts darüber gesagt, ob eine Materie, die die Bedingung für ‚sperrbar' ist, selbst (unter bestimmten Umständen) ‚sperrbar' sein kann.

genschaften der geformten Materie entgegengesetzten Eigenschaften eine Ursache in bewegenden Kräften haben, die den bewegenden Kräften entgegenwirken, die den Grund für eine Eigenschaft der geformten Materie darstellen sollen.[137] Dieser Anspruch entspricht der Forderung der dynamischen Materietheorie, dem zufolge Materie und ihre Eigenschaften auf bewegende Kräfte zurückzuführen sind: Es muß dem Unterschied formloser und geformter Materie ein Unterschied von bewegenden Kräften entsprechen.

Aus diesen Überlegungen zur Methode ergeben sich folgende strukturelle Vorgaben für den Übergang: (1) Sowohl der Begriff der formlosen als auch der der geformten Materie muß hinsichtlich ihrer verschiedenen Momente am Leitfaden der Kategorientafel spezifiziert werden. (2) Verschiedene bewegende Kräfte, die als Erklärungsprinzipien für die empirische Physik dienen sollen, müssen unter den Kategoriengruppen aufgestellt und hinsichtlich ihrer Wirkungsweisen ebenfalls spezifiziert werden. (3) Die Verhältnisse, in denen die verschiedenen bewegenden Kräfte zueinander stehen können, sind zu analysieren. Gelingt all dies, so ist der Materiebegriff vollständig und systematisch analysiert, das heißt, es sind alle möglichen Elemente, aus denen der Begriff der Materie zusammengesetzt ist, gegeben und systematisch angeordnet.

Vorausgesetzt, die Aufstellung der bewegenden Kräfte anhand der hier vorgestellten Methode gelingt so, daß sie auch die bewegenden Kräfte des Äthers systematisch an die Hand gibt, würde sie der bisherigen Darstellung zufolge die Aufgabe des Übergangs erfüllen. Denn da sie die formlose Materie in das System integriert, erlaubt sie es, die Hypothese eines besonderen Materietyps, Äther genannt, bei physikalischen Erklärungen zu verwenden und eine systematische Naturforschung ohne willkürliche Hypothesen zu betreiben. In diesem Sinne bemerkt Kant denn auch, es sei in der Physik „die schicklichste Hypothese" (I, 255), den Äther zu Erklärungen verschiedenster Art heranzuziehen.

Betrachtet man die Entwicklung des Nachlaßwerkes aus der bisher vorgegebenen Perspektive, so scheint jetzt allerdings folgende Situation gegeben: Wenn auch gut erklärbar ist, warum Kant die Hypothese des Äthers in dem System der empirischen Physik verankert und wie er unter dieser Bedingung das System der empirischen Physik durchzuführen versucht, so entsteht doch ein Erklärungsdefizit hinsichtlich weitergehender Überlegungen Kants im Nachlaßwerk: Aus welchem

137 Während logische Prädikate dem Subjekt im Urteil zugesprochen werden, sind reale Prädikate dasjenige, was dem Ding selbst zukommt. Das Zukommen realer Prädikate ist entweder ein Setzen oder ein Aufheben eines Prädikats. Vgl. dazu M. Wolff (1981), 43. Interessant wäre hier die Frage, wieweit Kant sich hier an der Idee der durchgängigen Bestimmung von Leibniz orientiert, bzw. diese für seine Zwecke umdeutet, um von realen Entgegensetzungen sprechen zu können. Zur realen Entgegensetzung vgl. Kapitel 4 dieser Arbeit.

Grund thematisiert Kant selbst den Charakter seines Übergangs so ausführlich? Wieso nimmt er die ursprünglich offenbar nicht vorgesehene Unterscheidung zwischen einem ‚Elementarsystem' und einem ‚Weltsystem' vor? Wenn schließlich die hypothetische Annahme eines Äthers das im zweiten Kapitel identifizierte Problem lösen hilft – warum bemüht er sich dann noch um einen Ätherbeweis?

Fragen wie diese nötigen zu einer eingehenden Untersuchung der neuen Konzeption. Die bisherige Darstellung von Methode und Struktur des ‚neuen' Systems der empirischen Physik muß ergänzt werden durch eine Diskussion einiger in ihrem Zusammenhang auftauchender Fragen. Die Fragen oder Diskussionspunkte berühren (1) die theoretischen Annahmen, auf denen der Bau des Systems ruht, (2) die Konsequenzen, die diese Konzeption für die Theorie der Fundierung der Physik hat. Im Anschluß daran kann die konkrete Durchführung des Systems in den Blick gebracht werden.

(1) In Bezug auf die theoretischen Annahmen stellen sich drei Fragen. Die erste läßt sich so formulieren: Ist es überhaupt möglich, eine Materie anzunehmen, der nur ‚negative Eigenschaften' zugesprochen werden? Der Terminus ‚negative Eigenschaften' bezeichnet hier erstens Eigenschaften, die durch Entgegensetzungen zu den Eigenschaften aufgestellt werden müssen, die wir an Körpern erfahren. Zweitens meint der Terminus Eigenschaften, die dadurch definiert sind, daß sie ‚unbestimmbar' sind. So wird zwar gesagt, daß das durch diese (negative) Eigenschaften zu Charakterisierende eine Quantität habe, es wird aber auf deren Unbestimmbarkeit insistiert.

Etwas forciert könnte man die Frage auch so formulieren: Was ist das, was hier als formlose Materie bezeichnet wird? – Einerseits scheint es als etwas, dessen Wirkungen durch bewegende Kräfte erklärt werden sollen, selbst eine Materie oder ein bestimmter Materietyp sein zu müssen. Die negativen Eigenschaften dürfen mithin nicht so aufgefaßt werden, daß die Möglichkeit entfällt, die Materie selbst als Materie mit Eigenschaften zu interpretieren. Kant spricht der formlosen Materie in diesem Sinne auch Prädikate wie das der ‚Unwägbarkeit' etc. als Eigenschaften zu (I, 231)[138].

Andererseits scheint die formlose Materie deshalb durch Eigenschaften bestimmt werden zu müssen, die denen von Körpern entgegengesetzt sind, weil sie die Voraussetzung für diese darstellen soll. Das heißt, die vorauszusetzende Materie scheint als Bedingung für Eigenschaften selber von allen bestimmbaren Eigenschaften entkleidet zu sein. So gesehen, scheint sie aber nicht mehr als Materie aufgefaßt werden zu können.

---

138 Diese Stelle ist aus der Zeit des Ätherbeweises, also aus einer Zeit, in der Kant auch ausdrücklich vom Äther als Idee bzw. Prinzip spricht. Es läßt sich also hier nicht so argumentieren, daß Kant den Äther in verschiedenen Phasen des Nachlaßwerkes oder in verschiedenen Kontexten unterschiedlich behandelt hätte.

Das hier angedeutete Problem diskutiert Kant besonders unter der Kategoriengruppe der Qualität. Eine Materie ist nach ihrer Qualität entweder fest oder flüssig, und ihre Flüssigkeit meint nicht Abwesenheit von Festigkeit, sondern resultiert daraus, daß besondere bewegende Kräfte (die der Wärmematerie) der Verfestigung entgegenwirken. Ist damit aber die Wärmematerie selbst flüssig zu nennen? (I, 383, vgl. I, 521) Und würde dies nicht auf einen Zirkel bzw. Regreß führen, weil Flüssigkeit etwas ist, das durch Wärmematerie erklärt werden soll? (I, 525)

Vor dem Hintergrund dieser Fragen drängen sich im Zusammenhang der neuen Materietheorie folgende Überlegungen auf. Die formlose Materie muß eine Materie mit bestimmten Eigenschaften sein, was bedeutet, daß es möglich ist, ihr eine bestimmte Wirksamkeit zuzuschreiben. Besonders deutlich wird dies im Zusammenhang mit der Wärmematerie als formloser Materie. Der Zustand des Flüssigseins von Materien soll dadurch bedingt sein, daß die Materien von einer Wärmematerie durchdrungen werden, die entweichen und so eine Verfestigung ermöglichen kann. Soll aber die durchdringende Wärmematerie selbst als flüssige Materie charakterisiert werden können, so ist ihre Art, flüssig zu sein, anders, das heißt durch andere bewegende Kräfte, zu erklären als im Fall geformter, von Kant auch ‚sekundär' genannter Materien (II, 199). Die Eigenschaft ‚flüssig' muß daher so interpretiert werden können, daß sie entweder ‚nicht-fest' oder ‚nicht-verfestigbar' meint, wobei letztere die Flüssigkeit charakterisiert, die die Bedingung für ‚fest' und ‚flüssig' darstellen soll. Der Wärmestoff muß so gedacht werden, daß er alles durchdringen kann, aber nicht erst aufgrund der Durchdringung einer anderen Materie flüssig ist. In einer Erklärung, die den hier ausgeführten Bedingungen gerecht werden soll, ist dem Wärmestoff eine ursprünglich innere Bewegtheit zuzusprechen. Zum einen läßt er sich so als eine ‚Flüssigkeit' im Unterschied zu der einer Materie, deren Aggregatszustand ‚flüssig' ist, ansehen. Zum anderen läßt sich so denken, daß die Ursache von dieser ‚Flüssigkeit' der Wärmematerie nicht die Wirkung einer anderen Materie ist, sondern sie auf den *eigenen* bewegenden Kräfte des Wärmestoffs basiert. Die Annahme der inneren Bewegtheit würde allerdings allein noch nicht ausreichen, um die formlose Materie so zu bestimmen, daß ihr Eigenschaften zukommen, die die Eigenschaften der geformten Materien ermöglichen. Darüber hinaus müßte die innere Bewegung als immerwährende gedacht werden. Denn der Wärmestoff soll unverfestigbar sein und dies setzt voraus, die sein Flüssigsein verursachenden bewegenden Kräfte als immerwährend wirkende zu denken. Mit der Annahme einer solchen Materie wären also zugleich innerlich bewegende Kräfte anzunehmen, deren Bewegung unverminderbar ist. Dieser Typ von Bewegung wäre einem eigenen Materietyp zuzurechnen. Nur unter dieser Bedingung ließe sich eine Materie mit ‚negativen Eigenschaften' denken.[139]

139 Vgl. z.B. die Überlegungen: I, 383. Der Wärmestoff soll nicht flüssig zu nennen sein: „Was ist sie denn nun? – Flüssigkeit, nicht als Eigenschaft einer Materie oder auch als Zustand derselben gedacht ist von Einer Flüssigkeit als Stoff zu unterscheiden" (Zeile 3 ff). Der Wärmestoff „kann also nur ätherische, alle Materien ursprünglich durchdringende" Materie sein (Zeile 21).

An die nun im Zusammenhang der ersten Frage herausgestellte Anforderung, den Materietyp der den Körpern vorauszusetzenden Materie als durch besondere bewegende Kräfte bedingt zu denken, ohne welche die vorauszusetzende Materie nicht als eine wirkende Materie begreifbar wäre, läßt sich die zweite hier zu erörternde, die theoretischen Annahmen des Systems betreffende Frage anschließen: Wie läßt sich unter diesen Anforderungen die formlose Materie durch besondere bewegende Kräften erklären? Genauer gefragt: Angenommen man kann zur Erklärung der Wirkungen der formlosen Materie ein Wechselverhältnis von Anziehungs- und Abstoßungskraft annehmen – kann man dann (beispielsweise) die Nicht-Sperrbarkeit behaupten – nicht nur das Nicht-Gesperrtsein? Dies würde folgendes Problem mit sich bringen: Die Nicht-Sperrbarkeit zu behaupten, ist erforderlich, um dem gerecht zu werden, daß die Wärmematerie einen besonderen Typ von Materie darstellt, der Aggregatszustände von sekundären Materien allererst ermöglicht. Angesichts der Anforderung, die Materie als (beispielsweise) Flüssigkeit (und nicht ‚flüssig' (als Aggregatszustand)) zu behaupten, stellt sich die grundsätzlichere Frage: Ist die Unsperrbarkeit einer Materie etwas, das durch empirische Untersuchungen verifizierbar ist, oder ist sie eine Idee oder eine (bloß) theoretische Voraussetzung, die man zum Zwecke von Erklärungen machen muß?[140] Der hinter dieser Frage stehende Verdacht lautet forciert ausgedrückt: Der formlosen Materie werden die negativen Eigenschaften aufgrund der Funktion zugesprochen, die sie ausüben soll, nämlich die Erklärung der spezifischen Verschiedenheit der besonderen Materien zu ermöglichen. So gesehen, ist die formlose Materie keine empirisch gegebene Materie. Sie ist vielmehr ein Konstrukt, gewonnen durch die Negation der Bestimmungen, die der geformten Materie zukommen müssen.

Nimmt man die beiden im Rahmen der Diskussion der theoretischen Annahmen ausgeführten Überlegungen zusammen, so läßt sich folgendes festhalten: In dem System der empirischen Physik wird die Konzeption einer Materie entwickelt, der aufgrund ihrer Funktion besondere bewegende Kräfte oder besondere Verhältnisse von bewegenden Kräften zukommen müssen. Dank der bewegenden Kräfte kann diese Materie im Falle ihrer Existenzsetzung als in einer bestimmten Weise wirksam gedacht werden. Unabhängig von der Frage, ob eine solche Materie existiert, vermag das System der empirischen Physik jedenfalls die Denkbarkeit einer solchen Materie (und mit ihr ihre immerwährende Bewegung) zu demonstrieren (I, 310; I, 256; I, 175 Zeile 8 ff) oder den Begriff einer solchen Materie zu geben. Mit anderen Worten: Bei dem Konstrukt einer Materie, die bewegende Kräften oder Verhältnisse von bewegenden Kräften beinhaltet, die einen Typ von Kräften darstellen, welche eine immerwährende innerliche Bewegung bedingen, ist zu unterscheiden zwischen dem Aufweis der Möglichkeit einer solchen Materie, mit der sich das System der empirischen Physik beschäftigt, und der Frage nach ihrer Existenz.

---

140 Vgl. z.B. I, 378: „aber nicht als Gegenstand der Erfahrung sondern blos als Idee".

Hier läßt sich nun die dritte Frage anschließen, die allerdings an dieser Stelle noch nicht diskutiert werden kann: Wie wir gesehen haben, soll die formlose Materie die Voraussetzung für die geformte Materie sein. Bedeutet dies nicht, daß man für die Unterscheidung von formloser und geformter Materie in der von Kant entwickelten Weise voraussetzen können muß, daß die formlose Materie kein bloß logisches Konstrukt ist? Offenbar hängt das hier angedeutete Problem zusammen mit der Frage nach der Rechtfertigungsbedürftigkeit eines Bedingungsverhältnisses von ‚formloser' und ‚geformter' Materie im Rahmen der bisherigen Konzeption. Mit ‚Bedingungsverhältnis' ist hier gemeint: Die innerlich bewegenden Kräfte der formlosen Materie wirken ursprünglich, und zwar so, daß ihre Wirkungen als eine Voraussetzung zur Erklärung der Körper und ihrer Eigenschaften notwendig sind.

(2) Wie wir gesehen haben, unterscheidet Kant in seiner neuen Konzeption in anderer Weise als bisher zwischen bewegenden Kräften, die Körper allererst konstituieren und solchen, die bereits konstituierte Körper besitzen und aufeinander ausüben. Die noch näher zu bestimmende Art, in der die Unterscheidung zwischen ursprünglich bewegenden Kräften und von diesen abkünftigen in der neuen Konzeption gemacht werden muß, hat weitreichende Konsequenzen: Sie wirkt sich auf das Verhältnis der dynamischen Materietheorie zum mechanischen Begriff einer Bewegung der Materie aus. Dieses Verhältnis soll später (B) eingehender betrachtet werden. Einige in diesem Kontext wichtige Veränderungen an der neuen Materietheorie stehen aber schon mit der Frage, wie Kant die neue Konzeption durchführt, zur Verhandlung an, und ihnen können wir uns sogar bereits im Rahmen dieser Vorüberlegungen annähern:

Erstens läßt sich vorgreifend ein Grund dafür angeben, warum Kant bei der Ausarbeitung des Systems der empirischen Physik im Nachlaßwerk unter den Kategoriengruppen andere Begriffe aufstellt als in seinem bisherigen Entwurf eines solchen Systems. Dies lehrt das Beispiel der Gruppe der Quantitätskategorien. Der Grund dafür, daß Kant in dieser Gruppe jetzt mit dem Begriff der ‚Wägbarkeit' operiert und daß er der Frage nach dem Verfahren zur Bestimmung der Quantität eine so große Aufmerksamkeit schenkt, ist folgender: Der Unterschied von formloser und geformter Materie oder von verschiedenen Typen bewegender Kräfte tritt auf als ein Unterschied zwischen Materien oder Körpern, die sich in ihrer Quantität bestimmen lassen, und einem Typ von Materie, der zur Erklärung der Eigenschaften der Körper angenommen werden muß, selbst aber der Größe nach unbestimmbar ist. Die Frage, unter welchen Voraussetzungen man die Quantität einer Materie bestimmen kann, gewinnt daher an Interesse.

Zweitens läßt sich auch bereits einsehen, warum Kant die in den *Metaphysischen Anfangsgründen* vorgenommene Unterscheidung von lebendigen und toten Kräften neu definiert. In den *Metaphysischen Anfangsgründen* hatte er die ursprünglichen dynamischen Kräfte als tote Kräfte bezeichnet, wohingegen die bewegenden Kräfte, die eine Materie durch ihre Bewegung im Raum hat und die in der Mechanik behandelt werden sollten, als lebendige Kräfte bezeichnet wurden. Da in der neuen Konzeption bewegende Kräfte, die eine Materie vermöge ihrer innerlichen Bewegung hat, Körper bedingen sollen, ist Kant genötigt, bewegende Kräfte anders zu klassifizieren:[141] In der neuen Klassifikation gibt es dynamische Kräfte, die den Wirkungen von Körpern aufeinander vorhergehen, also in diesem Sinne ursprünglich wirken, aber gleichzeitig durch eine Bewegung - nämlich die innere Bewegung einer Materie - zu erklären sind. Kant wird über die betreffende Materie später (zur Zeit des Ätherbeweises) sagen, sie sei „als gegebener *ursprünglich* [herv. von D. Emundts] bewegender Weltstoff" (I, 217) anzusehen. Aufgrund dessen, daß die wirkenden bewegende Kräfte durch eine Bewegung einer Materie entstehen, sind sie *lebendige* Kräfte und als solche den lebendigen bewegenden Kräften, die Materien durch ihre Bewegung im Raum haben, entgegengesetzt.[142]

Das bedeutet, wie man bereits hier sagen kann, daß der im Übergang verwendete Begriff einer Materie, der gegenüber dem des Dynamikhauptteils der *Metaphysischen Anfangsgründe* der (reichere) Begriff ist, einen Typ von bewegenden Kräften enthält, der in den Hauptteilen der *Metaphysischen Anfangsgründe* keine Rolle spielen könnte. Auf weitergehende, mit diesen neuen Bestimmungen zusammenhängende Konsequenzen wird erst später einzugehen sein (C).

Nach diesen Vorüberlegungen können nun in groben Zügen das System und damit Kants Darlegungen zu den vier (1-4) Kategoriengruppen vorgestellt werden:

(1) In der ersten Kategoriengruppe, der Quantität, führt Kant die Unterscheidung von wägbarer und unwägbarer Materie und die Unterscheidung von lebendigen und toten bewegenden Kräften ein. Bei den diesbezüglichen Ausführungen sind einige Gedanken besonders beachtenswert. Sie schließen zum Teil direkt an die obigen Überlegungen an.

(a) Wenn nach wie vor aller Materie ursprüngliche Anziehungskräfte zukommen sollen, kann eine Materie nicht absolut unwägbar sein: „Eine absolut//imponderabele Materie läßt sich also nicht denken [...]" (II, 139).[143] Die Materie, die nun im System der empirischen Physik unwägbar genannt wird, ist relativ

141 Die Kräfte, die durch eine Bewegung (im Raum) zustandekommen, bezeichnet Kant als derivative, die ohne vorhergehende Bewegung auch als „primitiv" (II, 191 Zeile 9) Diese Unterscheidung entspricht nicht der vön ‚ursprünglich' und ‚abgeleitet' in den *Metaphysischen Anfangsgründen*, denn hier wurden ja die beiden Grundkräfte als ursprüngliche, die Wirkungen einer Materie als abgeleitete bezeichnet (vgl. Kap. 2).

142 So sagt Kant, der Äther sei eine in sich selbst attracktive Materie, deren „Pulsus eine lebendige Kraft ausmachen" I, 310 (Zeile 11).

143 Für Carrier (1990) ist dies so zu verstehen, daß Kant mit den Überlegungen zur Unwägbarkeit den Schluß zieht, daß alle Materie (auch Wärmematerie etc.) eigentlich wägbar sein muß, wenn man der Materie Anziehungskraft als wesentlich Eigenschaft zuspricht. Daß die Materie relativ unwägbar sein soll, ist tatsächlich Folge einer solchen Überlegung. Das Insistieren darauf, diese Materie unwägbar zu nennen, läßt sich aber durch diesen Rekurs auf den Dynamikhauptteil der *Metaphysischen Anfangsgründe* nicht verstehen.

unwägbar, das heißt, es läßt sich der Grad der Anziehungskraft dieser Materie nicht bestimmen. Gerade durch dieses Unterscheidungsmerkmal der Bestimmbarkeit wird die Eigenschaft der Wägbarkeit unter der Kategoriengruppe der Quantität ins Blickfeld gerückt.

(b) Da Körper ein bestimmtes Maß an Schwere haben müssen, welches sich nicht berechnen läßt, muß Kant auf ein zur Bestimmung der Quantität der Materie anwendbares Verfahren rekurrieren. Das (angemessene) Verfahren der Bestimmung der Quantität einer Materie ist das Wiegen. Bisher (vor allem in den *Metaphysischen Anfangsgründen*) hatte Kant die Ermittlung der Quantität mithilfe des Impulses vor anderen Verfahren bevorzugt. Das im Nachlaßwerk ausgezeichnete Verfahren des Wiegens trägt allerdings Kants These besser Rechnung, daß die schwere Masse der trägen Masse logisch vorangehen soll.[144] Dennoch hatte Kant in den *Metaphysischen Anfangsgründen* die Meinung zurückgewiesen, daß man die ursprüngliche Anziehungskraft einer Materie als Maß der Quantität ansehen könne. Der Grund dafür, daß Kant in den *Metaphysischen Anfangsgründen* eine Interpretation der Schätzung der Quantität der Materie durch eine dynamische Größe – nämlich die Anziehungskraft – zurückgewiesen hatte und nicht nur das Impulsverfahren, sondern auch das Wiegen als *mechanisches* Verfahren angesehen hatte, ist folgender: Die ursprüngliche Anziehungskraft sollte dort materie- bzw. körperkonstituierend sein, also das Verhältnis der Teile der Materie zueinander bestimmen. Zwar galt (dem Dynamikhauptteil zufolge) als gewiß, daß jeder Materieteil Anziehungskraft besitzt. Aber die Bestimmung der Quantität der Materie sollte nur durch Einschätzung der zusammenhängenden Teile und ihrer gemeinsamen Wirkung (in der Bewegung) – also mechanisch – erfolgen. Die neue Konzeption hingegen verschafft Kant die Möglichkeit, das Wiegen als *dynamisches* Verfahren anzuerkennen. Dies deshalb, weil in dieser Konzeption das Maß der Anziehungskraft der sekundären Materien, wie wir wissen, nicht für den Grad der Dichtigkeit verantwortlich gemacht wird – also nicht als körperkonstituierend gilt. Kant kann in der Anziehungskraft der besonderen Materien daher eine Kraft sehen, die Körper – als dynamische Kräfte – aufeinander ausüben und die infolgedessen als Maß für die Quantität des Körpers taugt. Dabei ist zu beachten, daß die Anwendbarkeit des Wiegens als Verfahren der Massenmessung an Bedingungen geknüpft ist, weil die

---

144 Carrier (1991), 216. Während Carrier (1991) in dem Vorgehen der *Metaphysischen Anfangsgründe* noch eine Inkonsistenz sieht (weil, wenn die schwere Masse der trägen logisch vorangeht, das Wiegen als Verfahren der Bestimmung vorzuziehen wäre), welche das Opus postumum überwindet (dadurch, daß hier das Verfahren des Wiegens ausgezeichnet wird), argumentiert er (2001a) dafür, daß Kant durchgehend der Überzeugung gewesen sei, daß schwere Masse – aufgrund ihrer Proportionalität – durch träge Masse bestimmt werden könnte und daß infolgedessen Kants Position im Spätwerk sich auch *nicht* von der früheren abhebe (129). Mag man Carriers Selbstkritik im Hinblick auf die *Metaphysischen Anfangsgründe* auch überzeugend finden, so ist damit noch nicht gesagt, daß Kant dem Wiegen im Nachlaßwerk nicht dennoch eine neue Bedeutung zuspricht.

Wirkung der Anziehungskraft der Erde nur dann ein Streben des Körpers zum Erdmittelpunkt verursacht, wenn dieser Körper mit weiteren Eigenschaften, wie der des Zusammenhangs ausgestattet ist. Daher muß Kant in seiner Materietheorie, wenn er das Wiegen zur Bestimmung der Quantität heranzieht, die Bedingungen angeben, unter denen dieses Verfahren angewendet werden darf, d.h. er muß angeben, unter welchen Bedingungen eine Materie wägbar ist.

(c) Wie oben (S. 127) schon vorgreifend dargestellt, ist die Differenzierung von verschiedenen bewegenden Kräften unerläßlich. Lebendige Kräfte sind die, die durch die Bewegung einer Materie ausgeübt werden, wohingegen tote Kräfte nicht auf eine solche Bewegung zurückzuführen sind (sondern beispielsweise auf Repulsivkräfte, die in der kontinuierlichen Berührung von Materien wirken). Diese Unterscheidung von lebendigen und toten Kräften galt schon für die *Metaphysischen Anfangsgründe*. Im Nachlaßwerk werden aber auch bewegende Kräfte des Äthers eingeführt, der in sich bewegt sein muß, um die Bildung von Körpern zu ermöglichen. Gerade im Kontext der Bestimmung der Wirkungsweisen des Äthers grenzt Kant den Stoß als Wirkung von lebendigen Kräften gegen den Druck als Wirkung von toten Kräften ab (I, 357). Das heißt wiederum, die lebendigen Kräfte kommen entweder einer im Raum bewegten (ortsverändernden) oder einer Materie zu, die innerlich oszillierend ist (die ihren Ort nicht verändert). Anziehung und Abstoßung wirken daher entweder „continuirlich" oder „intermittirend" (II, 150).

In der Gruppe der Quantitätskategorien muß dieser Unterschied ausgeführt werden, weil er den Bestimmungen der anderen Kategorien zugrundeliegt: Die bewegenden Kräfte sind zuerst ihrer Richtung und ihrer Wirkungsweise nach voneinander zu unterscheiden. Sodann sind hinsichtlich ihrer Qualität und Relation nach weiter zu spezifizieren (I, 356). In der Kategoriengruppe der Quantität muß ferner darauf reflektiert werden, wie die ursprüngliche Anziehungskraft, die als Möglichkeitsbedingung für die Raumerfüllung des Äthers anzunehmen ist, und die Anziehungskraft, die ein Körper mit einer bestimmten Dichtigkeit besitzt, zueinander stehen und so voneinander unterschieden werden können, daß die unterschiedlichen Wirkungsweisen der durch diese Kräfte ausgezeichneten Materietypen sich erklären lassen. Wichtig ist nicht nur zu sehen, daß, wie oben angeführt, Anziehungs- und Repulsivkräfte auf verschiedene Weisen wirken können sollen (‚kontinuierlich' oder ‚intermittierend'). Wichtig ist auch: Die Anziehungskraft eines Körpers auf andere Körper setzt voraus, daß sie als (nach außen wirkende) Kraft eines Körpers angesehen werden kann. Das heißt, die Anziehungskraft, die den Grund für eine bestimmte Schwere des Körpers abgibt (also die ein Körper mit einer bestimmten Dichtigkeit besitzt), ist keine hinreichende Kraft für die Wägbarkeit eines Körpers, also für die Möglichkeit der Bestimmbarkeit der Quantität. Wägbar ist ein Körper, und infolgedessen bestimmbar ist seine Quantität dann, wenn man der Materie nicht nur Anziehungskräfte, sondern auch Kohäsionskräfte zusprechen kann.

(d) Eine derartige Unterscheidung von lebendigen und toten Kräften (wie die soeben ausgeführte) ermöglicht es auch, die Ursachen für den Zusammenhang (Kohäsion) bereits unter der Kategoriengruppe der Quantität einzuführen. Es wird aber hier nur der Grund für diese Wirkungen gegeben, die genaueren Ausführungen finden sich unter der Kategoriengruppe der Relation.

(e) Die Annahme einer Materie, die „unaufhörlich agitirt" (I, 503), wird man in diesem Zusammenhang unterschiedlich rechtfertigen können. So meint Kant etwa, die Ursache einer ‚immerwährenden Bewegung' einer sich allwärts verbreitenden Materie müsse in der Physik eine Hypothese sein, um nicht annehmen zu müssen, daß die Bewegung insgesamt zum Stillstand kommt (I, 310). Wichtig ist aber vor allem die Überlegung, daß die bewegenden Kräfte des Äthers schon vorauszusetzen sind, um die Eigenschaften der Körper als bestimmbar denken zu können, da die Bestimmbarkeit von Körpern mittels Maschinen bereits von Zusammenhang und damit von bewegenden Kräften abhängt. Diese Überlegung hat einen anderen Charakter als die, durch die eine bloße Hypothese begründet wird. Sie will nicht zeigen, daß die (hypothetische) Annahme dieser Kräfte in die Gruppe von etablierten physikalischen Erklärungen insgesamt gut paßt, sondern dafür argumentieren, daß die Annahme dieser Kräfte aus logischen Gründen alternativlos ist. Diese Überlegung ist vor allem durch die (gegen Kästner gerichtete)[145] Bemerkung dokumentiert, daß die Erklärung von Maschinen, die zur Ermittlung der Quantität von Körpern erforderlich sind (wie der Waagebalken), bereits bewegende Kräfte voraussetzen. Kants Meinung ist die, daß ohne diese bewegenden Kräfte „sich keine Wägbarkeit denken läßt und daß man von jener Kraft nicht abstrahiren kann ohne selbst den Begriff der Wägbarkeit zu verlieren und sich selbst zu wiedersprechen" (I, 294). Seine Bemerkungen zielen vor allem auf die Notwendigkeit und Vorgängigkeit der Begriffe der lebendigen bewegenden Kräfte der formlosen Materie vor den Begriffen der bewegenden Kräfte der Körper (oder wie wir später einsehen werden, der (lebendigen) dynamischen Kräfte vor den mechanischen). Darauf wird später zurückzukommen sein.

Nach diesen Ausführungen zur Quantität wird man sich möglicherweise fragen, ob Kant nicht ganz abgekommen ist von dem, was er unter die Quantitätskategorie gestellt hat, sowohl in der *Allgemeinen Anmerkung* der Dynamik der *Metaphysischen Anfangsgründe* als auch im *Oktaventwurf* des Nachlaßwerkes, der hier vorrangig im zweiten Kapitel behandelt wurde. Dort wurde die Materie als etwas mit einem bestimmten Volumen und einer bestimmten Dichte unter dem Gesichtspunkt der Frage betrachtet, durch welche bewegenden Kräfte diese Eigenschaften erklärt werden können. Jetzt könnte der Eindruck entstanden sein, als sei an die Stelle dieser Erklärungsversuche die Bestimmung des Verfahrens der Quantität getreten. Orientieren wir uns jedoch an der Idee eines Systems der empirischen Physik, nämlich einen Plan aller möglichen bewegenden Kräfte zu erstellen, so lassen

145 Vgl. dazu: Förster (2000), 16.

sich die neuen Ausführungen leicht in einen Zusammenhang mit den in der *Allgemeinen Anmerkung* und im *Oktaventwurf* gemachten Ausführungen bringen: Wenn es für die Erklärung der spezifischen Dichtigkeit der Körper erforderlich ist – wie sich aufgrund der Probleme der bisherigen Erklärung der spezifischen Dichtigkeit ergeben hatte – , (1) den Begriff eines andersartigen Materietyps mit andersartigen bewegenden Kräften einzuführen und (2) einen solchen Begriff einer andersartigen Materie als die Voraussetzung zur Erklärung einer bestimmten (meßbaren) Größe der Anziehungskraft eines Körpers anzusehen, so ist unabdingbar, wägbare und unwägbare Materie zu unterscheiden und die entsprechenden bewegenden Kräfte einzuführen.

(2) In der Kategoriengruppe der Qualität behauptet Kant, die Materie sei entweder fest oder flüssig, wobei er den Zustand der Flüssigkeit nicht durch Abwesenheit der Festigkeit erklären möchte, sondern durch die Bewegung der Wärmematerie, die der Verfestigung der Teile entgegenwirkt. Damit tritt unter der zweiten Kategoriengruppe die zur Erklärung von Eigenschaften der Körper anzunehmende formlose Materie als Wärmematerie auf.

(a) Bei diesen Qualitätsbestimmungen ist zu beachten, daß der Aggregatszustand einer Materie nicht in Abhängigkeit von der Kohäsionsstärke einer Materie steht, so daß Aggregatszustand und Kohäsionsstärke getrennt behandelt werden können. Schon in den *Metaphysischen Anfangsgründen* wurde die Kohäsionsstärke nicht für die Erklärung fester Körper verantwortlich gemacht: Der feste Zustand sollte durch eine innere Reibung der Materieteile verursacht sein. Diese Erklärung stieß jedoch auf das Problem, daß nur bereits erstarrte Teile eine Reibung bewirken können. Bemerkte Kant in der *Allgemeinen Anmerkung*, der Grund für die Starrigkeit der Materie ließe sich (noch) nicht einsehen (IV, 529), so versucht er im Nachlaßwerk, das Merkmal des Starrseins aus den Wirkungen der Wärmematerie abzuleiten. Die einschlägige Überlegung kann man so zusammenfassen, daß der Wärmestoff eine Durchmischung der heterogenen Flüssigkeitsteile bewirkt, während sein Entweichen eine Verfestigung zur Folge hat.[146] Wenn diese Überlegung die Erklärungsversuche der *Allgemeinen Anmerkung* auch eindeutig erweitert, so muß man doch zugleich beachten, daß Kant ähnliche Ableitungen der Starrheit schon vor der Niederschrift der *Metaphysischen Anfangsgründe* ins Auge gefaßt hatte. Aber erst die neue Konzeption und mit ihr die Einführung des Materietyps der formlosen Materie (Äther genannt) unter der Kategoriengruppe der Quantität, machen es ihm möglich, solche Überlegungen in seine systematisch entwickelte Materietheorie zu integrieren. Denn die Wirkungen der Wärmematerie sollen sich, wie sich schon im letzten Kapitel zeigen ließ, als bestimmte Wirkungsweisen des Äthers auffassen lassen. So läßt sich auch das Licht als aus geraden Schwingungen

146 Carrier (1991), 219; Carrier (2001b), 212 ff. Vgl. zu diesem Thema auch Adickes (1924 f).

des Äthers bestehend, die Wärme als von Materien eingesogene Bewegungen begreifen (vgl. II, 214).

(b) In der Gruppe der Qualitätskategorien wird aber wiederum nur der Unterschied von fester und flüssiger Materie behandelt. Diejenigen Eigenschaften der Materien, die als durch den Wärmestoff bedingt erklärt werden, sollen dann, wenn sie als Wirkungen von Materieteilen aufeinander darstellbar sind (wie Starrigkeit, Reibung, Sprödigkeit, Biegsamkeit etc.), in der Kategoriengruppe der Relation behandelt werden.

(c) Da der Wärmestoff als Erklärungsgrund für die Aggregatzustände der Materien eingeführt wird, muß er selbst anders als durch die von Körpern bekannten Aggregatszustände fest oder flüssig charakterisiert werden. Gleichzeitig muß ihm aber, wenn es möglich sein soll, ihn als Materie anzusehen, eine Qualität zugesprochen werden können. Wie oben bereits dargelegt, problematisiert Kant in diesem Zusammenhang die Rolle und den Status der Wärmematerie (besonders I, 521 ff).[147] Eine Lösung des darin gesehenen Problems könnte, wie oben ausgeführt, darin bestehen, verschiedene Typen flüssiger Materien zuzulassen (II, 218), die auf verschiedene Bewegungstypen zurückzuführen sind, von denen der Äther oder die Wärmematerie den einen, die besonderen Materien mit ihren Aggregatszuständen den anderen repräsentieren. Der Wärmestoff ist aufgrund seines Bewegungstyps selbst ‚nicht sperrbar', das heißt, er kann nicht an seiner Ausbreitung oder am Entweichen gehindert werden (I, 358), sondern er ist die Bedingung für ‚Sperrbarkeit'. Seine Eigenschaft, ‚durchdringend' zu sein, ist die Bedingung für verschiedene Aggregatszustände von Materien, die selbst auf einen bestimmten Raum begrenzt sind. Dabei muß man beachten, daß dies nicht der Eigenschaft der Undurchdringlichkeit der Materien widerspricht. Diese ist erklärbar durch (Repulsiv)-Kräfte, die einer durch ihre Bewegung in einen gewissen Raum einzudringen bestrebten Materie entgegenwirken. Der Äther wirkt dagegen durch ausgezeichnete lebendige bewegende Kräfte. Diese Kräfte können so analysiert werden, daß ihnen als eine Funktion zugesprochen werden kann, die Bedingung für die Aggregatszustände von besonderen Materien zu sein.

(3) In der dritten Kategoriengruppe, der Relation, analysiert Kant, welche Wirkungen von Materien aufeinander es in der Berührung geben kann. Er untersucht die Wirkungen flüssiger Materien auf feste, flüssiger Materien aufeinander und fester Materien aufeinander. Daher muß er in dieser Kategoriengruppe der Relation auch alle Wirkungen unterbringen, die durch Stoß oder Druck oder durch das Eindringen einer anderen Materie ausgeübt werden, sowie alle Wirkungen, die mit Starrigkeit und Reibung zu tun haben. Wichtig ist aber vor allem zu sehen, daß die Wirkungen, die Materien aufeinander ausüben, deren Zusammenhang voraussetzen

147 Kant bricht den Systementwurf zu dieser Zeit nach der Bearbeitung der Qualitätskategorien ab.

zen. Der Zusammenhang ist in der Kategoriengruppe der Relation denn auch das wichtigste Thema. Er wird vor allem unter zwei Aspekten behandelt.

(a) Der besonderen Materie, die einen bestimmten Zusammenhang hat, wird eine (in sich) unzusammenhängende Materie gegenübergestellt. (Die formlose Materie, in der er den Erklärungsgrund für den Zusammenhang sieht, hat Kant schon in der ersten Kategoriengruppe eingeführt.)

(b) Unterschieden werden sodann bewegende Kräfte, die den Zusammenhang einer flüssigen (besonderen) Materie herstellen, und bewegende Kräfte, die dies für eine feste Materie leisten. Der Zusammenhang von flüssigen Materien muß als Wirkung von Stößen (lebendigen Kräften) einer Materie interpretiert werden, während für den Zusammenhang fester Materien auf den Druck (tote Kräfte) einer Materie zu rekurrieren ist. (I, 396)

(4) Eine besondere Bedeutung kommt in Kants System den Modalitätskategorien zu. Die Modalität der Urteile trägt nichts zum Inhalt des Urteils bei, sondern drückt nur die Beziehung auf das Denken aus. Disjunktive Urteile sind, folgt man der *Kritik der reinen Vernunft*, insgesamt problematisch. Mit Blick auf den ganzen Übergang heißt dies zunächst, daß die in dem System aufgestellten Sätze problematischen Charakter haben. Dies wird von Kant auch ausdrücklich bestätigt (II, 180). In der Gruppe der Modalitätskategorien möchte er die besonderen bewegenden Kräfte unter der Fragestellung behandeln, ob sie bloß möglich, wirklich oder notwendig sind (I, 485). Aufgabe des Abschnitts über Modalität ist dabei offenbar vorrangig zu zeigen, daß die bewegenden Kräfte des Äthers notwendig sind oder auch, daß die „Bewegung der Kräfte der Materie im Weltganzen" (II, 254) notwendig sind. Den Grund dafür kann man zunächst darin sehen, daß diese bewegenden Kräfte notwendig angenommen werden müssen, um die spezifischen Verschiedenheiten von Körpern erklären zu können. Dies spielt im Weiteren eine wichtige Rolle, auf die unten noch näher einzugehen ist. Anzumerken ist allerdings bereits hier, daß diese Überlegungen mit den oben angeführten, unter der Gruppe der Quantitätskategorien stehenden Ausführungen zusammengesehen werden können, denen zufolge die lebendigen bewegenden Kräfte zur Erklärung der Möglichkeit von Körpern vorausgesetzt werden müssen. Im Unterschied zu den dortigen Überlegungen scheint es im Zusammenhang der Modalitäten allerdings um die Frage zu gehen, ob dem Äther die lebendigen bewegenden Kräfte notwendig zukommen, wohingegen im Zusammenhang der Quantität die Voraussetzung von lebendigen bewegenden Kräften selbst Gegenstand der Diskussion war. In der *Allgemeinen Anmerkung* der *Metaphysischen Anfangsgründe* war in dem vierten Moment der Unterschied von mechanischen und chemischen Wirkungen von Körpern aufeinander ausgeführt worden. Die Überlegungen der neuen Konzeption knüpfen hieran thematisch an, denn diese Unterscheidung beruhte, wie wir aus der Einleitung wissen, auf der von der Wirkung von Kräften von im Raum bewegten und ruhenden Materien. Der Veränderung der Materietheorie trägt Kant Rechnung, indem er

das Verhältnis der körperkonstituierenden Prinzipien zueinander neu ordnet und zu diesem Zweck (auf noch zu diskutierende Weise) den Wirkungen von bewegenden Kräften einer nicht im Raum bewegten Materie Notwendigkeit zuspricht.

Diese Darlegung der neuen Übergangskonzeption bestätigt: Die auf die vier Kategoriengruppen verteilten Elemente des Begriffs der Materie stehen jeweils in einem Verhältnis der Entgegensetzung. Die Materie ist entweder wägbar (ponderabel) oder unwägbar (inponderabel), sperrbar (coercibel) oder unsperrbar (incoercibel), zusammenhängend (cohaesibel) oder unzusammenhängend (incohaesibel), entweder erschöpfbar (exhaustibel) oder unerschöpfbar (inexhaustibel) (II, 196).[148] Es bestätigt sich weiterhin, daß dem Begriff der Materien in jeder Kategoriengruppe weitere Bestimmungen hinzugefügt werden, die auf den jeweiligen im Gegensatz stehenden Bestimmungen der vorigen Gruppe aufbauen und diese ergänzen. Beispielsweise überlegt Kant, ob eine unwägbare Materie auch unsperrbar sein muß (und umgekehrt) (II, 255). Auf diese Weise sollen alle Elemente des Begriffs der Materie inventarisiert und klassifiziert werden. Blickt man auf diese Zusammenstellung, so kann man behaupten, daß Kant problematische (disjunktive) Sätze für die empirische Naturforschung aufstellt. Die Prinzipien des Übergangs sind, wie Kant oft festhält, Prinzipien a priori (I, 164) oder sie müssen sich auf Prinzipien a priori gründen (I, 162; I, 275). Damit hält er methodisch an den Bedingungen fest, die, wie im ersten Kapitel gezeigt wurde, ein a priori aufzustellendes System für die empirische Naturforschung erfüllen muß. Denn Aufgabe des Übergangs soll ja sein, der empirischen Physik zu ihrer systematischen Forschung Prinzipien (bewegende Kräfte) zur Verfügung zu stellen (und ihre möglichen Verhältnisse zu analysieren), die dadurch zu gewinnen sind, daß mögliche Verhältnisse der Grundkräfte ausbuchstabiert werden.[149] Bisher sollte die Methode und Struktur der neuen Konzeption aufgezeigt und ihre Ausführung in den Blick gebracht werden. Dabei war deutlich zu machen, daß der Charakter dessen, was Kant im Übergang leisten will, sich gegenüber der *Allgemeinen Anmerkung* verändert hat. Es konnten in diesem Rahmen auch bereits einige Hinweise auf Kants Sicht des ‚Charakters des Übergangs' gegeben werden, d.h. Hinweise auf die Weise, wie Kant Probleme zu lösen versucht, die bei der Ausführung des Übergangs auftreten und die beispielsweise die Methode oder den Status der Begriffe betreffen. Diesen Hinweisen ist im Folgenden nachzugehen. Sie erlauben, sich der Bedeutung von ‚Zwischenbegriffen'[150], von Elementarsystem und Weltsystem sowie von dem Ätherbeweis zu nähern.

---

148 Ob die letzte Bestimmung in der Gruppe der Quantitätskategorien (wie nach meiner Darlegung möglich wäre) oder in der Gruppe der Modalitätskategorien stehen soll, ist nicht ganz eindeutig, weil Kant die Modalitätskategorie, in der diese Unterscheidung dann wohl geführt werden soll, erst relativ spät entwickelt.

149 Den Bezug zu Erklärungen der empirischen Physik sieht man besonders an der Kategorie der Qualität. Hier werden Wirkungen der bewegenden Kräfte der Wärmematerie ausbuchstabiert, die als Basis für eine Erklärung der Aggregatszustände besonderer Materien dienen sollen.

150 Auf die Bedeutung von ‚Zwischenbegriffen' für einen transzendentalphilosophischen Ansatz und insbesondere für die Kantische Philosophie macht Theunissen (erscheint 2004) aufmerksam.

B. Charakter und Status der Prinzipien des Übergangs

Um Kants Reflexionen auf den ‚Charakter des Übergangs' verständlich zu machen, reicht es nicht aus, nur die Schwierigkeiten bei seiner Bestimmung der formlosen Materie zu benennen. Seine oben diskutierte Reflexion auf die Methode einer Gewinnung der Eigenschaften des Äthers spielen zwar für seine Diskussion von Problemen, die bei der Ausführung des Übergang auftreten, eine wichtige Rolle. Jedoch sind (1) noch andere Schwierigkeiten zu berücksichtigen und außerdem (2) die mit der Einführung des Äthers zusammenhängenden Schwierigkeiten noch genauer darzustellen. In beiden Hinsichten orientiert man sich am besten an Kants Behauptung, es müßten ‚Zwischen'- oder ‚Mittelbegriffe' gegeben werden, um eine Verbindung zwischen den *Metaphysischen Anfangsgründen* (sowie ihren apriorischen Prinzipien) und der empirischen Physik herzustellen.

(1) Eine Konnotation der Ausdrücke ‚Zwischen'- und ‚Mittelbegriffe' kann man mit der Aufgabe in Verbindung bringen, welche das System der empirischen Physik in jedem Fall – also schon in der *Allgemeinen Anmerkung zur Dynamik* der *Metaphysischen Anfangsgründe* – haben sollte. Der hier wichtige, im ersten Kapitel dieser Arbeit entwickelte Gedankengang läßt sich wie folgt zusammenfassen: Zwischen der Aufstellung von Grundkräften, die zur Erklärung der Möglichkeit der Materie überhaupt erforderlich sind, und der empirischen Physik, die sich mit Erklärungen (des Zustandekommens) besonderer Phänomene, Eigenschaften, Bewegungen oder Formen von Materien beschäftigt, muß es eine Vermittlung geben, die eine systematische Anleitung gibt, wie empirische Naturforschung sich auf apriorische Prinzipien beziehen kann. Es ist durchaus möglich, für viele der Äußerungen Kants zu dem, was der Übergang leisten soll, auf diese Forderung zu verweisen und auch die Verwendung der Ausdrücke ‚Zwischen'- oder ‚Mittelbegriff' an zahlreichen Stellen als durch die Forderung einer solchen Vermittlung gerechtfertigt anzusehen.

Diese ‚Vermittlung' zwischen den *Metaphysischen Anfangsgründen* und der empirischen Physik läßt sich nun – ohne daß man überhaupt auf die Besonderheiten des Äthers einzugehen braucht – besonders unter drei Aspekten problematisieren:

(a) Ein interessanter Aspekt ist der einer Vielfalt oder Mannigfaltigkeit besonderer bewegender Kräfte. Es ist eine naheliegende Frage, ob es überhaupt möglich ist, für die Analyse des im Übergang behandelten (gegenüber dem der Hauptteile der *Metaphysischen Anfangsgründe* reicheren) Begriffs der Materie so etwas wie Vollständigkeit zu beanspruchen. Ist die Vielfalt von besonderen bewegenden Kräften überhaupt durch die Aufstellung eines a priori zu gebenden Systems zu ordnen?

Diese Zweifel an der Art des Verfahrens eines apriorischen Systems verstärken sich bei Kant möglicherweise auch angesichts der ‚Revolution der Chemie', da sich hier die Methode durchsetzt, die erst im Experiment identifizierten *spezifischen* Substanzen zu analysieren.[151] Die Position, an der Kant festhält, ist, daß man zumindest durch den am Leitfaden der Kategorien[152] erstellten Plan zu einem System so etwas wie ein Raster, eine formale Aufstellung möglicher besonderer bewegender Kräfte, zur Verfügung stellen kann, in die sich weitere besondere bewegende Kräfte einordnen lassen.

(b) Einen anderen Aspekt aufgreifend kann man fragen, ob das Verhältnis des Übergangs zu den empirischen Phänomenen nicht deshalb überdacht werden muß, weil die Aufstellung der besonderen bewegenden Kräfte selbst erst durch oder zumindest im Rekurs auf Experimente und Beobachtungen möglich ist. Wie wir (im 2. Kapitel) gesehen haben, ging die Neukonzeption davon aus, daß das Verhältnis von Anziehungskraft und Dichtigkeit sich nicht als ein gegenseitiges Abhängigkeitsverhältnis verstehen läßt, weil ein derartiges Verständnis der Dichtigkeit mit den empirischen Phänomenen kollidieren würde. Wegen solcher Probleme scheint es nahe zu liegen, das System der empirischen Physik in näherer Anbindung an die Naturforschung und die empirischen Phänomene zu entwickeln sowie Verfahrenweisen und Werkzeuge der empirischen Physik in Rechnung zu stellen. Kant will ja physikalische Begriffe nicht nur philosophisch fundieren, sondern den Plan der Begriffe so anlegen, daß er mit Rücksicht auf Forschungsergebnisse (die er auch selbst einzubeziehen versucht) modifizierbar oder neu strukturierbar ist.

(c) Eine Überlegung zum Unterschied von alter (in der *Allgemeinen Anmerkung* vorgelegter) und neuer Konzeption kommt hinzu: In der *Allgemeinen Anmerkung* war vorausgesetzt worden, daß beispielsweise der aufgrund des Dynamikhauptteils der *Metaphysischen Anfangsgründe* Geltung beanspruchende Satz, daß jedem Materieteil Anziehungskräfte zukommen, so interpretierbar ist, daß jede gegebene Materie eine *zu bestimmende* Quantität haben müsse. Diese Interpretation ist aber nach der obigen Darlegung in der neuen Konzeption nicht mehr möglich. Und zwar nicht deshalb, weil der Satz des Hauptteils nicht mehr gelten würde, sondern weil die Erklärung der spezifischen Verschiedenheit der Materien zur Annahme einer Materie, die ‚relativ unwägbar' ist, nötigt.

Auf die bisher angeführten Schwierigkeiten eines Systems der empirischen Physik reagiert Kant in seinem Nachlaßwerk: Eine neue Weise der Vermittlung zwischen den a priori Prinzipien des Dynamikhauptteils und der empirischen Naturforschung zeichnet sich dadurch ab, daß man mit Begriffen, wie dem der Wägbarkeit, Begriffe in den Übergang einführt, die der empirische Naturforscher bei seiner Forschung voraussetzen muß, die durch den Hauptteil der *Metaphysischen Anfangsgründe* aber nicht bereitgestellt worden sind. Durch den Begriff der Wägbarkeit würden, wie Kant im Nachlaßwerk behauptet, die a priori gegebenen Kräfte –

---

151 Zu diesem Aspekt der ‚Chemischen Revolution' vgl. besonders McEvoy (1988).

152 Grundsätzliche Kritik an dem Gliederungsversuch wissenschaftlicher Prinzipien anhand der Kategorientafel üben Adickes (1924 f) 1. Bd., 255 und Kötter (1991), 174.

die Anziehungskraft – mit dem, was empirisch gegeben ist – eine bestimmte und bestimmbare Schwere eines Körpers – im Übergang zusammengebracht. „Also ist die Wägbarkeit (ponderabilitas) die erste Function der bewegenden Krafte der Categorie der Quantität nach und sowohl zur Metaph. der Natur als zur Physik gehörend und dadurch zum Übergange vom ersteren zum zweyten." (I, 307) Begriffe, wie der der Wägbarkeit, sind Begriffe, von denen man sagen kann, daß sie Zwischenbegriffe sind, insofern sie im Übergang allererst eingeführt werden, aber benötigt werden, um die apriorischen und empirischen Prinzipien der beiden zu verbindenden Bereiche, der Metaphysik der Natur und der empirischen Physik, aufeinander beziehen zu können. Kant nennt diese im System der empirischen Physik aufgestellten Begriffe auch subjektiv (II, 260). Die Schwere eines Körpers ist aus der Erfahrung bekannt (I, 486), deren Ursache, die Anziehungskraft, ist ein Prinzip a priori (des Dynamikhauptteils), sie muß aber im Hinblick auf die Möglichkeit der Bestimmbarkeit der gegebenen Materie spezifiziert werden. In diesem Sinne sagt Kant, es bedürfe zwischen den Metaphysischen Anfangsgründen und der empirischen Physik „eine Art von Mittelbegriff welcher von besonderem Inhalte und eigenthümlicher Beschäftigung ist nämlich *blos* den Übergang von der ersteren zur letzteren Naturwissenschaft auszumachen [herv. v. D. Emundts]" (I, 167).

(2) Daß die neue Konzeption des Übergangs einen gegenüber der *Allgemeinen Anmerkung* anderen Charakter hat, hängt vor allem mit der Einführung des ‚Äthers' in das System der empirischen Physik zusammen. Hier lassen sich wiederum verschiedene Aspekte voneinander unterscheiden:

(a) In einem ersten Schritt kann man sagen, daß das Neue und Befremdliche darin liegt, daß in dem Übergang Materiearten voneinander unterschieden werden. In der *Allgemeinen Anmerkung* konnte Kant behaupten, daß als Basis für die Erklärungen der Physik die Verhältnisse, die sich von den Grundkräften denken lassen, genügen. Die so gewonnenen Begriffe von bewegenden Kräften waren bloß formale (nicht-empirische) mögliche Verhältnisse der Grundkräfte. Nach der neuen Konzeption soll aber, wie wir wissen, für die Erklärung der spezifischen Verschiedenheit gelten, daß auf zwei (letztlich nur in Bezug auf Empirie zu unterscheidende) Typen von Verhältnissen zurückzugreifen sei. Etwas forciert ausgedrückt: Die Unterscheidung von Materiearten stellt nicht bloß formale Prinzipien einander gegenüber, sondern hat Konsequenzen für die Frage, welche Materiearten es gibt; sie greift also auf das Empirische vor. In diesem Sinne läßt sich Kants Aussage lesen: „Zum Übergange gehört die Anticipation gewisser empirischer Vorstellungen die zu der Möglichkeit einer Physik als Systems erforderlich sind." (I, 530) In diesem Kontext bekommt die Rede von ‚Zwischen'- oder ‚Mittelbegriffen' noch eine andere Konnotation: Kant bedient sich ihrer nicht nur, um anzuzeigen, daß es eine Vermittlung zwischen Metaphysischen Anfangsgründen und empirischer Physik geben muß, sondern auch, um die Vermittlungsbegriffe selbst zu charakterisieren. Der ‚Mittelbegriff' „mußte einen Begriff der Materie unterlegen der in der einen Beziehung empirisch in einer anderen aber ein a priori statt habender Begriff wäre" (I, 289).

Die beiden soeben angeführten Zitate könnte man, genau genommen, allerdings auch zur Charakterisierung des alten Systems heranziehen, mit dem Argument, daß das System der empirischen Physik zwar den empirischen Begriff der Materien zugrundelegen müsse, aber dieses System im Rückgriff auf die Prinzipien a priori auszuführen sei. Seine Zwischenstellung als Verbindungsstück von Metaphysischen Anfangsgründen und empirischer Physik hat sich jedoch verschärft, und in diesem Licht sind die Formulierungen Kants zu sehen.

(b) In einem zweiten Schritt ist zu bedenken, daß die Unterscheidung von zwei Materiearten weder auf der Basis der Erfahrung beider Materiearten eingeführt noch auf dieser Basis direkt gerechtfertigt werden kann. Oben hat sich gezeigt, daß der Äther ein Konstrukt ist, die Idee einer Materie, der wir bestimmte Eigenschaften bloß aufgrund der Funktion zusprechen, die sie ausüben soll. Die bewegenden Kräfte, die den Äther und seine Wirkungen erklären sollen, sind im Hinblick auf seine Funktion konzipiert. Dies dürfte der Grund dafür sein, daß Kant nun (im Nachlaßwerk) sagt, wir müßten die Begriffe des Übergangs „a priori selbst schaffen" (I, 529), oder auch, man brauche „gewisse Urbegriffe (von bewegenden Kräften)" (II, 167).

Dieser Gedankenschritt läßt sich mit folgenden Überlegungen verknüpfen: Der Äther als ein selbstgeschaffener Begriff ist zunächst ohne empirische Realität. Er wird, wie oben beschrieben, als eine Idee konzipiert, die durch Entgegensetzungen zu den Eigenschaften der besonderen Materien gewonnen wird. Folglich ist allererst zu zeigen, daß er sich auf etwas Gegebenes bezieht und ihm empirische Realität zukommt. Ein Weg dahin könnte (folgt man der Kantischen Auffassung von empirischen Gesetzen, vgl. Kapitel 1) der sein: Man weist nach, daß der Äther zur Erklärung der Bildung von Körpern die „schicklichste Hypothese" (I, 255) ist, also eine, die zur Erklärung taugt und daß diese Erklärung in größtmöglicher Übereinstimmung zu allen anderen empirischen Gesetzen steht. In diesem Sinne lassen sich die Passagen des Nachlaßwerkes verstehen, in denen Kant sagt, den Äther anzunehmen sei eine notwendige oder eben die schicklichste Hypothese (z.B. I, 310; I, 256).

Wie oben herausgestellt wurde, dient die Analyse der Materie in der Gruppe der Modalitätskategorien dazu, die Vorstellung der bewegenden Kräfte bezüglich ihres modalen Status zu untersuchen.[153] Dort sowie insbesondere im Zusammenhang der Ausführungen zur Gruppe der Quantitätskategorien wurde betont daß die bewegenden Kräfte des Äthers notwendig sind oder daß die Bewegung des Äthers notwendigerweise anzunehmen ist. Diese (noch zu explizierenden) Behauptungen

153 Die folgenden Überlegungen zur Notwendigkeit schließen sich vorrangig an die oben im Zusammenhang der Quantitätskategorien erläuterten an. Im vierten Kapitel wird dann versucht, die Überlegungen zur Modalität stärker einzubeziehen.

ihrer Notwendigkeit sind von der soeben eingeführten Aussage, der zufolge die Annahme des Äthers die schicklichste Hypothese sei, zu unterscheiden. Denn die hierfür einschlägigen Untersuchungen der Quantität und der Modalität sollen den Nachweis der Notwendigkeit der Annahme des Äthers offenbar nicht (allein) dadurch erbringen, daß in der empirischen Naturforschung diese hypothetische Annahme ‚geprüft' wird. Vielmehr wollen sie zeigen: Die Annahme der bewegenden Kräfte ist für die Erklärungen vorauszusetzen. Die bewegenden Kräfte sind damit aus konzeptuellen Gründen notwendig. Und diesen Nachweis führt Kant mit ihnen schon im Rahmen des a priori aufzustellenden Systems der empirischen Physik.[154]

Die Überlegungen zum Nachweis der Notwendigkeit des Äthers hängen, wie man hier bereits ahnen kann, mit dem Ätherbeweis zusammen. Bevor dieser eingehender betrachtet wird, ist zunächst für die Frage nach den Gründen dafür, den Status der Begriffe des Übergangs zu problematisieren, festzuhalten: Beide der soeben angestellten Überlegungen lassen sich zur Erklärung dafür heranziehen, daß Kant im Nachlaßwerk darauf insistiert, daß ‚Mittel'- oder ‚Zwischenbegriffe' des Übergangs für die Verbindung von Metaphysischen Anfangsgründen und empirischer Physik erforderlich seien. Wenn der Begriff der formlosen Materie ein a priori selbst geschaffener Begriff ist, der unverzichtbar ist, um die Verbindung der a priori aufgestellten Grundkräfte mit den Erklärungen der gegebenen spezifisch verschiedenen Materien herzustellen, so verweist die Bezeichnung ‚Zwischenbegriffe' auf einen im Übergang eigens eingeführten Typ von Begriffen (nämlich den der bewegenden Kräfte des Äthers), der für die empirische Naturforschung vorauszusetzen ist. Und dieser geschaffene Begriff eines Materietyps hat (vorgreifend gesagt) einen eigentümlichen Charakter: Er zeichnet sich durch eine Zwischenstellung aus. Einerseits ist der Begriff im Übergang (aus konzeptuellen Gründen) notwendigerweise anzunehmen. Diese Notwendigkeit würde allerdings (wie noch deutlich werden wird) nur die hypothetische Annahme der *Existenz* des Äthers erlauben. Andererseits signalisiert Kant aber, daß das von ihm Bezeichnete, der Äther, als physisch wirksam angenommen werden muß. Auf diese Weise wird der Ausdruck ‚Zwischenbegriff' zu einem Begriff, den man sowohl als einen apriorischen als auch als einen empirischen bezeichnen kann, sofern er nämlich der Begriff von etwas ist, das nur empirisch gegeben werden kann, dessen Existenz aber a priori notwendig erkannt werden soll. Was die Herkunft dieses Begriffs anbetrifft, so muß man dagegen sagen, daß er sich weder der Erfahrung entnehmen, noch (wie die Grundkräfte) mit bloßem Bezug auf die reinen Anschauungsformen entwickeln läßt.

Der hiermit gegebene Überblick über Kants Reflexionen zur Methode des Übergangs und mögliche Gründe dafür, den Charakter des Übergangs zu proble-

---

154 Allerdings muß bei der Modalitätskategorie ihr Sonderstatus innerhalb der Kategorien berücksichtigt werden, vgl. Kap 4.

matisieren, mag ausreichen. Wenden wir uns nun der Frage zu, warum Kant sich in seinem Projekt zu weitergehenden Schritten wie der Unterscheidung eines Elementar- und eines Weltsystems sowie zu dem Ätherbeweis genötigt sieht und was dies für die Übergangskonzeption bedeutet.

Damit vor dem Hintergrund der bisherigen Darlegung die weitergehenden Schritte Kants nachvollziehbar werden, bieten sich zwei Gedankengänge an. Der erste nimmt seinen Ausgang von dem im Nachlaßwerk entworfenem System der empirischen Physik. Die Idee ist kurz zusammengefaßt die, daß der Plan von besonderen bewegenden Kräften in der oben ausgeführten Weise nicht ausreicht, um der Physik eine Basis für ihre Erklärungen zu geben, weil die Differenzierungen zwischen besonderen bewegenden Kräften nur dann gehaltvoll sind, also nur dann etwas erklären, wenn man auch aufzeigen kann, daß sie in einem Bedingungsverhältnis zueinander stehen.

Der zweite Weg geht von folgender Überlegung aus: Durch die Einführung der bewegenden Kräfte des Äthers wird der Übergang zu einem Bereich mit ‚selbstgeschaffenen Begriffen', die weder auf die *Metaphysischen Anfangsgründe* noch auf empirische Begriffe direkt Bezug nehmen. Vergleicht man diese Behandlungsart der Materie mit der der *Metaphysischen Anfangsgründe*, dann kann man die Differenz so beschreiben, daß das, was in den *Metaphysischen Anfangsgründen* als Anmerkung thematisiert worden ist und insofern als anhängender Teil auftrat, sich in dieser neuen Behandlungsart verselbständigt hat. Dieser selbstständigere Teil bzw. diese andere Behandlungsart der Materie erfordert eine eigene Rückbindung an die Grundsätze. Die beiden hier kurz zusammengefaßten Überlegungen hängen in einer Weise zusammen, die durch die folgende Darlegung deutlich werden wird.

Der erste Gedankengang wird bei Kant selbst weitgehend anhand seiner Unterscheidung von Elementarsystem und Weltsystem entwickelt. Bevor wir uns aber dieser speziellen Terminologie bedienen, soll seine Überlegung zunächst unabhängig davon in drei Schritten skizziert werden.

(a) In dem System der besonderen bewegenden Kräfte werden zwei einander entgegengesetzt bestimmte Materiearten gedacht. Sie verhalten sich, näher betrachtet, so, daß der Begriff der einen Materieart, der geformten Materie, die logische Voraussetzung für die Entwicklung des Begriffs der anderen Materieart, der formlosen Materie, bildet. Dies deshalb, weil die Eigenschaften der geformten Materien aus der Erfahrung bekannt sind und die der formlosen Materie durch eine Negation dieser Eigenschaften gewonnen werden. Gleichzeitig werden die (aus der Erfahrung bekannten) Eigenschaften der geformten Materie in einer Weise erklärt, die wiederum die formlose Materie voraussetzt. Beispielsweise erklärt Kant die Unterscheidung von fest und flüssig durch eine vorauszusetzende Flüssigkeit oder Wärmematerie. Um erklären zu können, warum eine Materie flüssig oder fest ist, muß man schon über den Begriff einer Flüssigkeit verfügen, der man die entsprechenden Wirkungen zuspricht. Wie wir bei den Quantitätskategorien gesehen haben, ist Kants These tatsächlich, daß die Begriffe, welche die (aus der Erfahrung bekannten) Eigenschaften der Materien als *bestimmbare* Eigenschaften auszeichnen, nur gewonnen werden können, wenn man die Begriffe der besonderen lebendigen bewegenden Kräfte des Äthers voraussetzt. Zum Beispiel bezeichnet Kant die Bestimmbarkeit der Quantität der geformten Materie durch den Begriff der Wägbarkeit, der sich nach seiner Auffassung ohne die bewegenden Kräfte nicht „denken läßt" (I, 294). Die Begriffe der bewegenden Kräfte sind also aus *konzeptuellen Gründen vorauszusetzen*, um das System der besonderen bewegenden Kräfte auszuführen und um es in der Naturforschung anwenden zu können.

(b) Wenn die bewegenden Kräfte des Äthers aus konzeptuellen Gründen notwendig vorauszusetzen sind, so stellt sich die Frage, was diese Voraussetzung für die empirische Physik, für die das System der bewegenden Kräfte schließlich aufgestellt wird, bedeutet. Hier kann man festhalten: Empirische Naturforschung muß sich bei ihren Erklärungen auf das Konstrukt einer formlosen Materie, das in das System der besonderen bewegenden Kräfte eingeführt worden ist, stützen. Die unter (a) entwickelte Notwendigkeitsbeziehung reicht allerdings nicht aus, um zu wissen, daß der Äther – mit seinen Wirkungen – existiert. Die Tatsache, daß die Erklärung der Bildung von Körpern nur dann gelingt, wenn man die Begriffe der bewegenden Kräfte des Äthers voraussetzt, führt zwar dazu, daß die Annahme der Existenz des Äthers in der empirischen Physik gemacht werden muß, ohne daß sie aber schon gerechtfertigt wäre. Der Physiker selbst kann sie nur empirisch zu rechtfertigen versuchen: Aus seiner Sicht ist also nur eine hypothetische Annahme des Äthers möglich.

(c) Es hat sich jetzt ergeben, daß die Annahme des Äthers aus konzeptuellen Gründen notwendig ist, daß seine Existenz sich aber (bisher) nur hypothetisch behaupten läßt. Nun kann man sich verschiedene Gründe denken, die es problematisch erscheinen lassen, die Existenzaussage nur als eine hypothetische Annahme zu machen, und die als Motiv für die Suche nach einem ‚Existenzbeweis' des Äthers dienen können:

Der erste Grund könnte folgendermaßen lauten: Die Existenz des Äthers ist die Voraussetzung für die systematische Naturforschung und sollte daher nicht erst innerhalb der Naturforschung (hypothetisch) behauptet werden. Dieses Bedenken kann man aber mit dem Hinweis zurückweisen, daß die Annahme des Äthers aus der Sicht des a priori aufzustellenden Systems der empirischen Physik aus konzeptuellen Gründen notwendig ist. Und der Nachweis der konzeptuellen Notwendigkeit reicht aus, um eine systematische Naturforschung zu begründen, die selbst mit hypothetischen Annahmen arbeiten muß. Durch eine derartige Überlegung ist nicht verständlich zu machen, wieso Kant einen Existenzbeweis durchführen will, solange man mit ‚existierend' ‚empirisch gegeben' meint. Will man Kant keinen Fehlschluß unterstellen, so läßt sich aus dieser Perspektive nur behaupten, der Existenzbeweis des Äthers sei so zu verstehen, daß die Rede von ‚Existenz' hier im

Sinne von ‚objektive Realität Haben' verstanden wird, das heißt so, daß die *Idee* notwendig anzunehmen ist.[155]

Ein anderer Grund für eine Problematisierung des Operierens mit einer hypothetischen Annahme – oder eine andere Formulierung desselben Grundes – könnte darin bestehen, daß die formlose Materie den Ermöglichungsgrund oder auch den Realgrund für die geformte Materie darstellen soll. Für eine solche Behauptung, so könnte man sagen, reicht eine bloß hypothetische oder bloß empirische Rechtfertigung nicht aus. Auch diese Überlegung ergibt kein zureichendes Motiv für einen Existenzbeweis. Denn sie verwechselt den Nachweis, daß der Begriff des Äthers notwendig vorauszusetzen ist, um die Differenzierung der bewegenden Kräfte vornehmen zu können, mit der These, daß der Äther als existierende Materie Realgrund oder Urmaterie der Welt sei.[156] Eine genetische Erklärung der empirischen Physik, in der der Äther als schicklichste Hypothese fungiert und in der die hypothetische Annahme der Existenz des Äthers zur Basis aller anderen bewegenden Kräfte gemacht wird, kann sehr gut zusammengedacht werden mit der Auffassung, daß die Idee des Äthers notwendig (nicht hypothetisch) anzunehmen sei. Auch diese Überlegung kann nur ergeben: Der Existenzbeweis fordert eine nichtempirische Rechtfertigung des Begriffs des Äthers, um auf diese Weise den Äther nicht bloß empirisch als real zu behaupten. Dies begründet aber nicht die Annahme eines Beweises der Existenz des Äthers in dem oben erläuterten Sinne, nach welchem dieser eine *gegebene* Materie wäre. Es rechtfertigt vielmehr nur die im Sinne des Nachweises der Notwendigkeit seiner als Idee.

Neben diesen (und anderen möglichen) Vorschlägen, die darauf zielen, Kants Behauptung, daß die Existenz des Äthers bewiesen werden müsse, so zu verstehen, daß an die Stelle der Hypothese der Existenzbeweis deshalb treten müsse, weil eine Hypothese zu schwach ist, gibt es noch eine andere Möglichkeit der Begründung für einen Beweis der Existenz des Äthers: Bisher konnte Kant dafür argumentieren, daß die Begriffe der bewegenden Kräfte zur Erklärung der Bildung von Körpern notwendigerweise vorauszusetzen seien. Vorformen dieses Arguments finden sich, wie wir wissen, unter den Überlegungen zur Modalitätskategorie, in denen eben dies zu zeigen war, daß die bewegenden Kräfte des Äthers notwendig anzunehmen sind, sowie vor allem unter den Überlegungen zur Quantitätskategorie, in der Kant zu begründen versuchte, daß man nur unter der Voraussetzung von lebendigen bewegenden Kräften des Äthers die Unterscheidung von wägbar und unwägbar überhaupt machen kann. Die Idee des Äthers, die notwendig vorauszusetzen ist, war dabei, wie betont, ein Konstrukt, ein selbstgeschaffener Begriff, der nur im Übergang eingeführt werden kann. Und hier läßt sich nun ein anderer Typ

---

155 Die Rede von ‚objektiver Realität' ist in Bezug auf Ideen kommentierungsbedürftig. Dieser Vorschlag wird im nächsten Kapitel noch diskutiert werden.

156 Zur Unterscheidung von logischem Grund und Realgrund in der Kantischen Philosophie, vgl. Longuenesse (2001), 81 f.

von Begründung für den Existenzbeweis vorstellen. Der Beweis der Existenz ist der Nachweis, daß das, worüber wir sprechen, wenn wir eine durch sich selbst bewegte Materie mit den Wirkungen von lebendigen Kräften annehmen, etwas ist, das einen Erfahrungsbezug hat. Worauf bezieht sich das Konstrukt eines Äthers? Ist es ein Hirngespinst? Worauf bezieht sich der Physiker, wenn er dieses Konstrukt von Eigenschaften als etwas Existierendes annimmt? Worauf stützt sich die Behauptung, dieser Materietyp sei, obwohl er nicht erfahrbar sein soll, etwas keineswegs bloß konzeptuell Notwendiges? Der Existenzbeweis beantwortet, so die im weiteren Verlauf dieser Arbeit zu explizierende These, diesen Typ von Fragen, denn er ist der Beweis von einer den Raum durchgängig erfüllenden Materie, auf die man sich beziehen kann, wenn man behauptet, ‚der Äther' sei zur Bildung der Materie vorauszusetzen. Oder mit anderen Worten: Der Ätherbeweis erbringt den Nachweis, daß es etwas gibt, auf das man sich unter Erfahrungsbedingungen beziehen kann, wenn man die Idee einer in sich bewegten Materie entwirft, die erforderlich ist, um die Bildung und Eigenschaften der besonderen Materien zu erklären.

Diese Überlegung nimmt, wie im folgenden noch deutlicher werden wird, den zweiten oben kurz zusammengefaßten Gedankengang wieder auf, der den Ätherbeweis verständlich machen sollte: daß die Behandlungsart der Materie im Übergang einer Rückbindung an die Grundsätze bedürfe. Auch diese Darstellung verkürzt allerdings den Gedankengang Kants. Dies nicht nur insofern, als die beiden Gedankengänge noch jeweils zu wenig ausgeführt sind, sondern auch deshalb, weil Kant in den im engeren Sinne verstandenen Existenzbeweis, der hier durch den zweiten Gedankengang in den Blick gebracht wurde, die Anforderungen eines Nachweises der Notwendigkeit der Voraussetzung des Äthers implantiert, welche hier durch den ersten Gedankengang begründet wurden. Genauer gesagt: Kant verknüpft in dem, was er als Beweis ausführt, die beide Anforderungen miteinander: den Beweis der Existenz des Äthers und den Nachweis der Notwendigkeit der Voraussetzung des Prinzips. Die genaueren Details sind erst im vierten Kapitel auszuführen. Bereits hier läßt sich jedoch vermuten, wie die beiden in Anschlag gebrachten Gedankengänge sich zueinander verhalten: Der erste Gedankengang zeigt, daß die Voraussetzung des Begriff oder des Prinzips des Äthers als notwendig zu behaupten ist, der zweite erklärt, wieso Kant zeigen muß, daß diese Behauptung (daß der Begriff des Äthers notwendig vorauszusetzen ist) mit einer Aussage über die Existenz des Äthers verknüpft werden darf. Oder umgekehrt: Gelingt es, etwas als existierend zu beweisen, auf das man sich mit seinen notwendig vorauszusetzenden Begriffen von lebendigen bewegenden Kräften beziehen kann, so lassen sich in der empirischen Physik die Erklärungen, die anhand des Prinzips des Äthers gemacht werden, als solche ansehen, die nicht mit einer uneinholbaren leeren Voraussetzung arbeiten.

Fassen wir zusammen: Der ‚Ätherbeweis' beantwortet der hier aufgestellten These zufolge zwei Fragen: (1) Dürfen wir eine Materie mit den Wirkungen von lebendigen Kräften (den Äther) in dem Übergang als ursprünglich existierend voraussetzen? (2) Muß eine Äthermaterie (mit ihren Wirkungen) als existierend vorausgesetzt werden? Kann die erste Frage bejaht werden, so ist es legitim, den Äther in der empirischen Physik als das Erste einer genetischen Erklärung der Bildung von Körpern, eine Art Urmaterie, anzunehmen. Kann (oder muß) die zweite Frage bejaht werden, so muß der empirische Naturforscher, will er systematische Naturforschung betreiben, den Äther als existierend voraussetzen.

Im Rahmen der Darstellung der Übergangskonzeption sind noch zwei wichtige Überlegungen Kants zum Aufbau des Übergangs anzuführen. Zu erläutern sind (1) die Begriffe *Elementarsystem* und *Weltsystem*, die direkt im Zusammenhang mit dem ersten soeben skizzierten Gedankengang stehen. Außerdem (2) soll kommentiert werden, inwiefern sich aus Gliederung des von Kant angestrebten Werkes in ein Elementarsystem und ein Weltsystem eine neue Konnotation des Begriffs ‚Übergang' ergibt.

(1) Gehen wir, um die Begriffe *Elementarsystem* und *Weltsystem* zu erläutern, noch einmal von dem ersten soeben skizzierten Gedankengang aus: Das zu Beginn dieses Kapitels umrissene System der empirischen Physik, wie es zufolge den neuen Anforderungen aussieht, zeichnet sich in der Gestalt, die es in Entsprechung zu den jeweiligen Kategoriengruppen annimmt, dadurch aus, daß die disjunktiv aufgestellten Prädikate der Materie (wägbar-unwägbar etc.) in einem Bedingungsverhältnis stehen. Denn die Unwägbarkeit der Materie ermöglicht die Wägbarkeit der besonderen Materien oder Körper, die Wärmematerie den Aggregatszustand der besonderen Materien usw. Kurz: Die formlose Materie ist die Voraussetzung für die Erklärung der Möglichkeit von Körpern (I, 297). Der Begriff der formlosen Materie muß notwendig angenommen werden. Dieses Bedingungsverhältnis ist jedoch kein bloß logisches, sondern macht die formlose Materie zum realen Ermöglichungsgrund für die besonderen Materien:

> „Nur durch die letztere Beschaffenheit [der innerlich bewegenden Kräfte] ist die erstere [der bewegenden Kräfte einer ortsverändernden Materie] möglich; jene Definition [die die Unterscheidung von den besonderen bewegenden Kräften enthält] ist nur eine Nahmenerklärung zu welcher die Realerklärung als Erklärungsgrund hinzukommt" (II, 199).

Diese Überlegung kann man nun zum Ausgangspunkt für die Erläuterungen der Kantischen Unterscheidung von Elementarsystem und Weltsystem machen:[157] Von dem bisher vorgestellten System der empirischen Physik, das er dann *Elementarsystem* nennt, unterscheidet Kant ein Weltsystem, in dem er eine andere Weise der Darstellung desselben im Elementarsystem analysierten Materiebegriffs sieht.

---

157 Vgl. zu diesem Thema v.a. den Abschnitt des Nachlaßwerkes: II, 135-201, den Adickes (1920) um Okt./Nov. 1798 datiert.

Das Elementarsystem läßt sich so charakterisieren, daß es die Elemente des Begriffs der Materie vollständig analysiert und damit die Gesamtheit aller bewegenden Kräfte enthält. Dabei spricht es der Materie disjunktive Prädikate zu. Demgegenüber stellt sich das Weltsystem als eines dar, das, ausgehend von einem in sich verbundenen Ganzen, die Bildung der Körper erklärt und so die Verschiedenheit der Materien als sich entwickelnde darstellt. Diese Darstellungsweise kann man daher auch als genetische bezeichnen.

Beide Systeme, das Elementarsystem und das Weltsystem, geben unterschiedliche Darstellungen desselben Inhalts – der Gesamtheit der bewegenden Kräfte der Materie:

> „so wird alle Materie (mit ihren bewegenden Kräften) zusammengedacht Ein System ausmachen in welchem ich einerseits blos die Theile ihre Mannigfaltigkeit sparsim hernach aber auch dieselbe Materie als ein Absolutes, nicht zu einem größeren gehöriges Ganze coniunctim betrachte. – Hieraus wird die Eintheilung des Systems der bewegenden Kräfte der Materie in das Elementarsystem und das Weltsystem folgen" (II, 192).

Es ist allerdings zu bedenken, daß die Systeme sich auch in ihrem methodischen Zugriff auf die Materie unterscheiden und als analytisch bzw. synthetisch bezeichnet werden können (vgl. I, 182). Daher kann Kant sagen: „Das Elem. System ist was von den Theilen zum ganzen Inbegriff der Materie (ohne hiatus): das Weltsystem ist das was von der Idee des Ganzen zu den Theilen geht" (II, 200).

Folgt man der oben vorgestellten These Kants, daß die Elemente des Begriffs der Materie nur dann als Realerklärung dienen können, wenn die bewegenden Kräfte des Äthers sich als Bedingung für die bewegenden Kräfte von Körpern ansehen lassen, so ist das Weltsystem gegenüber dem Elementarsystem die Realerklärung. Daß man von einer Darstellungsweise – dem Elementarsystem – zur anderen – dem Weltsystem – übergehen kann, ist aber nur möglich, wenn die Begriffe, die als Basis für die Unterscheidungen im Elementarsystem dienen – der Äther oder die bewegenden Kräfte – , nicht bloß hypothetisch (in der empirischen Physik) angenommen werden. Vielmehr müßten sie dafür wenigstens als konzeptuell notwendig behauptet werden. Dabei ist zu beachten, daß der Äther qua Ermöglichungsgrund als ein in sich verbundenes Ganzes mit innerlich bewegenden Kräften zu denken ist. Dies deshalb, weil seine Eigenschaften nicht wieder durch die Wirkungen anderer Materien erklärt werden dürfen, die Erklärungsprinzipien aber vollständig sein sollen.[158] Im Sinne dieser später noch ausführlicher zu kommentierenden Überlegungen sagt Kant:

> „Da zu den mechanisch// (d.i. äußerlich) bewegenden abgeleiteten Kräften und ihrer Möglichkeit immer noch dynamisch und ursprünglich agitirende erfordert werden welche die Maschinen selbst, als Körper möglich machen so muß ein absolutes für sich selbst bestehendes Ganze der Materie welche innerlich und ursprünglich durch Attraction und Repulsion bewegt und bewegend von den mechanisch//bewegenden Kraften

158 Vgl. hierzu Kapitel 4.

unabhängig folglich als imponderabel incoercibel incohäsibel und inexhaustibel mithin alldurchdringend gedacht wird als Basis des Elementarsystems aller dynamisch// bewegenden Kräfte postulirt welche [Materie] (es sey unter dem Nahmen des Wärmestoffs oder des Aethers) kein hypothetischer Stoff ist um Phänomene zu erklären (denn da würden sie als empirisch//begründet und nicht a priori gegeben vorgestellt werden) sondern als Princip der Totalität der uranfänglich und immerwährend agitirenden Bewegung durch die Vernunft in einem System ursprünglich bewegender Kräfte postuliert [wird]" (II, 608).[159]

Nach den obigen Ausführungen kann man ergänzen: Der Begriff des Äthers ist nicht nur notwendigerweise anzunehmen und vorauszusetzen, vielmehr wird zur Rechtfertigung seiner ‚Realerklärung' auch gezeigt, daß es legitim ist, eine durch diesen Begriff bezeichnete Materie als existierend anzunehmen. Entsprechend sagt Kant:

„Man kann aber a priori die Existenz eines solchen alldurchdringenden, innerlich expansiven imponderabelen Materie postuliren aus der Idee einer sich im Anfange aller Bewegung zu einem nie aufhörenden Spiel der bewegenden Kräfte derselben vereinigenden Materie gerade darum weil es der Anfang einer allgemeinen collectiven Einheit ist von deren Ursache sich schlechterdings kein Grund angeben läßt *und so* [herv. v. D. Emundts] [vom [statt: ein], geändert v. D. Emundts] Elementarsystem der bewegenden Kräfte der Materie als Doctrinalsystem wo von den Theilen zum Ganzen (doch ohne hiatus) fortgeschritten wird zum Weltsystem wo es umgekehrt geschieht übergehen, d.i. der Physik [...]" (II, 197).

Das Verhältnis von Elementarsystem und Weltsystem ist also so zu charakterisieren, daß das Elementarsystem dem Weltsystem logisch vorhergeht, das Weltsystem aber das Elementarsystem begründet (II, 200). Voraussetzung dafür, neben dem Elementarsystem auch eine zweite Darstellungsweise zuzulassen, ist, daß die Notwendigkeit des Äthers aufgezeigt und seine Existenz bewiesen werden kann. Können wir aber die Existenz des Äthers und die Notwendigkeit seiner Voraussetzung beweisen? Diese Frage konfrontiert uns mit dem Ätherbeweis.

(2) Wenden wir uns vor der Betrachtung des Ätherbeweises noch der Frage zu, ob sich aus der erläuterten Unterscheidung von Elementarsystem und Weltsystem eine neue Bedeutung des Begriffs ‚Übergang' ergibt. Folgt man den bisherigen Überlegungen zur Struktur des Übergangs, wird man Folgendes sagen können: Der Übergang stellt (wie die *Allgemeine Anmerkung* des Dynamikteils der *Metaphysischen Anfangsgründe*) einen Plan von möglichen besonderen bewegenden Kräften zur Verfügung. Aber diese formale Aufstellung allein ist zur Fundierung der empirischen Physik nicht ausreichend; im Übergang zur empirischen Physik ist vielmehr auch zu zeigen, daß ein ‚Übergang' von ihr zur Realerklärung möglich ist. Die mit der zweiten Verwendung von ‚Übergang' verbundenen Konnotationen sind gegen-

159 Kant verwendet ‚(durch die Vernunft) Postulieren' hier als Gegenbegriff zu (empirisch) hypothetisch Annehmen.

über der Konzeption der *Allgemeinen Anmerkung zur Dynamik* neu. Sie ergeben sich aus der Art, wie der Übergang von den Metaphysischen Anfangsgründen zur empirischen Physik angelegt ist.

Für die weiteren Ausführungen Kants im Anschluß an das Elementarsystem der bewegenden Kräfte heißt das, daß sie das Elementarsystem ergänzen. Für die Interpretation der Entwicklung des Kantischen Konzepts läuft die Gesamtlage also auf folgenden Vorschlag hinaus: Das zu Beginn dieses Kapitels explizierte System bleibt für Kant unter dem Namen ‚Elementarsystem' das formale System der empirischen Physik.[160] Die hier aufgestellten Begriffe sind Prinzipien des Übergangs. Dieses System ist aber, wie wir aus den letzten Überlegungen wissen, selbst wiederum nur unter bestimmten Bedingungen in der empirischen Physik brauchbar. Es strukturiert folglich nur einen Teil des Übergangs; der Übergang als ganzer behandelt über das formale System der empirischen Physik hinaus die „Eintheilung der Naturlehre nach Principien des Überganges" (I, 206). Zu dieser gehört der Ätherbeweis.

Die hier vorgeschlagene Interpretation vermag verständlich zu machen, daß eine Vorform des Ätherbeweises unter die Erörterung der Modalitätskategorien fiel, also als Ergänzung, nicht als Ersetzung des bisherigen Systems aufzufassen war; den Charakter einer Ergänzung hat der Ätherbeweis nach wie vor. Weiterhin kann (in hier nicht auszuführender Weise) der Vorschlag plausibel machen, wieso Kant nun die Erklärung von organischen Produkten in die einschlägigen Überlegungen einbezieht: Er greift damit auf die Naturlehre aus, die neben den bisher behandelten Begriffen auch den Begriff des Zwecks verwendet.[161] Daß Kant das Elementarsystem bei seinen weiteren Darlegungen voraussetzt, belegt der Text. Sein Programm zur Zeit des Ätherbeweises beschreibt Kant wie folgt:

> „Eintheilung der Naturlehre nach Principien des Überganges der metaphysischen Anfangsgründe derselben zur empirischen Physik [...] Diese auf Principien a priori zu begründende Eintheilung kann nun [enthalten] 1) die Methode der Bearbeitung derselben überhaupt, 2.) die Eintheilung der Begriffe in Ansehung der Form der Objecte [...] (Körper Organische) [...] 3.) die Eintheilung der beweglichen Stoffe in so fern ihre wirkliche Bewegung a priori erkennbar ist. [Absatz] Alle diese Stücke enthalten die formale Principien der Möglichkeit einer Erfahrungswissenschaft des Systemes der bewegenden Krafte der Materie d. i. des Überganges zur Physik" (I, 206 f).

---

160 Der Erste Teil des ‚Systems der bewegenden Kräfte' ist „Das Elementarsystem der bewegenden Kräfte der Materie", vgl. I, 181.

161 Der Grund für die Integration des Begriffs des Organismus in den Übergang wäre demnach, daß der Blick für die Bedingungen der Naturlehre erweitert wird, und in einer erweiterten Konzeption auch der Begriff eines organischen Körpers der empirischen Naturforschung vorhergehen muß. Mögliche Analogien zum unorganischen Körper sind: (1) Die Maschinen werden als besonders geformte Körper betrachtet, bei deren Erklärungen man auf den Begriff des Zwecks nicht verzichten kann. Vgl. I, 185; I, 198; (2) Das Verhältnis von Ganzem und Teilen hat – wenn man die Gesamtheit der bewegenden Kräfte im Verhältnis zum einzelnen Körper betrachtet – im Organismus als organisiertem Körper eine Parallele. Vgl. hierzu Kapitel 4.

Die Überlegungen, die Kant im Rahmen des gegenüber dem Elementarsystem erweiterten Programms einer Fundierung der Naturlehre anstellt, sind wiederum vielfältig. Sie lassen sich bis zu den Konvoluten X und XI verfolgen. Statt allen diesen Überlegungen nachzugehen, werde ich mich auf den Ätherbeweis konzentrieren.

C. Der Bezug der Übergangskonzeption zu den „Metaphysischen Anfangsgründen"

Im Vorhergehenden wurden verschiedene zweifellos befremdlich wirkende Gedanken Kants ins Blickfeld gerückt. Die Fundierung der Naturwissenschaft beinhaltet jetzt einen apriorischen Beweis der Existenz des Äthers und die Rechtfertigung einer genetischen Erklärung - in der Gestalt eines Weltsystems - mit kaum zu verkennenden kosmogonischen Zügen. Gleichwohl nimmt sie einen Gang, der sich keineswegs als von einer Abwendung von der Transzendentalphilosophie motiviert beschreiben läßt. Es muß darüber hinaus auch deshalb in Kants Interesse sein, ihn im Rahmen seiner durch die drei Kritiken charakterisierten bisherigen Philosophie zu halten, weil das von ihm verfolgte Projekt (einer Fundierung der empirischen Wissenschaft) die bisherigen Ergebnisse seiner kritischen Philosophie voraussetzt. Vor dem Nachvollzug seines weiteren Gedankengangs müssen wir uns allerdings noch einmal zurückwenden. Denn der hier verfolgten Interpretation gemäß muß die neue Konzeption grundsätzlich mit dem - a priori gültigen - des in den Hauptteilen der *Metaphysischen Anfangsgründe* Behaupteten kompatibel sein. Dies gilt es nun zu prüfen. Dabei werden auch die Bemerkungen, mit denen Kant sich im Nachlaßwerk auf die *Metaphysischen Anfangsgründe* bezieht (vgl. Kapitel 1), erläutert, zumal damit zusammenhängende Überlegungen auch für die Interpretation des Ätherbeweises wichtig sind.

Im Horizont der hier noch einmal aufzunehmenden Frage, wie die Übergangskonzeption sich zu den *Metaphysischen Anfangsgründen* verhält, können diese mehrfach fokussiert werden: Im Blickpunkt stehen (1) die *Allgemeine Anmerkung zur Dynamik*, (2) der Dynamikhauptteil, (3) die *Metaphysischen Anfangsgründe* insgesamt.

(1) Die neue Konzeption eines Übergangs ist gegenüber der der *Allgemeinen Anmerkung zur Dynamik* stark verändert. Etwas forciert kann man sagen: Erst das Nachlaßwerk stellt einen wirklichen *Übergang* von den Metaphysischen Anfangsgründen zur empirischen Physik dar. Aus zwei Gründen hat es den Charakter eines Übergangs in ganz anderer Weise als die *Allgemeine Anmerkung*: Erstens werden darin Begriffe ‚geschaffen', in dem Sinne, daß für Erklärungen von Körpern Prinzipien, wie lebendige bewegende Kräfte, angenommen werden, die nicht

der Erfahrung zu entnehmen sind, die aber doch eine Antizipation von bestimmten Materiearten erfordern. Zweitens vollzieht sich nun im Übergang eine Umwendung von einem Elementarsystem zu einem Weltsystem, wodurch die Möglichkeit, a priori Begriffe zur Verfügung zu stellen, mit der einer genetischen Darstellungsweise verknüpft wird. Die genetische Darstellungsweise hängt (verkürzend gesagt) von dem ‚Existenzbeweis' des Äthers ab.

Es gilt also (1): Die *Allgemeine Anmerkung* der Dynamik in den *Metaphysischen Anfangsgründen* wird durch den Übergang von den Metaphysischen Anfangsgründen zur empirischen Physik ersetzt. Daß dabei Struktur und Charakter des Übergangs verändert werden, wurde bereits (unter A und B) ausführlich dargelegt.

(2) Die neue Konzeption des Übergangs ist sodann daraufhin zu untersuchen, in welchem Verhältnis sie zu dem Dynamikhauptteil der *Metaphysischen Anfangsgründe* steht. Der Hauptteil selbst bleibt zwar in seinen wesentlichen Aussagen unberührt (vgl. Kapitel 2), aber der Übergang wird infolge seiner Neukonzeption notwendigerweise stärker vom Dynamikhauptteil der früheren Schrift abgekoppelt. Dies aus folgendem Grund: In der *Allgemeinen Anmerkung* sollten die Eigenschaften der besonderen Materien analysiert und zur Erklärung der spezifischen Verschiedenheit dieser Materien die Prinzipien des Hauptteils – Anziehungs- und Repulsivkraft – zugrundegelegt werden. Nun sollen die Prinzipien des Hauptteils selbst wieder unterschiedlich interpretiert werden können. Wie, das wird im Übergang entwickelt. Hierzu ist zu bemerken, daß der Übergang zunehmend ein eigenständiger Bereich wird. Denn zum einen sind die Methode und Struktur des Systems der empirischen Physik oder des Übergangs eigens zu entwickeln und zu rechtfertigen, zum anderen gewinnt der Übergang durch die Einführung eines neuen Materietyps auch mehr Eigengewicht. Es wird in ihm etwas bisher in dem Projekt der Grundlegung der empirischen Wissenschaften nicht Vorgesehenes eingeführt. Im Übergang arbeitet Kant mit eigenen Prinzipien und einer eigenen Methode und daher tritt dieser gegenüber dem Hauptteil als eigener Bereich auf.

Kant muß also (2) zwischen dem Hauptteil der Dynamik und dem Übergang eine Trennung vornehmen, die eindeutiger ist, als es die zwischen Hauptteil und der *Allgemeinen Anmerkung* war. Dementsprechend stellt Kant zum Verhältnis von Metaphysischen Anfangsgründen und Physik im Nachlaßwerk

> „die Frage ob auch ein unmittelbarer Ubergang von der ersteren zur letzteren durch Fortschreiten als in derselben Gattung von Erkenntnissen durch bloße Erweiterung der nämlich Wissenschaft statt finde oder ob es nicht vielmehr zwey Territorien seyn dazwischen ein drittes liegt" (I, 615).

Die Überlegungen (1) und (2) zusammengenommen, kann man außerdem sagen, daß aus der Ersetzung der *Allgemeinen Anmerkung* folgt, daß der Dynamikteil der *Metaphysischen Anfangsgründe* von 1786 auf den Hauptteil reduziert wird. Daran kann man folgende Überlegung anschließen:

Die *Metaphysischen Anfangsgründe* haben in ihren Hauptteilen nur den Begriff der Materie bezogen auf die reine Anschauung analysiert. Sie stellen in den Hauptteilen Prinzipien der Konstruktion des Begriffs der Materie zur Verfügung, die eine mathematische Behandlung erlauben. Dies gilt auch mit Bezug auf den Dynamikteil. Folgendes Ergebnis ist also festzuhalten: Daß Kant sagt, bisher (also vor dem Nachlaßwerk) habe er nur die mathematische Vorstellung der Materie entwickelt, kann man als Hinweis darauf verstehen, daß die über diese Vorstellung hinausgehende Behandlung der Materie – in der *Allgemeinen Anmerkung zur Dynamik* – gescheitert ist.

Die soeben gegebene Erklärung dafür, daß Kant von einer bloß mathematischen Behandlungsart der Materie spricht, ist meines Erachtens durchaus zutreffend. Sie reicht aber zur Charakterisierung des Verhältnisses des Übergangs zu den *Metaphysischen Anfangsgründen* nicht aus, ja, sie stellt in gewisser Hinsicht eher eine Verharmlosung dar. Denn aus der Perspektive des Nachlaßwerkes muß man sagen, daß die bloß mathematische Behandlung der Materie tatsächlich mit einer Verkürzung des Materiebegriffs verbunden war. Dies wird einsichtig, sobald wir das Verhältnis des Übergangs zum Mechanikteil der *Metaphysischen Anfangsgründe* in unsere Betrachtung einbeziehen.

(3) In Bezug auf die *Metaphysischen Anfangsgründe* insgesamt gesehen, hat die Eigenständigkeit des Übergangs tatsächlich Auswirkungen auf ihren Systemaufbau. Denn der nun eigenständige Übergang steht, retrojiziert man ihn auf die *Metaphysischen Anfangsgründe*, (wie früher die *Allgemeine Anmerkung zur Dynamik*) ‚zwischen' Dynamikhauptteil und Mechanikhauptteil. Fassen wir dies näher ins Auge:

Der dem Dynamikteil folgende Mechanikteil hatte die Aufgabe, die Materie als „das Bewegliche, so fern es als solches bewegende Kraft hat" (IV, 536), zu bestimmen. Er untersucht also, den Ausführungen des ersten Kapitels zufolge, was sich a priori über die bewegenden Kräfte einer Materie, die selbst im Raum bewegt ist, ausmachen läßt. Der Mechanikteil setzt den Dynamikteil voraus: erstens, sofern darin der Satz gilt, daß jedem Materieteil Anziehungs- und Repulsivkräfte zugesprochen werden müssen. Dieser Satz gilt zufolge des Dynamikhauptteils. Zweitens hält der Mechanikteil aber auch daran fest, daß Anziehungs- und Repulsivkräfte zur Basis der Erklärung von Körpern gemacht werden können. Dies sollte die *Allgemeine Anmerkung zur Dynamik* ausführen. Die zweite Voraussetzung ist genaugenommen in einem anderen Sinne und einer anderen Hinsicht als die erste erforderlich. Ist die erste a priori gültig und zur Begründung des Mechanikteils zu machen, so ist die zweite Voraussetzung dagegen erforderlich, um die Metaphysischen Anfangsgründe als Basis der empirischen Physik zu etablieren. Darüber hinaus geht die zweite Voraussetzung auch nur soweit zu behaupten, *daß* die Prinzipien zur Basis der Erklärung von Körpern gemacht werden können, wohingegen nicht a priori eingesehen werden können soll, *wie* dies geht (vgl. Kapitel 1). Die beiden Voraussetzungen macht der Mechanikteil deshalb, weil die im Dynamikteil gegebenen Kräfte, die Anziehungs- und Repulsivkraft, als Basis zur Erklärung der mechanischen Wirkungen von Körpern aufeinander dienen müssen. Auf die erste Voraussetzung Bezug nehmend sagt Kant am Anfang des Mechanikteils in den *Metaphysischen Anfangsgründen*:

> „Es ist aber klar, daß das Bewegliche durch seine Bewegung keine bewegende Kraft haben würde, wenn es nicht ursprünglich=bewegende Kräfte besäße, dadurch es vor aller eigener Bewegung in jedem Orte, da es sich befindet, wirksam ist" (IV, 536).

Nun können beide oben angeführten Voraussetzungen nach wie vor – also auch nach der neuen Übergangskonzeption – als erfüllt gelten. Der Interpretation mechanischer Wirkungen der Körper aufeinander geht die Aufstellung dynamischer Kräfte vorher.

Eine Änderung bewirkt die neue Konzeption des Übergangs allerdings dadurch, daß sie – bei der Ausführung der Frage, *wie* die bewegenden Kräfte zur Basis der Erklärung von Körpern dienen – die Existenz von bewegenden Kräften des Äther, also von Wirkungen innerlich bewegender Kräfte behauptet und darin eine Möglichkeitsbedingung für den Mechanismus von Körpern sieht. Oder mit anderen Worten: Die ursprünglich bewegenden Kräfte, die Anziehungs- und Repulsivkraft, die auch bisher dem Mechanikteil vorhergehen sollten, müssen in einer Weise spezifiziert werden, die es erlaubt, eine ursprünglich innerlich bewegte Materie anzunehmen. Ändert dies das Verhältnis zum Mechanikteil? Dies gilt es nun zu betrachten.[162]

In der Konzeption der *Metaphysischen Anfangsgründe* war die Bewegung der Oszillation, wie oben (im 2. Kapitel) bereits angedeutet, zwar angeführt worden, aber als eine Bewegungsart, die für die Erklärung der Möglichkeit von Körpern keine Rolle spielt. Die Gährung einer Materie (IV, 483) oder eine ursprünglich elastische Luftmaterie (IV, 530) sind Phänomene oder Annahmen zur Erklärung von Phänomenen, die empirisch vorliegen oder zur Erklärung empirischer Phänomene hypothetisch in der empirischen Physik eingeführt werden können. In der neuen Konzeption sind innerlich bewegende Kräfte dagegen für die Erklärung der

162 Man kann an dieser Stelle auch fragen, ob das Prinzip der Leblosigkeit der Materie aufgegeben wird. Kant hält an diesem Prinzip tatsächlich weiterhin fest (II, 188) und unterscheidet zwischen lebendiger und belebender Kraft (II, 210). Gleichwohl muß nun allerdings der Materie (in dem einen Fall des Äthers) die Fähigkeit, ‚sich selbst zu bewegen' zugesprochen und die bewegenden Kräfte entsprechend gedacht werden. Entgegen der hier entwickelten These vertritt J. Tharakan die stärkere Auffassung, Kant habe im Nachlaßwerk außer der dynamischen alle Bestimmungen des Materiebegriffs ganz fallengelassen (und sich so Leibniz angenähert). Damit übersieht er m.E. die Themenstellung des Nachlaßwerkes, mit der sich Kant ja auf den Dynamikhauptteil beziehen muß, ohne aber dadurch die anderen Bestimmungen aufgeben zu müssen. Vgl. Tharakan (1993), 32.

Möglichkeit von Körpern wesentlich und gehen daher dem Mechanismus der Materien notwendig vorher.

Im Lichte der im Nachlaßwerk angestellten Überlegung, daß den Körpern nicht, wie in den *Metaphysischen Anfangsgründen* behauptet, nur die bewegenden Kräfte Anziehungskraft als Fernwirkungskraft und Repulsivkraft als Flächenkraft als materieeigene Kräfte zugrundeliegen, sondern die bewegenden Kräfte des Äthers, stellt sich die Tatsache, daß die *Metaphysischen Anfangsgründe nur* die mathematische Vorstellung der Bewegung von Materie behandelt haben sollen, als Folge davon dar, daß sie die Materie ausschließlich als etwas Zusammengesetztes angesehen haben (vgl. II, 163). Denn, aus der Perspektive des Nachlaßwerkes betrachtet, wird man sagen müssen, daß man dann, wenn man seinen physikalischen Erklärungen nur (das heißt ohne weitere Spezifikation und ohne auf den Äther Bezug nehmende Zwischenschritte) Anziehungskraft als Fernwirkungskraft und Repulsivkraft als Flächenkraft den Materien zugrundelegt, wie es der Mechanikteil der *Metaphysischen Anfangsgründe* ausdrücklich macht, die Möglichkeit von Körpern schon voraussetzen muß. Das bedeutet: Auch die *Allgemeine Anmerkung zur Dynamik*, die eine gegenüber den Hauptteilen andere Betrachtung der Materie leisten sollte, expliziert – aus der Perspektive des Nachlaßwerkes – letztlich nur die mathematische Vorstellung der Materie.

Wenn dies aber auch verständlich macht, wieso Kant davon spricht, bisher *nur* die mathematische Vorstellung der Materie behandelt zu haben, so ist doch das Verhältnis der neuen Konzeption, die jetzt den Übergang darstellen soll, zu dem Mechanikteil der Schrift von 1786 damit noch nicht geklärt. Eine Klärung dieses Verhältnisses läßt sich nun aber durch folgende Überlegung versuchen: Die dynamische Materietheorie der *Metaphysischen Anfangsgründe* ging davon aus, daß die bewegenden Kräfte, die Körper konstituieren, mit den Kräften zusammenfallen, die eine Wirkung von Körpern aufeinander bedingen. Dies ist jetzt nicht mehr der Fall, und zwar deshalb, weil die innerlich bewegenden Kräfte eines bestimmten Materietyps als Voraussetzung für die Körper und deren bewegende Kräfte gelten. Die Folge ist: „Die innerlich//bewegende Kraft der Materie (vis interne motiua) ist also noch von der äußerlich//bewegenden (vis locomotiua) zu unterscheiden" (II, 164). Da nun der Mechanikteil der *Metaphysischen Anfangsgründe* die Materie auffaßt als das ‚Bewegliche, so fern es als solches bewegende Kraft hat', ist von diesem Begriff der Materie, der in den *Metaphysischen Anfangsgründen* im Mechanikteil eingeführt wird, ein Begriff der Materie zu unterscheiden, dem zufolge die Materie ‚als solches innere bewegende Kräfte' hat. Dieser Begriff der Materie wird ausschließlich im Übergang eingeführt werden können. Da er nicht als Bewegung im Raum konzipierbar, also auch nicht mathematisch darstellbar ist, entfällt die Möglichkeit, ihn in die *Metaphysischen Anfangsgründe*, genauer: in den Mechanikteil dieser Schrift zu integrieren. Die *Metaphysischen Anfangsgründe* können – aufgrund der Vorgabe der Mathematisierbarkeit – Materie nur als etwas Bewegliches im Raum behandeln. Sie setzen damit etwas voraus, das für die empirische

Physik vorausgesetzt werden muß und gemäß der neuen Konzeption nur in dem Übergang einzuführen und zu rechtfertigen ist, gleichwohl aber auf den Begriff der Materie, den der Mechanikhauptteil der *Metaphysischen Anfangsgründe* explizieren sollte, ‚das Bewegliche so fern es als ein solches bewegende Kraft hat' (IV, 536), vorgreift. Es gibt also zwei Bedeutungen des Begriffs der Materie als etwas Bewegliches ‚sofern es als solches eine bewegende Kraft hat': eine, die im Rahmen der neuen Konzeption erläutert wird, und eine andere, welche mit den Mitteln des Mechanikteils expliziert wird. Zwischen den beiden Begriffen der Materie als ‚Bewegliches so fern es als solches bewegende Kraft hat' ist zu differenzieren: „In den met. A.Gr. wurde die Materie als das Bewegliche im Raum gedacht; in der Physik wird die Materie als das Bewegliche gedacht was bewegende Kraft hat" (I, 483; vgl. I, 289).

Zusammenfassend: Da im Übergang ein Unterschied zwischen innerlich bewegenden Kräften und äußerlich bewegenden Kräften gemacht wird und da die innerlich bewegenden Kräfte nicht als Wirkungen der Bewegung einer Materie im Raum aufgefaßt werden können, wird im Rahmen der neuen Überlegungen nicht nur die dynamische Behandlung der Materie durch den neu konzipierten Übergang ergänzt, sondern der Übergang ergänzt auch den Mechanikteil:[163] Die Wirkungen von Materien aufeinander, so wie sie im Mechanikteil a priori behauptet werden, erschöpfen nicht den Begriff der Materie als etwas Bewegliches, ‚so fern es als solches bewegende Kraft hat' (IV, 536). Darum ist in dem Übergang eine ursprüngliche Wirkung der in sich bewegten Materie, die nicht als Bewegung im Raum interpretiert werden kann, einzuführen. So wird verständlich, weshalb Kant die erste Erklärung des Mechanikhauptteils in seiner neuen Konzeption für das verwendet, was er meint, mit seinem Übergang zur Naturlehre beitragen zu müssen. Es ist nicht nur, wie in den *Metaphysischen Anfangsgründen*, die Materie als das Bewegliche im Raum zu betrachten. Vielmehr soll ein erweiterter Begriff von Materie als des Beweglichen im Raum, insofern es bewegende Kräfte hat, behandelt werden.

Die vorstehenden Überlegungen haben gezeigt, daß aus der Perspektive der Interpretation dieser Arbeit die Stellungnahmen, mit denen Kant sich auf die *Metaphysischen Anfangsgründe* bezieht und die der Selbstcharakterisierung der *Metaphysischen Anfangsgründe* nicht gerecht zu werden scheinen, nachvollziehbar werden.[164] Allerdings haben sie auch deutlich gemacht, daß die neue Konzeption

163 Das neue Verhältnis des Mechanikteils wird darüber hinaus dadurch bestimmt, daß, wie schon ausgeführt, die Bestimmung der Quantität der Materie (durch ein dynamisches Maß) nun im Übergang – nicht mehr (nur) im Mechanikteil – behandelt wird.

164 Es ist hier auch am Rande darauf hinzuweisen, daß die Bemerkungen zu den Metaphysischen Anfangsgründen, mit denen Kant die Metaphysischen Anfangsgründe als ‚reine Bewegungslehre'

den ‚Übergang' als einen eigenständigen Bereich der Fundierung der Naturwissenschaft begreift und damit auch eine Spannung zu dem Mechanikteil der *Metaphysischen Anfangsgründe* erzeugt. Auf diese Weise gerät die zur *Allgemeinen Anmerkung* alternative Materietheorie des Übergangs in der Tat dazu, Kants Philosophie insgesamt auf die Probe zu stellen. Denn für das im Übergang zu Leistende muß sich erst zeigen, ob das gegenüber den *Metaphysischen Anfangsgründen* Neue sich auf den Grundlagen der kritischen Philosophie rechtfertigen läßt und ob es sich im Rahmen der Transzendentalphilosophie hält. Auf jeden Fall aber hat es auch dann, wenn sich zeigen ließe, daß es im Rückgriff auf die bisherige Philosophie Kants zu leisten ist, etwas ‚Befremdliches' und ‚Neues' an sich. Dies wird nun Thema sein.

---

bezeichnet, relativ spät datiert werden müssen. Schon von daher liegt eine direkte Verknüpfung mit dem ‚Zirkelproblem' (wie Tuschling (1968) sie annimmt) nicht nahe.

4. Der Ätherbeweis

Die Fragen, warum und auf welche Weise der Ätherbeweis durchgeführt wird, sind nun im Einzelnen zu beantworten. Dabei sollen die folgenden Ausführungen nicht nur auf der Grundlage des Bisherigen eine Interpretation des Beweises liefern. Darüber hinaus ist durch diese Interpretation auch zu prüfen, welche Mittel es im Rahmen der Transzendentalphilosophie gibt, um den im dritten Kapitel herausgearbeiteten Anforderungen der neuen Konzeption gerecht zu werden. Als ‚Ätherbeweise' werden eine Reihe von wahrscheinlich um 1799 entstandenen Entwürfen bezeichnet, in denen Kant davon spricht, die Existenz des Äthers ließe sich a priori beweisen (vgl. etwa I, 216). Von *dem Ätherbeweis* zu reden, ist schon deshalb ungenau, weil Kant verschiedene Versuche zu diesem Beweis formuliert. Der Übersichtlichkeit halber wird diese Redeweise hier dennoch beibehalten werden müssen.

Im vorangegangenen Kapitel sind bereits zwei Gedankengänge vorgestellt worden, die sowohl Gründe für die Durchführung des Ätherbeweises an die Hand geben, als auch erste Hinweise zu seiner Struktur enthalten. Der erste Gedankengang kann wie folgt in Erinnerung gerufen werden. Es ist zu zeigen, daß der Begriff des Äthers oder die Begriffe der bewegenden Kräfte des Äthers notwendig vorauszusetzen sind. Denn ohne diese Begriffe läßt sich die Möglichkeit bzw. die Bildung von Körpern nicht erklären. Der zweite Gedankengang sollte dagegen der Rede davon, daß sich die Existenz des Äthers a priori beweisen lasse (I, 216), mehr im wörtlichen Sinne Rechnung tragen: Danach zielt der Existenzbeweis darauf, im Übergang – also nicht in der empirischen Physik – nachzuweisen, daß es etwas empirisch Gegebenes gibt, auf das wir uns mit dem beziehen können, was wir in den Erklärungen von Körpern voraussetzen müssen. Der erste Gedankengang ist im Laufe des dritten Kapitels schon an verschiedenen Stellen thematisiert worden. Es gilt hier vor allem, ihn mit dem Existenzbeweis des Äthers in Verbindung zu bringen. Im Zusammenhang des zweiten Gedankengangs stellt sich allerdings die Frage, ob denn etwas empirisch Gegebenes a priori als existierend bewiesen werden kann.

Die in diese zwei Gedankengänge auseinander tretenden Aspekte des Ätherbeweises zeigen sich nicht nur aus der in der vorliegenden Arbeit eingenommenen Perspektive. Vielmehr hat der Äther im ‚Übergang' des Nachlaßwerkes von Anfang an ein bemerkenswertes Zwitterdasein zwischen Idee und existierendem Stoff. Wie bereits deutlich geworden sein dürfte, scheint es bei ihm einerseits um ein notwendiges Prinzip zu gehen (II, 275), während es andererseits seine physischen Wirkungen sind, die als notwendig gelten. So sagt Kant an vielen Stellen (schon in den früheren Entwürfen zu einem Übergang), der Äther sei eine Idee und kein Gegenstand der Erfahrung *und* er sei eine notwendige Hypothese, um den Zusammenhang von Körpern und die Bildung der Körper zu erklären (vgl. I, 378). In letzterer Funktion taugt er nur, wenn die Hypothese sich auf die Existenz bezieht, also auf einen physisch gegebenen Stoff.

Dazu kommt etwas anderes, was auf den ersten Blick irritiert. Im Ätherbeweis scheint Kant auf der einen Seite als Rechtfertigungsgrund für die Annahme des Äthers anführen zu wollen, daß der leere Raum kein Gegenstand der Erfahrung werden könne (I, 216). Auf der anderen Seite argumentiert er in demselben Beweis, es müsse eine Materie geben, die alle Körper durchdringe, weil der Satz, es gebe physische Körper, den Satz voraussetze, es gebe eine bewegende Materie, die den Körpern in der Zeit vorhergehe. Sind das verschiedene Argumente für ein und dasselbe Beweisziel? Oder ist das zweite, auf die Bildung von Körpern Bezug nehmende Argument ein Beitrag zu der Frage, wie die durch das erste Argument gerechtfertigte Annahme einer den Raum erfüllenden Materie bezüglich ihrer Beschaffenheit ausbuchstabiert werden muß? Bisher fehlt es noch an Mitteln, das soeben in den Blick genommene Vorgehen Kants nachzuvollziehen. Vor einer genaueren Betrachtung der einzelnen Schritte des Ätherbeweises (B), müssen wir uns daher (A) dem Beweis über verschiedene Gedankengänge von außen nähern.

A. Die Funktion des Ätherbeweises im Übergang. Hinweise zur Struktur und Strategie des Beweises

Vorbereitet werden soll die Rekonstruktion des Ätherbeweises in vier Schritten, denen sich je ein Unterabschnitt von Abschnitt A widmet. Die Frage nach der Funktion des Beweises im Übergang bildet den Ausgangspunkt der ersten zwei Überlegungen. Erstens (1) ist die von Kant zunächst geplante Verortung des Beweises im Modalitätsabschnitt des Elementarsystems zu untersuchen. Vor dem Hintergrund dieser Untersuchung läßt sich bereits eine erste Skizze des Beweises der Existenz des Äthers geben. Gleichzeitig zeigt sich in der Untersuchung, daß Kants Ansatz zur Durchführung des Beweises mit seiner Vorstellung des Äthers zusammenhängen muß. Daher ist zweitens (2) der Frage nach der Bedeutung des Äthers als eines ‚Inbegriffs der bewegenden Kräfte' nachzugehen. Auf der Basis der hier zusammengetragenen Ergebnisse wird drittens (3) die Frage nach den Gründen für den Beweis noch einmal aufzunehmen und in diesem Zusammenhang auf die beiden bereits im letzten Kapitel entwickelten, zum Ätherbeweis hinführenden Gedankengänge zurückzugreifen sein. Die Diskussion dieser drei Fragen ist zum Einen wichtig, um die im dritten Kapitel der vorliegenden Arbeit aufgestellte These auszubuchstabieren, daß der Ätherbeweis als ein Bestandteil des Übergangs anzusehen ist (und ihn keineswegs ersetzt). Damit wäre dargelegt, daß das Nachlaßwerk bis 1799 ein in sich konsistentes Programm zur Lösung der Aufgabe einer Fundierung der empirischen Physik ausarbeitet. Zum anderen dient die Beantwortung der drei angeführten Fragen dazu, den Beweis vorzustrukturieren. Die, in einem vierten Schritt zu leistende Vorstrukturierung führt auf seine eigentliche Rekonstruktion (B) hin.

(1) Im vorangegangenen Kapitel der Arbeit hat sich ergeben, daß der Ätherbeweis einen Teil des Übergangs bildet, und zwar so, daß er das ihm vorhergehende apriorische Elementarsystem der bewegenden Kräfte beschließt. Weiterhin hat sich gezeigt, daß er den Übergang vom Elementarsystem zum Weltsystem oder zu einer genetischen Erklärung der Bildung von Körpern darstellen soll. Beide Aspekte müssen im folgenden beachtet werden.

Daß der Ätherbeweis den Abschluß des Elementarsystems darstellt, zeigen schon die ersten unter der Gruppe der Modalitätskategorien stehenden Ansätze. Auffallend ist, daß Kant, der den Beweis später aus dem System stärker herauslöst,[165] gleichwohl dessen Verbindung mit dem Modalitätsabschnitt aufrecht erhält, worauf insbesondere einige Bemerkungen zu der mit dem Beweis getroffenen Aussagenart deuten.[166] Schon dies legt es nahe, die sich auf die Modalitätskategorien beziehenden Passagen in der *Kritik der reinen Vernunft* und in den *Metaphysischen Anfangsgründen* unter dem Gesichtspunkt des Ätherbeweises genauer zu betrachten. Darüber hinaus kann gerade anhand der in den *Metaphysischen Anfangsgründen* gegebenen Beispiele erläutert werden, in welchem Sinne die bewegenden Kräfte des Äthers ‚notwendig' sein sollen. Die leitende Frage des folgenden Abschnitts ist, wie weit eine Interpretation des Ätherbeweises mit den in der Gruppe der Modalitätskategorien der *Kritik der reinen Vernunft* von Kant zur Verfügung gestellten Mitteln kommt.

Zufolge der *Kritik der reinen Vernunft* (A 218/B 265 ff) soll etwas als möglich ausgewiesen werden, dadurch daß man zeigt, daß es mit den formalen (Begriffs- und Anschauungs-) Bedingungen für Objekte der Erfahrung übereinstimmt. Genauer betrachtet kann man die Frage nach der Möglichkeit auf verschiedene Weisen stellen. Ist der Nachweis der formalen Möglichkeit bereits erbracht,[167] läßt sich die Frage nach der Möglichkeit in der Form stellen, ob etwas *bloß möglich* ist. Betrachtet man den Satz: ‚Ein Körper ist im Raum (gradlinig und gleichförmig) bewegt', so muß die auf die Modalität zielende Frage lauten: Aus welchem Grund

165 Zumindest verortet Kant den Beweis nicht mehr in einem vierten Abschnitt. Dies geschieht wahrscheinlich, weil der Beweis mit den Mitteln der Modalitätskategorien nicht möglich ist, vielleicht aber auch, um die überleitende Funktion (zur empirischen Naturforschung) des Beweises zu betonen.

166 Dies wird später (S. 200) noch behandelt. Auch in dem Beweis spricht Kant beispielsweise von dem „Vernunftprincip der Modalität der Möglichkeit Wirklichkeit und Nothwendigkeit eines a priori denkbaren Systems der Materie" I, 241.

167 Die Begriffe und Prinzipien der *Metaphysischen Anfangsgründe* bedürfen dieses Nachweises nicht mehr, da sie schon mit Bezug auf reine Anschauung gewonnen sind.

sprechen wir dem Körper das Prädikat ,im Raum bewegt zu sein' zu? Die Beispiele der *Metaphysischen Anfangsgründe*, die relationale Verhältnisse zwischen Körper und Raum und zwischen Körpern zum Gegenstand haben, lehren: Wenn Raum und Körper gradlinig gleichförmig relativ aufeinander bewegt sind, können wir sowohl den Raum als den Körper als bewegt betrachten. Es liegt daher in unserem Belieben, den Satz ,Der Körper ist im Raum bewegt' zu bejahen.[168] Dies läßt sich, gegeben die Kantische Konzeption, mit anderen Worten auch so ausdrücken: Der Satz ,Ein Körper ist im Raum bewegt' ist bloß möglich oder auch: wir sprechen das Prädikat dem Körper nach unserem Belieben zu. Anders verhält es sich mit dem Satz ,Ein Körper ist im Raum kreisförmig (oder auch krummlinig) bewegt'. Es ist hier dem Körper und nicht dem Raum das Prädikat ,im Raum kreisförmig bewegt' beizulegen. Dies aus folgendem Grund: Die Bewegung des Körpers läßt sich – dem gemäß, was a priori (im Rückgriff auf das Trägheitsgesetz, IV, 557) gewußt wird – nur so erklären, daß die Richtungsänderung durch bewegende Kräfte verursacht ist. Es müssen bei dieser Erklärung dem kreisförmig bewegten Körper bewegende Kräfte (die den äußeren, die Bewegungsänderung verursachenden entgegenwirken) zugesprochen werden. Und wenn die bewegenden Kräfte dem Körper zugesprochen werden müssen (und nicht dem Raum zugesprochen werden können), ist die Bewegung des Körpers wirklich.[169] Im Unterschied zum ersten Fall einer gradlinig gleichförmigen Bewegung, bei der es in unserem Belieben stand, dem Körper das Prädikat ,bewegtsein' zuzusprechen, gibt es also bei der kreisförmigen Bewegung einen Grund (die Annahme von Wirkungen bewegender Kräfte des Körpers), ihm dieses Prädikat ,bewegt zu sein' tatsächlich zuzusprechen. Das Urteil ist assertorisch.

In der *Kritik der reinen Vernunft* (A 225/B 273 ff) sagt Kant, es sei, um etwas als wirklich zu erkennen, Wahrnehmung erforderlich, und zwar entweder dessen, von dem behauptet wird, daß es wirklich ist, oder von etwas, das mit dem, was als wirklich behauptet wird, gesetzmäßig verknüpft ist. Das, was als Grund für die Annahme, daß etwas wirklich ist, gegenüber der bloßen Möglichkeit hinzukommt, kann also durchaus verschiedener Natur sein. Der Fall der Annahme von etwas, das, statt selbst wahrgenommen zu werden, mit etwas Wahrgenommenen in gesetzmäßiger Verknüpfung steht, ist so zu erläutern: Wenn die Wahrnehmung von etwas nach den Grundsätzen der empirischen Verknüpfung mit etwas zusammenhängt, so läßt sich sagen, daß dieses wirklich ist, selbst dann, wenn es (noch) nicht wahrgenommen worden ist. Es läßt sich beispielsweise (zu Recht) aus der Wahr-

168 Vgl. hierzu auch Plaaß (1965), 104.

169 Dieses Argument wird hier verkürzt wiedergegeben, vgl. IV, 557. Es ist mit Problemen verbunden, wie auch der bei Kant folgende Verweis auf Newtons Experiment mit den zwei Kugeln. Vgl. hierzu Falkenburg (1987), 64 ff. Interessanterweise würden solche Probleme bei der neuen Konzeption des Nachlaßwerkes (zumindest so) nicht mehr bestehen. Dies kann hier nicht ausgeführt werden. Zu einer Rekonstruktion des Arguments, die auch die Anmerkung zur Phänomenologie hinzuzieht, vgl. Pollok (2001), 483.

nehmung des ‚gezogenen Eisenfeiligs' auf eine alle Körper durchdringende magnetische Materie schließen. Denn nach unseren (zusammenhängenden) Gesetzen über die Natur kann nur eine so bestimmte Materie die wahrgenommene Wirkung erklären. Dies, so Kant, reicht um zu *erkennen*, daß eine magnetische Materie existiert. Das als existierend Erkannte kann sogar so beschaffen sein, daß es selbst gar kein Gegenstand der Wahrnehmung oder direkten Erfahrung werden kann, weil unsere Sinne (für die Reize) zu schwach sind. Bezeichnenderweise sagt Kant, das Dasein einer solchen Materie werde *komparative a priori erkannt*. So drückt er sich offenbar aus, weil wir zwar anläßlich einer bestimmten Wahrnehmung, sodann aber nur vermöge einer Verknüpfung nach empirischen Gesetzen, die selbst unter den formalen Bedingungen der Erfahrung stehen, etwas als existierend erkennen – ohne daß wir von dem als existierend Erkannten eine Wahrnehmung oder direkte Erfahrung hätten und in diesem Sinne komparative a priori. Es stellt sich hier die Frage, ob Kant nicht auch bei dem Beweis der Existenz des Äthers eine solche Überlegung in Anschlag bringt. Sein analoges Argument, mittels dessen er die Wirklichkeit des Äthers (nach dem Postulat der Wirklichkeit) behaupten könnte, würde etwa so lauten: Auch die Äthermaterie müssen wir nach empirischen Gesetzen annehmen, um die wahrgenommenen Körper und ihre Eigenschaften zu erklären. Daher kann auch der Äther komparative a priori als existierend erkannt werden. Sind es doch Körper und ihre Eigenschaften, also Gegenstände direkter Erfahrung oder Wahrnehmung, die zusammen mit Gesetzen der Erfahrung auf die Annahme der Wirklichkeit des Äthers führen.

Indessen läßt sich die über das ‚Postulat der Wirklichkeit' laufende Existenzbehauptung schon aus einem formalen Grund nicht mit dem Existenzbeweis identifizieren. Als wirklich erkennt man etwas, wenn es entweder durch eine Wahrnehmung gegeben ist, oder wenn die Verbindung mit etwas Wahrgenommenem nach Gesetzen der empirischen Verknüpfung die Annahme seiner Existenz fordert (wie im Falle der magnetischen Materie). Wollte man diese Annahme zum Beweis der Wirklichkeit des Äthers heranziehen, so müßte man einräumen, daß der Beweis nicht mehr von dem zu unterscheiden wäre, wovon er in der vorliegenden Arbeit (schon in Kapitel 3) gerade abgegrenzt worden ist: der Rechtfertigung einer hypothetischen Annahme als einer sowohl erklärungstauglichen als auch mit bereits akzeptierten empirischen Gesetzen in Einklang stehenden. Es wäre jedoch in diesem Fall unzulässig, daß Kant über die auf diese Weise gewonnenen Behauptungen sagt, sie seien apriorische – nicht bloß komparativ apriorische – und würden unabhängig von *aller* Erfahrung sein.

Weiterhin muß natürlich Folgendes bedacht werden: Kant behauptet, der Äther oder die bewegenden Kräfte seien ‚notwendig' und nicht bloß ‚wirklich'. Bisher haben wir noch nicht geprüft, wie diese Behauptung sich von der *Kritik der reinen Vernunft* und den *Metaphysischen Anfangsgründen* ausgehend rekonstruieren läßt. Zufolge der *Kritik der reinen Vernunft* ist es nur dann möglich, etwas als notwendig existierend zu erkennen, wenn man bei gegebenen Ursachen auf die

Wirkungen schließt. Demnach kann gar nicht das Dasein eines Dinges als notwendig erkannt werden, sondern nur sein Zustand. Des weiteren folgt die Erkenntnis der Notwendigkeit des Zustands eines Dinges laut der *Kritik der reinen Vernunft* nicht aus Begriffen (A 227/B 279), sondern aus der Verknüpfung von etwas Wahrgenommenen nach empirischen Gesetzen der Kausalität (A 227 f/B 280). Hiervon unterscheidet sich dies, etwas komparative a priori als *wirklich* zu erkennen, dadurch, daß der Grund der Verknüpfung ein anderer ist:[170] Um zu sagen, daß etwas wirklich ist, muß man aufzeigen, daß bestimmte Vorstellungen – von denen mindestens eine eine Wahrnehmung sein muß – miteinander nach empirischen Gesetzen verknüpft werden müssen. Dagegen begründet eine Verknüpfung, die zwar auch nach empirischen Gesetzen erfolgt – also auch auf Wahrnehmung Bezug nimmt –, aber doch in direktem Rückgriff auf einen apodiktischen Satz zu rechtfertigen ist, einen apodiktisch gewissen Satz oder mit anderen Worten einen Satz, bei dem wir das Prädikat als mit dem Subjektbegriff notwendig verknüpft denken. Dafür kommen nur solche Sätze in Frage, die eine Verknüpfung nach empirischen Gesetzen der Kausalität herstellen, wobei man von gegebenen Ursachen auf Wirkungen schließt.

Mit Bezug auf die *Metaphysischen Anfangsgründe* läßt sich diese Bedeutung von ‚notwendig' wieder ausgehend von der Frage ausführen, in welchem Fall das Prädikat des Bewegtseins einem Körper notwendig zukommt. Notwendig ist die Bewegung eines bewegten Körpers, durch die er in Ansehung eines anderen bewegend ist. So ist beispielsweise ein Körper, der einen Richtungswechsel eines anderen bewirkt, notwendig durch dieselbe (Größe der) Bewegungsänderung, die der andere erleidet, zu bestimmen. Da a priori gewiß ist, daß die Mitteilung der Bewegung von Körpern auf einer gemeinsamen Wirkung ihrer bewegenden Kräfte basiert, und diese nur durch beiderseitige Bewegung (in gleiche oder entgegengesetzte Richtungen) möglich ist, erweist sich die Bewegung beider Körper in einem ersten Schritt als wirklich.[171] Daß die Bewegung des Körpers (der die eines anderen verursacht) darüber hinaus als notwendig erkannt werden kann, liegt daran, daß die

170 Ein anderer Vorschlag zur Deutung des Unterschieds von ‚wirklich' und ‚notwendig', der durch die Bemerkungen der *Metaphysischen Anfangsgründe* nahegelegt wird (vgl. Pollock (2001), 479 ff) läuft auf die Gegenüberstellung von Wahrnehmung und begrifflicher Erkenntnis hinaus. Der Vorschlag läßt sich wie folgt paraphrasieren: Die krummlinige Bewegung des Körpers muß selbst wahrgenommen werden, die Frage ist hier nur, ob sie dem Körper wirklich zukommt. Dagegen ist in dem Beispiel (das für einen ‚notwendigen' Satz angeführt wird) der relativen Bewegung der Körper die Bewegung gar nicht aufgrund von Wahrgenommenem, sondern bloß aus dem Begriff der Relation zweier Beweglicher erkennbar. Gegen diesen Vorschlag spricht erstens, daß – wie sich im Fall der komparativen a priori Wirklichkeitsaussage gezeigt hat – auch bei der Begründung, daß etwas wirklich ist, *nicht immer* unmittelbar auf Wahrgenommenes verwiesen werden kann, zweitens, daß die Frage, ob etwas notwendig ist, hier als ‚notwendig existiert' verstanden werden soll. Rein begrifflich ist eine solche Frage (Kant zufolge) gar nicht zu beantworten.

171 Diesem Schritt entspricht in dem oben behandelten Beispiel für einen Satz, in dem etwas als wirklich behauptet wird, der Schritt, in dem gesagt wurde, daß für eine krummlinige Bewegung dem Körper bewegende Kräfte zugesprochen werden müssen.

Aussage der Wirklichkeit der Bewegung sich nicht (bloß) darauf stützt, daß nach empirischen Gesetzen den äußeren Kräften entgegenwirkende Kräfte des Körpers anzunehmen sind (wie im Falle der kreisförmigen Bewegung), sondern daß das Prädikat ‚bewegt zu sein' (oder eine bestimmte Bewegung zu haben) dem Körper aufgrund des dritten mechanischen Gesetzes zugesprochen wird, wonach in aller Mitteilung der Bewegung Wirkung und Gegenwirkung einander jederzeit gleich sind (IV, 544). In diesem Sinne sagt Kant, daß die Wirklichkeit der Bewegung nicht „auf dem Einflusse äußerer Kräfte beruht, sondern aus dem Begriffe der Relation des Bewegten im Raume zu jedem anderen dadurch Beweglichen unmittelbar und unvermeidlich folgt" (IV, 558).[172] Wie in der *Kritik der reinen Vernunft*, so wird auch hier nicht behauptet, daß man das Dasein von etwas notwendig erkennen könne, sondern der Zustand von etwas (dem Körper) wird als notwendig bestimmt angesehen. Daß die Notwendigkeit aufgrund einer begrifflichen Verknüpfung gelten soll, scheint allerdings der (oben angeführten) Bemerkung der *Kritik der reinen Vernunft* zu widersprechen, die sich gegen die Meinung wandte, daß die Behauptung ‚aus Begriffen' folge. Jedoch können die Aussagen der *Metaphysischen Anfangsgründe* mit den Aussagen der *Kritik der reinen Vernunft* dadurch zur Deckung gebracht werden, daß man ‚begrifflich' in den *Metaphysischen Anfangsgründen* als Gegenbegriff zu ‚bloß empirisch' versteht: Wird auch die Bewegung des Körpers angesichts einer Wahrnehmung und aufgrund der Verknüpfung eines empirischen Gesetzes angenommen (daß die Wirkung und Gegenwirkung von Bewegungen von Körpern aufeinander gleich ist), so ist diese Verknüpfung doch direkt auf ein apodiktisches Gesetz zurückführbar und deswegen notwendig.

Bei dem Versuch, dies alles für den Beweis der Existenz des Äthers fruchtbar zu machen, ist zunächst an eine Unterscheidung zu erinnern, die im Zusammenhang mit der Überlegung zur Notwendigkeit der bewegenden Kräfte des Äthers gemacht wurde. Der vor allem im Blick auf die Gruppe der Quantitätskategorien explizierte Gedanke war, daß die ursprünglichen lebendigen[173] bewegenden Kräfte des Äthers notwendig vorauszusetzen sind, wobei der Äther selbst eine von den besonderen Materien unabhängige Materie darstellen soll. Von diesem Gedanken ist in der vorliegenden Arbeit die Frage ausgegangen, wieso es eines Beweises der *Existenz* des mit bewegenden Kräften ausgestatteten Äthers bedürfe. Kants im Kontext der Modalitäten des Systems des Übergangs angestellte Untersuchung zielte dagegen darauf, dem Äther das Prädikat ‚hat lebendige bewegende Kräfte' als ein ihm notwendig zukommendes zu erweisen. Entsprechend dieser Unterscheidung kann man beim Ätherbeweis die Frage, ob der Äther notwendig existiert, von der unterscheiden, ob ihm das Prädikat ‚hat lebendige bewegende Kräfte' notwen-

172 Rekonstruiert man das Argument für die Wirklichkeit der krummlinigen Bewegung so, daß dafür die Wahrnehmung der Zentripetalkraft erforderlich ist, so könnte man – etwas näher am Text – hier auch zunächst sagen: für das Urteil ‚notwendig' ist keine Wahrnehmung erforderlich. Vgl. dazu Anmerkung 170.

173 Vgl. hierzu Kapitel 3.

dig zukommt. Der später noch näher zu explizierende Grund für die Unterscheidung liegt darin, daß zur Erklärung der spezifischen Verschiedenheit von Materien spezifische Wirkungen (von bewegenden Kräfte durch eine innere Bewegtheit) des Äthers vorausgesetzt werden müssen. Diese Forderung läßt sich so ausdrücken: Der durch bewegende Kräfte dieser Art zu charakterisierende Äther existiert notwendig. Oder auch so: Dem Äther, von dessen Existenz man ausgeht, kommen notwendig lebendige bewegende Kräfte zu. In Kants Augen sind beide Annahmen zu machen. Für beide gilt jedoch, daß die hier im Zusammenhang der Modalitätskategorie der *Kritik der reinen Vernunft* und der *Metaphysischen Anfangsgründe* explizierte Bedeutung von ‚notwendig' nicht gemeint sein kann. Denn weder ist es, den früheren Überlegungen zur Modalität zufolge, möglich, die Existenz des Äthers als notwendig zu behaupten, da nach ihnen Existenzaussagen überhaupt keine Notwendigkeit beanspruchen können. Noch lassen sich dem Äther, selbst wenn man seine Existenz nicht in Frage stellen würde, lebendige bewegende Kräfte notwendig zusprechen. Denn da die bewegenden Kräfte des Äthers als *Ursachen* für Wahrgenommenes vorauszusetzen sind, ist es unmöglich, sie in der Form eines Schlusses von einer gegebenen Ursache auf eine Wirkung zu rechtfertigen.

Ein Versuch, die bisher vorgestellten verschiedenen Fälle der *Metaphysischen Anfangsgründe* für die Behauptung der Möglichkeit, der Wirklichkeit und der Notwendigkeit von im Raum bewegten Körpern auf den Beweis der Existenz des Äthers zu übertragen, könnte so aussehen: In den Sätzen des Elementarsystems, die dem Begriff der Materie entgegengesetzte Prädikate zusprechen, kommt das Prädikat ‚hat lebendige bewegende Kräfte' entweder der wägbaren oder der unwägbaren Materie zu. Betrachten wir die unwägbare Materie. Ihr kann man das Prädikat zusprechen (es ist möglich, daß die unwägbare Materie lebendige bewegende Kräfte hat). Dies gilt, weil Kant den Begriff der unwägbaren Materie im Rückgriff auf die mit Bezug auf die Anschauungsformen Raum und Zeit gewonnenen Prinzipien konzipiert hat. Darüber hinaus könnte Kant der unwägbaren Materie das Prädikat als wirkliches zusprechen – oder auch sagen: es gibt eine so bestimmte Materie wirklich. Die Rechtfertigung dafür würde lauten, daß es eine so bestimmte Materie gibt, weil die Wahrnehmung von Körpern und die Verknüpfung von empirischen Gesetzen dies fordert. Gemäß den Ausführungen, die Kant in der *Kritik der reinen Vernunft* zum Postulat der Wirklichkeit macht (und durch das Beispiel der magnetischen Materie veranschaulicht), wäre die Wirklichkeit der unwägbaren Materie (oder des Äthers) – im Ausgang von der Wahrnehmung von Körpern im Raum – komparative a priori erkennbar. Hingegen läßt sich mit den im Abschnitt über die Modalitätskategorien zur Verfügung gestellten Mitteln nicht erweisen, daß der Äther notwendig existiert oder daß ihm das Prädikat ‚hat bewegende Kräfte' notwendig zukommt.

Für die im Nachlaßwerk aufgestellte Behauptung, nach der die bewegenden Kräfte des Äthers notwendig sind, muß Kant also einen anderen Typ von Notwendigkeitsbehauptungen als den soeben im Rahmen der Modalitätskategorien vorgestellten im Blick haben. Und er muß, will er die Existenz des Äthers a priori beweisen – nicht etwa komparativ a priori – einen anderen Grund für die Existenzbehauptung angeben als die Wahrnehmung von Körpern.

Tatsächlich läßt sich im Ausgang von dem Kapitel der Modalitätskategorien der *Kritik der reinen Vernunft* noch etwas anderes ausfindig machen, was zur Rekonstruktion des Ätherbeweises einen Anhaltspunkt geben könnte. In der zweiten Auflage seines Hauptwerkes fügt Kant an die Ausführungen zur Modalität der Wirklichkeit die *Widerlegung des Idealismus* an. Diese Widerlegung zielt nach seinen Worten darauf ab, die Existenzbehauptung, die ausgehend von einer Wahrnehmung auf die Existenz von etwas anderem schließt, gegen einen grundsätzlichen Einwand zu verteidigen (B 274). Dieser Einwand lautet, daß von der Wirklichkeit äußerer Dinge überhaupt nicht mit Sicherheit ausgegangen werden könne, weil der Folgerung von (inneren) Vorstellungen auf die Existenz äußerer Dinge selbst nichts Notwendiges anhafte. Diese Folgerung leite von einer gegebenen Wirkung, nämlich der Empfindung, die Einwirkung äußerer Dinge als Ursache der Empfindung ab. Weil ein solcher Schluß von einer Wirkung auf eine Ursache kein notwendiger sei, bliebe jede Behauptung über die Existenz eines äußeren Dinges zweifelhaft. Dies muß, so Kant, durch einen besonderen Beweis widerlegt werden. Etwas forciert ausgedrückt: Es gibt basale Grundannahmen, die, auch wenn sie nicht kausal gerechtfertigt werden können, als notwendig aufgezeigt werden müssen, um dem Skeptizismus keinen Raum zu geben.

Die Beschreibung dessen, was für eine *Widerlegung des Idealismus* erforderlich ist, ähnelt dem soeben einem Existenzbeweis des Äthers Abverlangtem: Die Widerlegung stellt eine Beweisart dar, die es erlaubt, eine apriorische notwendige Existenzbehauptung zu vertreten. Die Beweisart hat eine andere Form als die Rechtfertigung einer über eine besondere Wahrnehmung laufenden Daseins- oder Notwendigkeitsbehauptung. Den Ausgangspunkt bildet in ihr gar keine besondere Wahrnehmung; vielmehr geht sie von etwas Grundlegendem und für uns Unbestreitbarem, einer Erfahrung (das empirisch bestimmte Bewußtsein meines eigenen Daseins), die jeder nachvollziehen kann,[174] aus, um auf Bedingungen für diese Erfahrung zu rekurrieren. Die hier geltend gemachten Bedingungen sind keine Objektbedingungen, das heißt sie sagen nichts darüber aus, wie sich ein Objekt denken läßt; sie sind vielmehr Bedingungen, die bloß mit unserer Sinnlichkeit zusammenhängen. Sie sind, anders gesagt, Bedingungen, die, gegeben unsere Erkenntnisweise und unser Erkenntnisvermögen, notwendig[175] für das Eintreffen der

174 ‚Unbestreitbar' und ‚grundlegend' werden in diesem Kontext vage verwendet: Die Erfahrung ist aktiv nachzuvollziehen (bzw. wird immer schon vollzogen), und sie hängt mit unserem Selbst- oder Weltverständnis zusammen. So scheint die äußere Erfahrung mittelbar, und sie zu leugnen möglich, sie wird aber als Bedingung für die innere Erfahrung erwiesen, die vom (cartesischen) Skeptiker zugestanden wird.

175 Vgl. B 276: „Nun ist das Bewußtsein in der Zeit mit dem Bewußtsein der Möglichkeit dieser Zeitbestimmung notwendig verbunden [...]".

(unbestreitbaren) Erfahrungstatsache sind. Es ist (anders als bei den Modalitäten im engeren Sinne) keine empirische Verknüpfung, die hier vorgenommen wird, sondern – abgekürzt ausgedrückt – eine Reflexion auf nicht formale, aber notwendige Voraussetzungen für Erfahrung. Genauer muß man daher auch sagen, daß die bei der *Widerlegung des Idealismus* in Anspruch genommene Strategie gegen skeptische Einwände gar nicht auf eine Rechtfertigungen einer Einstellung hinausläuft, sondern darin besteht, die Realität der Außenwelt als notwendige Voraussetzung für eine unbestreitbare und grundlegende Erfahrungstatsache anzusehen.[176] Daher sind in ihrem Kontext Formulierungen möglich wie: Ohne die hier herausgestellte Bedingung wäre es unmöglich, überhaupt Erfahrung zu machen.

In Analogie zum Beweis der Existenz äußerer Dinge, der *Widerlegung des Idealismus*, könnte man die Existenz des Äthers etwa so zu beweisen versuchen:

Lehrsatz: Die Erfahrung von Körpern im Raum beweist eine den Raum allwärts erfüllende Materie.

Beweis: Es gibt Erfahrung von Körpern im Raum. Diese Erfahrung ist die Verknüpfung von Wahrnehmungen. Sie bestimmt Körper als im Raum bewegte und in Relationen zueinander stehende Objekte. Dies setzt voraus, daß der Raum, in dem die Körper sind, materiell (mit Materie erfüllt) ist. Denn ein nicht materieller Raum könnte für uns nicht Teil der Wahrnehmung werden, so daß auch in der Bestimmung unserer Wahrnehmungen Entfernungen zwischen Körpern und Bewegungen von Körpern im Raum keine Rolle spielen dürften.

Die Materie im Raum läßt sich nun nicht auf die Grenzen eines konkreten Erfahrungsraumes einschränken. Denn der Erfahrungsraum muß beliebig erweitert werden können. Die Bedingung, die für die Verknüpfung der Wahrnehmungen im konkreten Erfahrungsraum gilt, muß auch für jeden weiteren Erfahrungsraum gelten.

Also: Nur wenn es Eine den Raum allwärts erfüllende Materie gibt, kann es Erfahrung von Körpern im Raum geben. Die Bezeichnung für die den Raum allwärts erfüllende Materie ist der Äther.

Die dem skizzierten Beweis zugrundeliegenden Überzeugungen sollen erst bei der Durchführung des Beweises (B) erläutert werden. Die bisherigen Ausführungen zum Ziel des Ätherbeweises (in Kapitel 3) dürften aber bereits klar gemacht haben, daß der Beweis so, wie er jetzt umrissen wurde, nicht genügen kann. Läßt er doch im Unklaren, wie die raumerfüllende Materie in die *Erklärung* der Möglichkeit von Körpern einzubeziehen ist. Immerhin läßt sich nach alledem Folgendes festhalten: Zwar ist das mit dem Ätherbeweis angestrebte Ziel mit den Mittel der Modalitätskategorien im engeren Sinne nicht einzuholen, jedoch hat Kant bereits in

176 Zu dieser Art von Strategien gegenüber dem Skeptizismus, vgl. Horstmann (Unveröffentlichtes Manuskript).

der *Kritik der reinen Vernunft* einen eigentümlichen Typ von Beweis eingeführt, der nicht durch seine Taxonomie der Beweisarten gedeckt ist,[177] und der für die Strategie des Ätherbeweises zumindest ein Anhaltspunkt ist.

Bevor wir dem nachgehen, müssen wir die vorangegangenen Überlegungen noch daraufhin befragen, was sie an der Struktur des Übergangs aufklären, also des Teils des Kantischen (Gesamt-)Systems, dem die Aufgabe zugewiesen ist, von den Metaphysischen Anfangsgründen zur empirischen Physik überzuleiten. In Anbetracht der Abschlußfunktion des Beweises ist die Rolle des Äthers im Elementarsystem selbst (als dem ersten Teil des Übergangs) so zu beschreiben, daß hier die formlose Materie eingeführt und die entsprechenden bewegenden Kräfte als mögliche (Erklärungs-) Prinzipien zur Verfügung gestellt werden. Abstrahiert man auch noch von den Ausführungen, die sich unter denen zur Gruppe der Modalitätskategorien finden, so kann man sagen: Das Elementarsystem selbst läßt nur Konditionalsätze der folgenden Art zu: Wenn wir eine formlose Materie (mit den im Elementarsystem gegebenen Eigenschaften) annehmen, dann sind wir in der Lage, mittels ihrer in der (im dritten Kapitel) ausgeführten Weise die Eigenschaften von Körpern zu erklären. Geliefert wird nur eine Erklärungs*möglichkeit* von Körpern oder spezifisch verschiedenen Materien. Dies entspricht der im ersten Kapitel herausgearbeiteten Funktion des Elementarsystems. Auf eine Lösung der weiteren Probleme des Übergangs, die sich wiederum mit dieser Erklärungsmöglichkeit stellen, geht Kant mit andersartigen, an das Elementarsystem anschließenden Schritten.

An das Vorgetragene läßt sich eine allgemeinere Bemerkung anschließen: Der Umstand, daß Kant im Nachlaßwerk die Frage nach der Legitimierbarkeit der Existenz des Äthers erst relativ spät zu beantworten versucht, läßt sich so begründen, daß sein vorrangiges Interesse dem Aufzeigen der *Möglichkeit* der Erklärung von spezifischen Materien anhand dieses Prinzips (des Ätherprinzips) gelten muß. Dafür spricht, daß es Vorformen des Ätherbeweises schon in früheren Textpassagen gibt (etwa I, 458). Außerdem erklärt dies auch, warum Kant den Ätherbeweis nicht mit dem ganzen Übergang identifiziert, sondern in seinem System der empirischen Physik unter den Betrachtungen zur Kategoriengruppe der Modalität bringt und warum er ihn für den Beschluß des Systems ausgibt (II, 584).

Die bisherigen Überlegungen, insbesondere die zu den Modalitätskategorien, haben schließlich die bereits im dritten Kapitel geäußerte Vermutung bestätigen

---

177 Der in der Methodenlehre charakterisierte ‚transzendentale Beweis' ist deshalb nicht geeignet, weil er von einem Begriff ausgehen soll und der Beweis nichts enthalten soll „außer diesem Begriffe [...]". Der Beweis ist daher nur „als die Bestimmung eines Gegenstandes überhaupt nach diesem Begriffe" anzusehen. (A 787/B 815 f). Dies paßt weder auf die *Widerlegung des Idealismus* noch auf den Ätherbeweis. Die Diskussion über die Taxonomie soll hier aber nicht vertieft werden. Vgl. Schulze (1994) 146; 157. Wichtig ist, daß diese (im Zusammenhang des Ätherbeweises noch auszuführende) Art von Notwendigkeitsbehauptungen gemacht werden können, ohne daß die auf diese Weise freigelegten Bedingungen mit den Kategorien gleichartig sind.

können, daß Kant mit dem Beweis der Existenz des Äthers nicht bloß die *Idee* des Äthers rechtfertigen will und sich auch nicht bloß mit dem Argument begnügt, der Äther sei aufgrund empirisch fundierter Annahmen als wirklich zu setzen. Nicht zuletzt die Analogie mit der *Widerlegung des Idealismus* der *Kritik der reinen Vernunft* legt die Vermutung nahe, daß Kant sich genötigt sieht, mit dem Ätherbeweis einem generellen Einwand zu begegnen, der sich gegen seinen nun mit dem Elementarsystem ausgearbeiteten Vorschlag zur Fundierung der empirischen Physik richtet. Ein derartiger Einwand könnte etwa wie folgt lauten: Alle Erklärungen der empirischen Physik hängen ab von einer Existenzbehauptung, die aber selbst nicht apodiktisch gewiß und in diesem Sinne ‚unsicher' ist.[178] Den Beweis als Entgegnung auf einen derartigen Einwand zu verstehen, bedeutet wohlgemerkt nicht, daß den Sätzen der empirischen Physik durch den Beweis ebenfalls apodiktische Gewißheit verliehen würde. Der Beweis würde nur zeigen, daß es notwendig (für Erfahrung) eine den Raum erfüllende Materie geben muß, nicht aber, daß die auf dieser Basis ruhenden Erklärungen notwendig sind.

Es spricht jedoch einiges dagegen, in dem Einwand, daß die Existenzbehauptung ‚unsicher' sei, denjenigen zu sehen, dem Kant mit dem Beweis der Existenz des Äthers meint begegnen zu müssen. Es ist nach wie vor gar nicht einzusehen, daß etwas dagegen spräche, (nur) die Wirklichkeit, nicht aber die Notwendigkeit der Existenz des Äthers zu behaupten. Vielmehr ist fraglich, wie die Wirklichkeitsbehauptung, die bei dem hier diskutierten Vorschlag als ‚zu unsicher' eingestuft wird, eigentlich aussehen soll. Was das betrifft, *worauf* man überhaupt schließen könnte, so ließe sich aufgrund der Wahrnehmung von Körpern und ihren Eigenschaften gar nicht auf die Wirklichkeit des Äthers, verstanden als Basis für die Erklärung aller Eigenschaften, schließen, sondern höchstens auf Materien mit Eigenschaften, die bestimmte Eigenschaften der wahrgenommenen Körper erklären. Beispielsweise könnte eine bestimmte in sich oszillierende (ätherische) Materie angesichts tropfen- und kugelförmiger flüssiger Materie mit Kohäsion als wirklich angenommen werden, weil die Form flüssiger Materien nur durch einwirkende Stöße einer die flüssige Materie umgebenden Materie erklärbar ist.[179] Eine solche ätherische Materie ist aber nicht mit dem Äther als Basis *aller* Erklärungen identisch. Und was die Frage betrifft, aufgrund *von was* man auf die Wirklichkeit des Äthers schließen könnte, so setzt die Erklärung der an Körpern beobachteten spezifischen Eigenschaften schon den Begriffsapparat voraus, den das Elementarsystem zur Verfügung stellt und zu dem der Begriff des Äthers, verstanden als

---

178 Vgl. zu einer ähnlichen Formulierung des skeptischen Einwands die A-Auflage der *Kritik der reinen Vernunft* A 368.

179 Vgl. die im zweiten Kapitel bereits erwähnten Überlegungen Kants im *Oktaventwurf* (I, 379 ff). Geht man von den Darlegungen im dritten Kapitel aus, ließen sich hier auch weitere Argumente dafür anführen, daß der im Elementarsystem konzipierte Äther nicht durch empirische Gesetze als wirklich zu behaupten ist. So etwa läßt sich nicht durch Rekurs auf empirische Gesetze ausweisen, daß ihm eine immerwährende Bewegung zugesprochen werden sollte (vgl. 3 Kapitel).

Basis zur Erklärung aller Eigenschaften von Körpern, gehört. In Bezug darauf ist an die (in der Einleitung und im ersten Kapitel dieser Arbeit geltend gemachte) Einsicht zu erinnern, daß die empirische Physik mit verschiedenen Typen von Prinzipien arbeitet. Die Behauptung zum Beispiel, daß die magnetische Materie mit spezifischen besonderen Kräften wirklich sei, setzt die Erklärbarkeit von Körpern und ihren Eigenschaften schon voraus. Erst vor dem Hintergrund der im Elementarsystem aufgestellten unterschiedlichen Prinzipien ist die spezifische Erklärung des ‚Ziehens des Eisenfeiligs' durch eine magnetische Materie möglich. Der Äther, so wie er in dem Elementarsystem konzipiert wird, ist demzufolge gar keine Materie, auf deren Wirklichkeit man angesichts einer Wahrnehmung, geleitet von empirischen Gesetzen, schließen könnte. Vielmehr ist er ein Konstrukt, dessen Wirklichkeit für alle Erklärungen der empirischen Physik schon vorauszusetzen ist.[180]

Nach alledem kann man sagen: Nicht daß eine derartige Wirklichkeitsbehauptung zu unsicher wäre, ist das Problem, sondern daß sie gar nicht möglich ist. Es gibt zwar Passagen im Nachlaßwerk, in denen Kant die (oben zunächst herausgestellte, aber dann verworfene) Begründung für einen Beweis erwägt, der zufolge der Äther empirisch nicht als *notwendig* zu erweisen wäre. So, wenn er der Bemerkung, der Äther könne empirisch nicht bewiesen werden, hinzufügt „[...] wenigstens würde die Behauptung desselben nicht aus Principien a priori die insgesammt mit der Wirklichkeit zugleich die Nothwendigkeit des Satzes bey sich führen hervorgehen können." (I, 538) Aber selbst bei solchen Bemerkungen steht die Vermutung Kants im Hintergrund, daß der Äther sich empirisch auch nicht als wirklich ausweisen läßt. In ihr kann man den Grund dafür sehen, daß Kant den Existenzbeweis mit der folgenden paradox anmutenden Feststellung kommentiert:

> „Dieser Urstoff der blos in Gedanken da ist mit der Eigenschaft die wir ihm beylegen müssen uranfänglich bewegend zu sein ist nun kein hypothetisches Ding auch nicht ein Erfahrungsobiect denn da würde dieser zur Physik gehören [, er] hat aber doch Realität und seine Existenz kann postulirt werden" (I, 219).

Im Ansatz wird ferner von daher verständlich, warum Kant sagt, er wolle die Wirklichkeit „ausser der Idee von ihr beweisen", wenngleich der Stoff, dessen Existenz bewiesen werden solle, kein Gegenstand möglicher Erfahrung sein könne (I, 559). Und schließlich läßt sich auch einsehen, warum Kant der Meinung ist, man könne subjektiv die Existenz des Äthers beweisen, während man ihn objektiv nur hypothetisch annehmen könne. Er macht damit deutlich, daß er Hypothese und Existenzbeweis als zwei verschiedene Typen von Behauptungen betrachtet und nicht als solche, die sich bloß hinsichtlich ihres Grades an Sicherheit unterscheiden:

> „Allein es sind nur zwey verschiedene Beziehungen [möglich,] nämlich eine die der Vorstellung auf das Object die andere der Möglichkeit der Erkentnis die das Subjekt von je-

180 In diesem Sinne läßt sich etwa die folgende Passage (I, 229) lesen: Dieser Stoff „wird als Princip der Möglichkeit der Erfahrung jener Kräfte postulirt und der Begriff von demselben ist die Basis der Verknüpfung a priori aller bewegenden Kräfte der Materie [...]".

nem haben kann. Gehe ich vom ersten Princip aus so ist das Urtheil direct und die genannte Materie ein blos hypothetischer Stoff den ich aus aller meiner Vorstellung heraus vernünfteln kann [...]" (I, 230).

Im Falle einer hypothetischen Annahme dürfte der Physiker von seinen Experimenten her nur auf die Wirklichkeit einer bestimmten ätherischen Materie schließen. Eine solche Wirklichkeitsbehauptung wäre als Basis für die empirische Physik nicht zu schwach, sie wäre für deren Fundierung gar nicht verwendbar.

Folgt man der hier angestellten, an der Funktion des Äthers als Basis für alle Erklärungen orientierten Überlegung, so scheint es zum Verständnis des Beweises erforderlich, den Charakter des Äthers noch einmal eingehender zu betrachten. Dies wird vor allem dadurch nahegelegt, daß Kant die Besonderheit des Beweises ausdrücklich mit einer Eigentümlichkeit des Äthers in Verbindung bringt: „Dieser indirekte Beweis ist *einzig* in seiner Art welches nicht befremden darf, da er auch einen *einzelnen* Gegenstand welcher nicht logische sondern reale Allgemeinheit bey sich führt, betrifft." (I, 586)

(2) Die Frage nach dem Charakter des Äthers, deren Beantwortung näheren Aufschluß darüber geben soll, warum Kant den Ätherbeweis für erforderlich hält, kann abermals auf die Stellung des Ätherbeweises im Übergang zurückgreifen. Unter dem zweiten oben angeführten Aspekt, daß der Äther zu einer genetischen Darstellungsweise überleiten soll, wird ein bisher vernachlässigtes Charakteristikum des Äthers relevant: daß er ein *Inbegriff der bewegenden Kräfte* sein soll.

Im Beweis verwendet Kant oft die Formulierung „Inbegriff der bewegenden Kräfte der Materie" (I, 219) oder auch „Ganze der Materie" (II, 608). Diese Ausdrücke werden mit denen des ‚Äthers' oder der ‚Materie, deren Existenz bewiesen werden soll', synonym verwendet. Im Anschluß an die Rede von ‚Ganzes der Materie' fährt Kant etwa fort: „welche (es sey unter dem Nahmen des Wärmestoffs oder Aethers) kein hypothetischer Stoff ist [...]" (II, 608).

Als Grund dafür, daß Kant den Äther als ‚Inbegriff der bewegenden Kräfte' oder als ‚Ganzes der Materie' bezeichnet, könnte man, von bereits (im dritten Kapitel) angeführten Formulierungen Kants ausgehend, angeben, daß er durch diese Bezeichnung ein Regreßproblem der Erklärung vermeiden will. Wenn er den Äther als Bedingung für die Erklärung der Möglichkeit der spezifischen Verschiedenheit von Materien oder Körpern einführt und die Möglichkeit verschiedener Eigenschaften der Materien und Körper von der als Äther bezeichneten Materie abhängig macht, muß er zwischen dem Äther und den besonderen oder auch ‚sekundären' Materien klar unterscheiden können. Zu den Unterschieden muß auch der gehören, daß der Äther als ‚selbstgenügsam' charakterisiert wird. Andernfalls würde die Erklärung in einen Regreß geraten. Denn dann wäre zur Erklärung des Äthers abermals eine andere Materie erforderlich – etwas, das ihm gegenüber dieselbe Funktion hat, die er in Bezug auf die sekundären Materien ausübt. Eine nicht regressive Erklärung der Möglichkeit spezifischer Verschiedenheit bietet der Äther also nur unter der Bedingung, daß man ihn als ein in sich selbst verbundenes Ganzes ansehen kann, dessen Eigenschaften, wie die der Beweglichkeit, nicht wieder von anderen Materien oder bewegenden Kräften, die nicht ihm selbst zukommen, abhängen.[181]

Jedoch ist diese Begründung nicht ohne Schwierigkeiten. Geht sie doch bereits vom existierenden Äther als einer selbstgenügsamen Materie aus. Näher würde liegen, zunächst beim Elementarsystem anzusetzen. Vor dem Hintergrund der bisherigen Darstellung mag die Rede vom *Inbegriff* und vom *Ganzen* zunächst insofern verständlich sein, als dieses Elementarsystem die Aufgabe hatte, einen vollständigen Plan von bewegenden Kräften aufzustellen oder, mit anderen Worten, eine vollständige Bestimmung des Materiebegriffs zu liefern, eine Aufgabe, die man auch als die einer Darstellung des ‚Inbegriffs der bewegenden Kräfte' bezeichnen könnte. Allerdings wäre eine solche Bezeichnung kommentierungsbedürftig. Auf den ersten Blick widerspricht sie nämlich dem Prinzip des Elementarsystems, weil dort der Begriff der ‚unwägbaren' dem der ‚wägbaren' Materie entgegengesetzt worden ist, während hier der Äther der Inbegriff *aller* Kräfte sein soll und nicht bloß einer von zwei Materietypen (nämlich der unwägbaren Materie). Aber schon oben hat sich gezeigt, daß der als Äther bezeichneten ‚unwägbaren' Materie auch die körperkonstituierenden Kräfte zukommen sollen. Kant erhebt also den Anspruch, daß tatsächlich *alle* Eigenschaften von Körpern auf der Grundlage des Äthers erklärbar sind. Es ist die (zumindest beanspruchte) Erklärbarkeit aller Eigenschaften der Materie durch die in der Idee des Äthers angelegten bewegenden Kräfte und deren verschiedene Wirkungsweise, die für Kant den Grund dafür darstellt, den Äther als Inbegriff der bewegenden Kräfte zu bezeichnen.[182] Ergänzend hierzu muß man sagen: Zwar stellt das Elementarsystem die Elemente des Materiebegriffs (in der im dritten Kapitel explizierten Weise) analytisch zu einer Einheit zusammen. Aber diese Einheit muß als „collective Allgemeinheit" (II, 614) interpretierbar sein. Daß das Prinzip des Äthers die Basis für die Erklärung der Bildung von Körpern abgibt, ist deswegen (natürlich) nicht so zu verstehen, als kämen den spezifisch verschiedenen Materien alle Eigenschaften des Äthers zu (wodurch der Unterschied von wägbar-unwägbar wegfiele). Die im Elementarsystem vorgenommene Unterscheidung von wägbarer und unwägbarer Materie wird dadurch, daß die bewegenden Kräfte der unwägbaren Materie die

---

181 Daß ein Regreßproblem vermieden werden soll, wurde in Kapitel 3 im Zusammenhang mit der Kategorie der Qualität verhandelt. Das Regreßproblem besteht wohlgemerkt nicht einfach darin, immer wieder etwas Bedingtes anführen zu müssen, sondern über keine ausreichenden Erklärungsprinzipien zu verfügen.

182 Daß diese Überlegungen beim Ätherbeweis eine Rolle spielen, zeigt sich beispielsweise II, 608 Zeile 10. Kant begründet hier die Annahme eines absolut für sich bestehenden Ganzen, welches unabhängig von mechanischen Kräften ist, damit, daß zu den mechanischen Kräften und ihrer Möglichkeit immer dynamische Kräfte angenommen werden müssen.

Basis aller überhaupt möglichen bewegenden Kräfte bildet, keineswegs überflüssig. Zur Illustration sei nur daran erinnert, daß der wägbaren Materie (im Gegensatz zur unwägbaren) die Kraft des Zusammenhangs zukommt, welche ihre Erklärungsgrundlage in den bewegenden Kräften des Äthers als unwägbarer Materie hat.

Vor dem Hintergrund dieser Überlegungen wird nicht nur die Rede vom Äther als Inbegriff der bewegenden Kräfte verständlich, sondern auch relativ problemlos einsichtig, warum Kant im Inbegriff der bewegenden Kräfte eine *notwendige Voraussetzung* für empirische Wissenschaft sieht: Das ganze Konzept eines Elementarsystems beruht auf seiner Überzeugung, daß es möglich sein muß, einen Plan der bewegenden Kräfte zu entwerfen und unter seiner Anleitung die Möglichkeit von Körpern und ihren Eigenschaften zu erklären.

Bei der gegebenen Auslegung der Rede vom ‚Inbegriff der bewegenden Kräfte' und vom ‚Ganzen der Materie' fällt allerdings auf, daß sich ihr nicht eindeutig entnehmen läßt, ob sie sich auf die Idee des Äthers oder auf den Äther als existierenden Stoff beziehen soll. Dies wird im folgenden noch eine wichtige Rolle spielen. In Bezug auf die Terminologie scheint zunächst folgende Unterscheidung naheliegend: Was den im Elementarsystem entwickelten Begriff des Äthers als Erklärungsbasis angeht, so ist es deswegen treffend, ihn als ‚Inbegriff der bewegenden Kräfte' zu bezeichnen, weil sein Begriff die Gesamtheit der bewegenden Kräfte umfaßt, auf die eine Erklärung der Möglichkeit von Körpern und deren Wirkungen aufeinander rekurrieren muß. Im Hinblick auf die genetische Darstellungsweise wird man den Äther dagegen eher als das ‚Ganze der Materie' ausgeben, weil er hier als eine gegenüber der ‚sekundären' Materie vorgängige Materie gilt, als eine Art ‚Urstoff', der die Basis für die Bildung von Körpern abgibt. Mit dieser Anspielung auf einen ‚Urstoff' rückt ein bereits im dritten Kapitel angedeuteter Grund für den Ätherbeweis ins Blickfeld. Der Ausgangspunkt der Erklärungen der Physik soll ein ‚gegebenes Ganzes' sein.

Bevor dies ausgeführt wird, ist jedoch eine Zwischenbemerkung zu machen: Insbesondere die Rede vom Äther als Inbegriff der bewegenden Kräfte und als Ganzes, das vor den Teilen gegeben sein muß, hat in der Forschungsliteratur[183] dazu geführt, als Ziel des Beweises die Rechtfertigung der Idee der Natur als einer systematisch verfaßten und erkennbaren Einheit von Gesetzen anzuvisieren. Die Annahme einer solchen Zielsetzung macht das Projekt des Nachlaßwerkes zu einer Wiederaufnahme des Themas des Dialektikanhangs der *Kritik der reinen Vernunft* und der Einleitungen der *Kritik der Urteilskraft*, nämlich der Rechtfertigung einer Idee der Einheit der Natur als eines gesetzmäßigen Zusammenhangs. Damit nimmt diese Interpretation offensichtlich den Vorschlag auf, der im ersten Kapitel im Zusammenhang der Frage nach dem Grund für die Neukonzeption der *Allgemeinen Anmerkung* dargestellt wurde, also den Vorschlag, im Äther *bloß* ein

183 Vgl. Mathieu (1989); Förster (2000).

Prinzip oder eine Idee für ein System der empirischen Physik zu sehen und die Einführung des Äthers nicht durch inhaltliche Überlegungen zu motivieren. Die Rede von der *Existenz des Äthers* wäre auf dieser Interpretationslinie ausschließlich so zu verstehen, als meine Kant damit keine ‚Existenz außerhalb der Idee', sondern lediglich dies, daß die Idee des Äthers als Bedingung für die Einheit der Erfahrung notwendig sei und Wirklichkeit nur insofern habe, als sie die Gesamtheit der Erfahrung ermögliche.[184]

Dieser Interpretationslinie folgend, hat man weiterhin den ‚Äther als Inbegriff' mit der Idee einer durchgängigen Bestimmung, die Kant im Abschnitt über das transzendentale Ideal der *Kritik der reinen Vernunft* ausgearbeitet hatte, in Verbindung gebracht.[185] Von den entsprechenden Interpretationsvorschlägen hebe ich mich in zwei Hinsichten ab. Einerseits behaupte ich einen für das Verständnis des Beweises folgenreichen Unterschied zwischen der Idee einer durchgängigen Bestimmung *aller* möglichen realen Prädikate und der Idee einer durchgängigen Bestimmung des Begriffs der Materie. Erstere läßt sich als transzendentales Ideal oder als Ideal von einem höchsten Wesen interpretieren; diese Idee ist der Inbegriff aller Realität (A 573/B 601), d.h. sie bestimmt durchgängig alle positiven Eigenschaften dieses Wesens. Die zweite Idee ist der *Inbegriff der bewegenden Kräfte*. Mit ihr ist ‚nur' der Inbegriff der Prinzipien der Erscheinungswelt gemeint, der im Elementarsystem ausgeführt worden ist. Der Unterschied des Inbegriffs der bewegenden Kräfte vom transzendentalen Ideal hätte bereits im dritten Kapitel der vorliegenden Arbeit, bei der Explikation der ‚realen Entgegensetzung', zur Sprache kommen können.

Die Voraussetzung, unter welcher der Äther als Inbegriff der bewegenden Kräfte der empirischen Physik zur Grundlage dient, ist die, daß A und non A als reale Entgegensetzungen verstanden und die aufgestellten bewegenden Kräfte als entgegengesetzte Prädikate ein und demselben Ding gleichzeitig zugesprochen werden können. So behauptet Kant auch in der *Kritik der reinen Vernunft* ausdrücklich (A 264/B 320), daß das Reale in der Erscheinungswelt im Widerstreit sein könne. Aber das nur aus positiven Prädikaten gebildete transzendentale Ideal, das nach der *Kritik der reinen Vernunft* das höchste Wesen definiert, beinhaltet gerade, daß keinem Ding zwei entgegengesetzte Prädikate gleichzeitig zugesprochen werden können. Kant macht denn auch bereits in der *Kritik der reinen Vernunft* einen Unterschied zwischen einem Inbegriff der Materie und einem Inbegriff aller Prädikate. Dies läßt sich am Text belegen. In dem Kapitel der *Kritik der*

---

184 Zu der gegebenen Formulierung zu dem, was hier ‚wirklich' heißen soll, vgl. Förster (2000). Vgl. auch Mathieu (1967), 188.

185 Die Interpretation, daß Kant hier an das transzendentale Ideal anknüpft, hat Förster (2000) 38, durchgeführt. In diesem Kontext steht ferner die Diskussion, ob Kant dem Status der Ideen der *Kritik der reinen Vernunft* im Nachlaßwerk einen nicht nur regulativen Status zuschreibt. Schon Wong (2001), 682 hat gegen Förster den im Folgenden angeführten Einwand vorgebracht, daß der Äther gerade nichts ‚Transzendentes' sein soll.

reinen Vernunft (A 581/B 609 f) über das transzendentale Ideal führt Kant im Zusammenhang mit der Frage „wie kommt die Vernunft dazu, alle Möglichkeit der Dinge als abgeleitet von einer einzigen [...] Realität, anzusehen [...]" die These ein, daß zur Bestimmung eines Gegenstandes der Sinne „die Materie zur Möglichkeit aller Gegenstände der Sinne, als in einem Inbegriffe gegeben, vorausgesetzt werden" müsse, wohingegen wir aus dieser Voraussetzung nur nach „einer natürlichen Illusion" einen Grundsatz machen, „der von allen Dingen überhaupt gelten müsse [...]". Der Unterschied zwischen einer Einheitsvorstellung, die mit Bezug auf Erklärungsprinzipien für Erscheinungen formuliert wird, und einer solchen, die im Bezug auf alles Denkbare formuliert wird, muß in Kants Augen vor allem Folgen dafür haben, was für einen Status die jeweiligen Aussagen haben und in welcher Weise man von der Existenz der entsprechenden Ideen oder Inbegriffe reden kann.

Die noch auszuwertende These, daß man den Inbegriff der Materie (oder auch den Inbegriff der bewegenden Kräfte) von dem Inbegriff der Realität deutlich unterscheiden muß und daß das Nachlaßwerk an die mit dem Inbegriff der Materie zusammenhängenden Überlegungen anschließt, liegt auf der Linie meiner Interpretation: Weil Kant im Nachlaßwerk von Anfang an die Bestimmung des empirischen Begriffs der Materie verfolgt, muß er sich im Rahmen von Aussagen bewegen, die in Bezug auf unsere Erscheinungswelt gemacht werden sollen.

In einer zweiten Hinsicht hebe ich mich von der oben skizzierten Deutungsalternative dadurch ab, daß ich die Rede von der Existenz des Äthers wörtlicher auffasse. Auch wenn der Grund, warum, und die Weise, wie dies geschehen soll, noch nicht erschlossen ist, läßt sich festhalten: Gemäß der *Kritik der reinen Vernunft* ist es unmöglich, das transzendentale Ideal mit einer Existenzaussage zu verbinden (A 578/B 606); ein Ideal aller Realität verbietet es per se, es als etwas Gegebenes anzusehen. Versteht man den Äther als ‚Inbegriff aller Realität', so ist die Annahme unsinnig, der Äther sei etwas empirisch Gegebenes oder Empfindbares. Die Existenzweise des Äthers wäre demnach so zu beschreiben, daß er nur etwas in unserer Vorstellungswelt Wirkliches, ein ens imaginarium, ist. Mit der hier sich eröffnenden Diskussion der Frage nach der Existenzweise des Äthers drängt sich natürlich die weiterreichende Frage auf, was für Existenzweisen es im Rahmen der Kantischen Philosophie überhaupt geben kann. Die meiner Interpretation zufolge dem Ätherbeweis zu unterstellende Bedeutung von Existenz läßt sich mit den oben bereits angeführten Ausdrücken umreissen: Der Äther soll als etwas empirisch Gegebenes bewiesen werden, mit anderen Worten: als Empfindbares, Räumliches und Zeitliches, ausgestattet mit der Fähigkeit, auf andere Materien (durch Kräfte) zu wirken. Auch die Vorteile dieser Lesart gegenüber der, für die der Äther nur ‚wirklich als Idee' ist, lassen sich vorderhand nur andeuten. Zunächst legt der Text sie an vielen Stellen nahe. Kant spricht von Existenz (I, 216), von der Wirklichkeit außer der Idee (I, 559) und auch von Dasein (I, 583). Sodann ist das hier dem Nachlaßwerk unterstellte Ziel, den Äther als physisch wirksam zu beweisen, prima facie einleuchtend. Soll der Äther doch in Erklärungen von physikalischen Prozessen wie der Bildung von Körpern eine Rolle spielen. Schließlich findet sich im Nachlaßwerk, wie auch noch zu zeigen ist, eine aufschlußreiche Kurzform des Beweises: Der empfindbare Raum ist der Inbegriff der bewegenden Kräfte (I, 219). Schon der Rückgriff des Beweises auf den *empfindbaren* Raum impliziert die Behauptung der Existenz des Äthers ‚außer der Idee'.

Die bisher ausgeführten Punkte (1 und 2) lassen sich wie folgt zusammenfassen. Sie wurden je durch die Frage nach der Funktion des Beweises im Übergang eingeleitet. Unter dem Aspekt der Abschlußfunktion ließ sich einerseits (in Anlehnung an Kantische Formulierungen im Nachlaßwerk) aufzeigen, daß Kant für den Beweis der Existenz des Äthers nicht direkt auf die Modalitätspostulate im engeren Sinne zurückgreifen kann, aber möglicherweise sehr wohl die Strategie des Beweises der Existenz äußerer Dinge – der *Widerlegung des Idealismus* – verfolgt. Weiterhin gelang es hier einen Beitrag zu der Frage nach dem internen Aufbau des Übergangs zu leisten. Danach ergänzt der auf die ersten drei Kategoriengruppen folgende Ätherbeweis das Elementarsystem durch einen andersartigen Typ von Aussagen. Geht man auch hier von einer Analogie zur *Widerlegung des Idealismus* aus, so ist die Vermutung begründet, daß Kant den Beweis führt, um die im System aufgestellten Erklärungsmöglichkeiten gegen einen generellen Einwand zu verteidigen. Der Einwand selbst wurde in diesem Rahmen so formuliert, daß die Wirklichkeit des Äthers gar nicht empirisch behauptet werden kann. Er ließ sich allerdings hier noch nicht hinreichend ausführen.

Unter dem zweiten Aspekt, dem der Funktion des Beweises im Übergang vom Elementarsystem zum Weltsystem, war die Rede des Äthers als Inbegriff der bewegenden Kräfte zu erläutern. Die Erläuterungen geben ebenfalls einige Hinweise auf die Durchführung des Beweises. Hervorzuheben ist, daß die Rede davon, daß der Äther notwendig vorauszusetzen ist, im Lichte des Äthers als Inbegriff der bewegenden Kräfte, der in allen Erklärungen der Physik zugrundeliegt, plausibel schien. Wenn die hier angestellten Überlegungen auch noch mit keiner Existenzaussage verbunden werden konnten, so konnte doch gezeigt werden, daß die vorgeschlagene Deutung des ‚Inbegriffs der bewegenden Kräfte' eine Existenzaussage keineswegs ausschließt, was, wie gezeigt, andere Deutungen leugnen. Am Rande wurde schließlich eine für den Beweis wichtige Überlegung angestellt: Im Gang des Nachlaßwerkes tritt ein auf dem Boden der Philosophie Kants rechtfertigungsbedürftiges Erklärungsmodell in den Vordergrund, nach dem das Ganze vor seinen Teilen gegeben ist. Ohne eine Rechtfertigung dieses Modells, das die bisherigen philosophischen Überlegungen Kants ergänzen müßte, würde die Physik mit nicht legitimierten Voraussetzungen arbeiten.

(3) Insbesondere diesem letzten Hinweis ist im folgenden nachzugehen, und zwar im Anschluß an die bereits im dritten Kapitel der vorliegenden Arbeit zur

Vorstellung des Ätherbeweises angeführten Gedankengänge. Hiernach wird es auch möglich sein, zu erklären, warum Kant im Ätherbeweis die beiden dort skizzierten Gedankengänge miteinander verknüpft.

Zunächst sei der erste Gedankengang in Erinnerung gerufen: Ein Beweisziel besteht darin zu zeigen, daß das Prinzip des Äthers notwendig für die Erklärung von Körpern vorauszusetzen ist. Dafür läßt sich in zwei Schritten argumentieren. In einem ersten Schritt kann man sagen: Körper und ihre Eigenschaften sind nur zu erklären, wenn man die dynamischen bewegenden Kräfte voraussetzt, die nicht mit denen zu identifizieren sind, die Körper aufeinander ausüben. Ohne diese bewegenden Kräfte wäre der Begriff eines Körpers sowie die quantitativ, qualitativ und relational bestimmbaren Eigenschaften von Körpern nicht verständlich zu machen, welcher in der empirischen Wissenschaft (in allen ihren Teilen, auch in der angewandten Mechanik) eine fundamentale Rolle spielen muß. Eine Aussage aus dem Nachlaßwerk paraphrasierend: Das Prinzip des Äthers (oder der Erschütterung des Äthers) muß allen in der Physik (unter Rückgriff auf Begriffe von bewegenden Kräften) gegebenen Erklärungen zugrundeliegen (II, 275)[186]. In einem zweiten Schritt muß man ergänzen: Die zugrundeliegenden bewegenden Kräfte müssen, da sie nicht den Körpern selbst zukommen, aber Eigenschaften von Körpern so erklären sollen, daß diese als ihre Wirkungen verstanden werden, einer Materie zugesprochen werden, welche selbst keinen Körper darstellt, aber als Ermöglichungsgrund der Bildung von Körpern vorausgesetzt werden kann.[187] Aufgrund ihrer Funktion als Erklärungsbasis für bestimmte Eigenschaften von Körpern muß man dieser Materie die Eigenschaft beilegen, in sich bewegt zu sein.

Das mit dem zweiten Gedankengang anvisierte Beweisziel, das oben kurz so formuliert wurde, daß eine Rückbindung des im Übergang neu Eingeführten an die Grundsätze der *Kritik der reinen Vernunft* geleistet werden soll, wird verständlich, wenn man die zwei soeben nachgezeichneten Schritte noch aus einer anderen Perspektive betrachtet. Zunächst fällt in deren Formulierung die schon mehrfach angedeutete Zweideutigkeit des Ätherbegriffs auf. Ist der Äther oder das Prinzip des Äthers vorauszusetzen? Der bloß auf ein *Prinzip* Bezug nehmende Vorschlag der Bedeutung des Äthers wäre ohne apriorische Existenzaussage denkbar (wenngleich sie auch hier gefordert werden könnte). Eine genauere Betrachtung des zweiten oben angeführten Schrittes klärt aber auf, warum die Annahme eines Prinzips nicht ausreicht: Die ursprünglich agitierenden Kräfte lassen sich nur in Anschlag bringen, wenn sie als Wirkungen einer Materie angesehen werden. Dies stimmt mit der im zweiten Kapitel gewonnenen Einsicht überein, daß Kant zur Erklärung der spezifischen Verschiedenheit von Materien keine dritte Kraft, sondern nur die Wirkungen einer Materie, dem Äther, heranziehen darf, wobei der

186 Das Zitat lautet: „Allen diesen bewegenden Kräften von verschiedener Art und Graden liegt das Princip der Erschütterung [...] zum Grunde".

187 Hierzu kann wieder auf II, 608 Zeile 7 ff verwiesen werden.

Äther selbst durch die Grundkräfte erklärbar ist. Die Annahme von bewegenden Kräften einer Materie muß jedoch auf etwas Gegebenes Bezug nehmen und ist als bloß logische Bedingung gar nicht verwendbar. Dies entspricht der Erkenntnis des dritten Kapitels, daß der Übergang mit dem Begriff des Äthers einen *Materie*typ einführt.

Die soeben angestellten Überlegungen begründen, warum der Äther nicht ein bloß logisches Prinzip sein kann. Angenommen es macht jemand folgenden alternativen Vorschlag: Im Übergang wird gezeigt, daß der Äther als notwendig für die Erklärung von Körpern vorauszusetzen ist oder daß ohne den Äther die Bildung von Körpern undenkbar wäre. Daran anschließend kann man – in der empirischen Naturforschung – auf die Existenz oder Wirklichkeit ätherischer Stoffe (nicht auf den Äther als Basis aller Erklärungen) schließen, unter der Bedingung, daß die ätherischen Stoffe aufgrund bestimmter Eigenschaften von Körpern und gegebenen empirischen Gesetzen angenommen werden müssen. Nach diesem alternativen Vorschlag ist zwar der Äther notwendig vorauszusetzen, die (davon verschiedene) Annahme der Existenz bestimmter ätherischer Stoffe bleibt aber eine ‚unsichere' Annahme. Eine Folge wäre, daß man in der empirischen Wissenschaft auf die Existenz von (ätherischen) Materien schließen müßte, von denen wir keine (direkte) Erfahrung haben. Wie aber die Existenzaussage über die magnetische Materie gelehrt hat, würde dies im Rahmen der kritischen Philosophie nichts Befremdliches darstellen. Solange eine derartige Hypothese wohlbegründet ist, genügt sie den Ansprüchen empirischen Wissens. Eine andere Konsequenz wäre, daß die Erklärung der Körper selbst nur mithilfe einer Idee möglich wäre, der Idee des Inbegriffs der bewegenden Kräfte, von der sich nicht sagen ließe, daß sie wirklich ist. Einem derartigen Vorschlag ist (zufolge meiner Interpretation) mit dem Argument zu begegnen, daß man sich mit diesem Ergebnis nicht begnügen kann, weil die in den Erklärungen verwendete Idee eine Idee von *Materie* ist und damit etwas bezeichnet, das empirisch gegeben werden kann und als solches auch ausgewiesen werden muß.

Um das oben angekündigte zweite Beweisziel verständlich zu machen, muß man folglich den obigen zwei Schritten noch einen dritten hinzufügen. Das, was vorausgesetzt werden muß, ist die Basis aller bewegenden Kräfte. Wenn dies etwas Gegebenes sein soll, so stellt sich die Frage, was es uns erlaubt, der Idee von einer Materie, die, wie im dritten Kapitel betont wurde, selbstgeschaffen ist, als etwas Wirkliches zu behaupten. Gemäß der bisherigen Überlegungen läßt sich diese Frage in zwei speziellere auffächern: Von den Überlegungen dieses Kapitels ausgehend, läßt sich erstens fragen, was es rechtfertigt, von einer ‚selbstgenügsamen' Materie bzw. einem gegebenen Ganzen auszugehen. Es leuchtet ein, daß dies für Kant schon deshalb ein Problem darstellt, weil bekanntlich eine der Hauptthesen seiner Philosophie lautet, daß wir nicht gegebene Ganzheiten als Ursachen für Erklärungen begreifen können. In Kants Worten aus der *Ersten Einleitung* der *Kritik der Urteilskraft*:

„Da es nun ganz wider die Natur physisch=mechanischer Ursachen ist, daß das Ganze die Ursache der Möglichkeit der Caussalität der Theile sey, vielmehr diese vorher gehen müssen, um die Möglichkeit eines Ganzen daraus zu begreifen" (AA XX, 236).

Die Rechtfertigung dafür, daß wir ‚ein Ganzes' im Falle der Erklärung der Bildung von Körpern dennoch als Ursache ansehen dürfen, könnte der Ätherbeweis geben. Zweitens kann man, auf das dritte Kapitel zurückgreifend, fragen, was es uns ermöglicht, mit einem Begriff von Materie zu operieren, der die Materie als etwas Bewegliches, sofern es bewegende Kräfte hat, betrachtet, ohne daß dieses Materielle als im Raum bewegter Gegenstand konzipiert werden kann. Auch die Verwendung des Begriffs einer in sich bewegten Materie in den physikalischen Erklärungen ließe sich durch den Ätherbeweis legitimieren. Im jetzigen Zusammenhang ist auch deutlich, daß die Zuschreibung von bewegenden Kräften im Fall des Äthers eine Besonderheit darstellt, da die bewegenden Kräfte eine rein dynamische Bewegung ausmachen sollen. Die beiden oben (im Zusammenhang der Frage nach den Modalitäten) voneinander unterschiedenen Fragen, ‚ob der Äther notwendig existiert' und ‚ob ihm das Prädikat ‚hat lebendige bewegende Kräfte' notwendig zukommt', sind beide erforderlich. Sie bedürfen jedoch einer eigenen Rechtfertigung.

Will man der soeben herausgestellten Rechtfertigungsbedürftigkeit einer Erklärung (der Bildung von Körpern) im Ausgang von einem gegebenen Ganzen Rechnung tragen, hat man allerdings in Kants Augen Folgendes zu beachten: Jede Synthesis stellt das Produkt eines sukzessiven Prozesses dar. Der Ausgang bei einem gegebenen Ganzen ist folglich auf dem Boden der Philosophie Kants nicht so möglich, daß uns ein Ganzes der Materie als Gegenstand der Erkenntnis einfach gegeben wäre. Eine solche Möglichkeit wird von Kant, wie sich vorgreifend sagen läßt, mit dem Beweis auch keineswegs behauptet. An Kants Terminologie orientiert: Es wird nicht die Möglichkeit der Erkenntnisweise eines intuitiven Verstandes für uns erwiesen. Vielmehr ist das Elementarsystem, in dem alle Elemente des Begriffs der Materie analytisch zusammengefaßt sind, die logische Ausgangsbasis der Erklärungen der empirischen Physik. Dieses Elementarsystem geht dem ‚Weltsystem' als der Darstellung, die ihren Ausgang bei einem Ganzen nimmt, voran. Gezeigt werden muß demnach ‚nur', daß es ein gegebenes Ganzes gibt, auf das wir uns mit dem notwendig vorauszusetzenden Inbegriff der bewegenden Kräfte beziehen können.

Das Bisherige kann allerdings noch nicht als, wenn auch nur skizzenhafte, Rekonstruktion eines Existenzbeweises gelten. Es ist darüber hinaus sogar nochmals kritisch zu fragen, ob das Bisherige als Grund für einen Beweis ausreicht. Denn nach dem soeben Diskutierten wäre noch folgender Vorschlag denkbar, wie man für die Verzichtbarkeit eines Existenzbeweises argumentieren könnte: Zwar intendiert man in der empirischen Physik, mit der Idee des Äthers etwas Wirkliches zu bezeichnen, da dieses aber nicht als Gegenstand der Erfahrung ausgewiesen werden kann, muß man so verfahren, daß man die Idee zwar bei der Erklärung zugrundelegt, zugleich aber die Erklärung dahingehend einschränkt, daß sie bloß subjektiv gültig ist, eben weil die ihr zugrundeliegende Idee nichts in der Erfahrungswelt bezeichnen kann.

Dem neuen Vorschlag läßt sich entgegenhalten: Weil man die bewegenden Kräfte nur als Kräfte eines in sich verbundenen *Ganzen* zur *Erklärungs*grundlage machen kann, taugt der Äther als Erklärungsprinzip für die Naturwissenschaft nur unter der Bedingung, daß man ihm neben der epistemologischen auch eine ontologische Bedeutung verleiht. Die epistemologische Bedeutung ergibt sich direkt im Anschluß an die Ausführungen zum System der empirischen Physik und drückt sich insbesondere in Kants Rede von der Notwendigkeit des Prinzips aus, oder auch in der, daß die Begriffe von dynamischen Kräften notwendig den mechanischen vorhergehen müssen. Die ontologische Bedeutung hätte demgegenüber zu verbürgen, daß das Erklärungsprinzip so geartet ist, daß ihm etwas in der Natur entspricht. Wohlgemerkt gibt es in Kants Philosophie die Möglichkeit, einem Prinzip und auch der Vorstellung eines vorhergehenden Ganzen eine *bloß* epistemologische Bedeutung zu geben. Von dieser Möglichkeit macht Kant bei der Erklärung der Organismen Gebrauch.[188] Die Folge ist, daß man diese Erklärungen gar nicht im strengen Sinne als Erkenntnisse oder Wissen über die Natur verstehen darf. Genau darum betrachtet Kant die diesbezüglichen Sätze als *bloß* subjektiv gültige. Es liegt aber nicht in seinem Interesse, diese Form von Erkenntnis – die streng genommen keine ist – auf alle empirischen Naturwissenschaften auszudehnen. Wenn es keine Möglichkeit gäbe, dem Äther als Inbegriff der bewegenden Kräfte eine ontologische Bedeutung zu verleihen, so müßte man sagen, daß das ganze bis dahin von Kant verfolgte Projekt der Fundierung der empirischen Wissenschaften zu anspruchsvoll angelegt gewesen ist.

Das soeben vorgebrachte Argument für die Unverzichtbarkeit des Beweises zeigt übrigens, daß die Weisen, wie organische und unorganische Produkte zu erklären sind, sich im Nachlaßwerk einander annähern, indem beide mit einem Erklärungsmodell arbeiten, das ein seinen Teilen vorgängiges Ganzes anzunehmen verlangt. Nur muß Kant bei der Erklärung von Unorganischem darauf insistieren, dieser Idee eine ontologische Bedeutung geben zu können.

Eine ontologische Bedeutung zu rechtfertigen scheint, vorgreifend gesagt, möglich, wenn sich a priori zeigen läßt, daß wir in unserer Erfahrung von einer Materie mit bewegenden Kräften als einem gegebenen Ganzen ausgehen müssen, und wenn diese a priori zu machende Aussage sich verbinden läßt mit der, daß für die Erklärung der Bildung von Körpern eine in sich oszillierende Materie als ein in sich verbundenes Ganzes vorauszusetzen ist. Deswegen ist Kant zu einem Beweis genötigt, der beides aufzeigt: die Existenz des Äthers und die Notwendigkeit, ihn

---

188 Zur Interpretation der *Kritik der Urteilskraft* im Hinblick auf eine von Ganzheiten ausgehende Erklärungsweise, vgl. McLaughlin (1989).

vorauszusetzen. In diesem Sinne ist seine Ankündigung zu verstehen, er wolle die „Existenz dieses Stoffs nun und die Nothwendigkeit seiner Voraussetzung a priori" (I, 216) beweisen. Verständlich wird ferner, daß er meint, es gäbe nicht „blos die Befugnis dazu sondern auch die Nothwendigkeit dergleichen allgemein verbreiteten Stoff zu postuliren [...]" (I, 221). Weiterhin läßt die hier skizzenhaft dargestellte Strategie eines Doppelschritts auch bereits erahnen, warum Kant in seinem Beweis für die Existenz des Äthers mit der Prämisse arbeitet, vom leeren Raum könne es keine Erfahrung geben, und gleichzeitig, auf den ersten Anschein damit unzusammenhängend, argumentiert, die Bildung der Körper setze eine Materie wie den Äther voraus.

Zusammenfassend: Wie sich bereits in den vorangegangenen Kapiteln der vorliegenden Arbeit angedeutet hat, ist der Schritt, der den Äther als Begriff einer unwägbaren (usw.) Materie in das System der empirischen Physik einführt, mit Schwierigkeiten belastet, die sich durch folgende Fragen skizzieren lassen: Ist der Äther als etwas, das für die Erklärung vorausgesetzt werden muß, ein apriorisches Prinzip oder eine gegebene empirische Materie? Läßt sich ein bestimmter Materietyp in einem formalen a priori aufzustellendem System konzipieren? Ist dieser Materietyp, der nicht (direkt) Gegenstand der Erfahrung werden kann, nicht ein bloßes Konstrukt? Im vorangegangen Abschnitt ließ sich eine weitere (aber mit der Eigentümlichkeit des Prinzips des Äthers zusammenhängende) Schwierigkeit, auf welche die Verwendung des Prinzips des Äthers in der empirischen Naturforschung stößt, so formulieren, daß eine Rechtfertigung einer ontologischen Lesart unverzichtbar ist, weil erstens der Begriff ‚Äther' etwas Gegebenes bezeichnen soll, weil zweitens dieses Gegebene als ein Ganzes, das vor den verschiedenen Materien als Teilen gegeben ist, interpretierbar sein muß, und weil drittens ein solches Erklärungsmodell nicht dadurch legitimiert werden darf, daß der Status der auf ihm basierenden Erklärungen eingeschränkt wird. Eine Erklärung, in der ein gegebenes, den Teilen vorhergehendes Ganzes als Ursache fungiert, wäre für diesen einen Fall als gerechtfertigt auszuweisen.

(4) Die hier vorgetragenen Gedanken zu Motiv und Durchführung des Ätherbeweises sind unter den Unterpunkten (a) Struktur und (b) Strategie zusammenzutragen.

(a) Nach alledem liegt folgende Vermutung nahe. Der Beweis wird wesentlich von zwei miteinander verknüpften Argumentationssträngen getragen. Einerseits will Kant dartun, daß der Äther als eine alle Räume erfüllende Materie mit bewegenden Kräften angenommen werden muß. Wie sich zeigen wird, läßt sich dieser Argumentationsstrang noch in zwei Schritte untergliedern, nämlich die Annahme einer raumerfüllenden Materie und die Bestimmung dieser Materie durch bewegende Kräfte. Andererseits behauptet Kant, daß der Inbegriff der bewegenden

Kräfte für die Erklärung der Bildung von Körpern vorausgesetzt werden muß. Beide Argumentationsstränge müssen miteinander verknüpft werden. Hierfür wird man die allwärts verbreitete Materie mit bewegenden Kräften irgendwie mit dem Inbegriff der bewegenden Kräfte, der für die Erklärung der Bildung von Körpern vorausgesetzt werden muß, identifizieren müssen.[189]

Diese Vermutung zieht eine andere nach. Im Ätherbeweis lassen sich zwei unterschiedlich spezifische Begriffe des Äthers voneinander abheben: Der Begriff einer jeden möglichen Erfahrungsraum erfüllenden Materie mit bewegenden Kräften ist zu unterscheiden von dem Begriff einer Materie, die durch bestimmte Eigenschaften (innerlich bewegter Kräfte) die Bildung von Körpern und deren Eigenschaften erklärt.

(b) Die Einsicht in die verschiedenen Schichten des Ätherbeweises erlaubt es, auch bei der Frage nach Kants Beweisstrategie schrittweise vorzugehen.

Als erste Prämissen treten in beinahe allen Varianten des Ätherbeweises die Behauptungen auf: Der leere Raum könne nicht Gegenstand der Wahrnehmung sein und der Raum, in dem wir Erfahrungen machen, sei notwendigerweise ein (mittelbar) wahrnehmbarer Raum. Diese Behauptungen bilden offenbar die Basis für (erstens) die Existenzannahme einer jeden möglichen Erfahrungsraum erfüllenden Materie, die (zweitens) so charakterisiert wird, daß ihr bewegende Kräfte zukommen. Sie sind grob gesagt mit Kants auf die kritischen Schriften zurückgehenden Vorstellungen vom empirischen Raum und den a priori einsehbaren Prinzipien von Materie überhaupt verbunden. Bereits die Diskussion der Anschließbarkeit des Beweises an die Modalitätskategorien lief auf eine Option für die *Widerlegung des Idealismus* als Vorlage für den Existenzbeweis hinaus. In Aufnahme dieser Analogie läßt sich als Strategie des ersten Argumentationsstranges vermuten, daß Kant eine mit unserer Sinnlichkeit zusammenhängende Bedingung für eine Erfahrungstatsache aufzeigen will, die mit einer weiteren Bedingung zusammenhängt, welche darin besteht, die Existenz einer den Raum allwärts erfüllenden Materie zu behaupten.

Als zweiter Argumentationsstrang hat der Nachweis zu gelten, daß der Begriff des Äthers des Elementarsystems notwendig zur Erklärung der Bildung von Körpern sei. Dieser Nachweis ist ein Ergebnis des Elementarsystems, das im Beweis oder genauer: in dem zweiten Argumentationsstrang in Anspruch genommen wird.

Geht man von der hier angenommenen Struktur des Beweises aus, so scheint die Vermutung begründet, daß nach der Rechtfertigung der Existenzbehauptung einer raumerfüllenden Materie mit bewegenden Kräften und nach dem Nachweis

189 Förster (1989), 297 f; (2000) arbeitet heraus, daß es drei Stränge des Beweises gibt, die sich auf (1) die ‚Wahrnehmung' (bewegende Kräfte), (2) die ‚Raumvorstellung' (allwärts erfüllende Materie) und (3) die ‚Erfahrung als Erkenntnis von verknüpften Wahrnehmungen' (Inbegriff) beziehen. Er zeigt auch, daß sich der zweite Strang auf die *Widerlegung des Idealismus* bezieht. In der Bewertung und Durchführung weicht meine Darstellung (wie sich gezeigt hat) von der Försters ab.

der Notwendigkeit des Begriffs des Äthers des Elementarsystems noch ein weiterer Schritt erforderlich ist, durch den die Identifikation (oder schwächer: der Zusammenhang) der durch den ersten Argumentationsstrang behaupteten raumerfüllenden Materie mit dem Äther, dessen Begriff im Elementarsystem entwickelt wurde und der zur Bildung von Körpern vorausgesetzt werden muß, gerechtfertigt wird.

Daß in dem Beweis zwei Gedankenstränge verbunden werden sollen, läßt sich durch den Text belegen. Einerseits greift Kant in den Beweisen offensichtlich auf die empirische Raumvorstellung zurück, andererseits auf die Möglichkeit der Erklärung der Bildung von Körpern. Dies zeigt sich beispielsweise in folgender Passage:

> „Der Satz also: es giebt leere Räume kann nie ein weder mittelbarer noch unmittelbarer Erfahrungssatz seyn: sondern ist blos vernünftelt – Der Satz es giebt physische Körper setzt den Satz Voraus: es giebt Materie deren bewegende Kräfte und Bewegung der Erzeugung eines Körpers in der Zeit vorhergeht [...]" (I, 216).

Die Interpretation des Beweises kann sich daher an der herausgearbeiteten Struktur orientieren. Die Rekonstruktion des Beweises hat dann allerdings zu zeigen, wie Kant die beiden Gedankenstränge miteinander in Beziehung setzt.

B. Durchführung des Ätherbeweises

Eine Kurzfassung des ganzen Arguments für den Existenzbeweis läßt sich wie folgt geben. Notwendige Bedingung dafür, daß wir Erfahrung von Körpern im Raum machen, ist erstens, daß der Äther, verstanden als eine den Raum allwärts erfüllende Materie, existiert. Denn ohne die Existenz des Äthers wäre die Kontinuität der Wahrnehmungen nicht gewährleistet. Zweitens ist eine notwendige Bedingung für Erfahrung von Körpern im Raum, daß wir den Äther als Inbegriff der bewegenden Kräfte ansehen können. Denn nur unter dieser Voraussetzung können wir Körper und ihre Bewegungen erklären.

Orientiert man sich an der oben herausgearbeiteten Struktur des Beweises, so kann man genauer vier Beweisschritte angeben:

1) Für die Möglichkeit von Erfahrung muß die Existenz einer raumerfüllenden Materie angenommen werden. Diese Materie ist ein Kontinuum, sie erfüllt Zeit und Raum unbegrenzt.
2) Diese Materie ist – wie Materie überhaupt – durch bewegende Kräfte bestimmt. Die bewegenden Kräfte sind der Ausdehnung und Dauer (ihrer Bewegung) nach in Raum und Zeit unbegrenzt.

Diese ersten beiden Schritte des Beweises rechtfertigen die Aussage, daß der Äther (verstanden als jeden Erfahrungsraum notwendig erfüllende Materie mit bewegenden Kräften) als Bedingung der Erfahrung notwendig existiert. (Oben wurden sie unter dem ersten Argumentationsstrang zusammengefaßt.)

3) Die Erklärung der Wirkungen, die wir an Körpern erfahren, setzt die Begriffe der dynamischen bewegenden Kräfte des Äthers voraus. Will man die Bildung von Körpern erklären, so muß man den Äther als Ermöglichungsgrund für Körper annehmen. (Diese, auf das Elementarsystem zurückgehende, Behauptung wurde oben als zweiter Argumentationsstrang angeführt.)

Die drei Beweisschritte gemeinsam tragen die Beweislast für die These, daß der Äther als Inbegriff der bewegenden Kräfte notwendig existiert. Es ist eine naheliegende Annahme, daß die offenbar intendierte Identifikation des in den ersten beiden Punkten verwendeten Ätherbegriffs mit dem im dritten Punkt zugrundegelegten Begriff des Äthers zu legitimieren ist. Dies ist weiter unten zu diskutieren. Zunächst sei die dazu anzustellende Überlegung als ein vierter Schritt des Beweises angeführt. Die folgende Formulierung soll aber nur beispielhaften Charakter haben.

4) Weil 1 und 2 gilt, können wir uns mit den Begriffen von (bloß) dynamischen bewegenden Kräften auf etwas empirisch Gegebenes beziehen, von dessen Existenz wir a priori wissen. Also sind wir befugt, die Bildung von Körpern im Ausgang von einer in sich oszillierenden, als Ganzes gegebenen Materie zu erklären.

In Kants Ausführungen zum Ätherbeweis sind die vier Beweisschritte miteinander verknüpft. Für die Verknüpfung der ersten beiden mag vorgreifend auf folgende Passage des Nachlaßwerkes verwiesen werden:

> „Es muß also die Existenz bewegender Kräfte der Materie welche den gantzen Weltraum erfüllen vorausgesetzt werden wenn auch nur Ein Gantze[s] derselben angenommen wird denn sonst würde der leere Raum ein Object der Möglichkeit der Erfahrung seyn" (I, 535).

Aber im folgenden ist schrittweise vorzugehen und zuerst die Annahme (1) einer jeden Erfahrungsraum erfüllenden Materie zu begründen.

(Zu 1) Der erste Beweisschritt ist hauptsächlich von zwei Überzeugungen Kants angeleitet.

(a) Die erste Überzeugung geht auf die *Antizipationen der Wahrnehmung* der *Kritik der reinen Vernunft* zurück und ist (im Rückgriff auf die Ausführungen des ersten Kapitels) so zusammenzufassen, daß wir allem, was Gegenstand der Wahrnehmung ist, einen Grad des Einflusses auf den Sinn zuschreiben müssen (B 208). Eine von Kant daraus gezogene Folgerung ist, daß sich aus der Erfahrung niemals ein leerer Raum oder eine leere Zeit beweisen läßt. Hiermit behauptet er noch nicht, daß der Raum, in dem wir Erfahrungen machen, materiell sein müsse. Die tatsächlich gezogene oben erwähnte Folgerung ist jedoch ohne Einbeziehung von Erfahrungstatsachen aus dem Grund möglich, daß in dem in den *Antizipationen der Wahrnehmung* entwickelten Begriff vom ‚Gegenstand der Wahrnehmung' enthalten ist, daß etwas, dem kein Einfluß auf unsere Sinne zuzuschreiben ist, kein Gegenstand der Wahrnehmung sein kann (auch nicht einer indirekten, wie der der magnetischen Materie).[190]

An analytischen Folgerungen dieser Art orientiert sich Kant allem Anschein nach im Ätherbeweis, wenn er behauptet, der Beweis beruhe auf dem Satz der Identität. So läßt sich etwa Kants folgende Kommentierung des Beweises verstehen:

> „Daß ein Stoff im Weltraume existire [...] kann a priori schon nach dem Princip der Identität schon daraus gefolgert werden weil selbst die Wirklichkeit (actualitas) des leeren Raumes ohne Begrenzung durch den vollen kein Gegenstand möglicher Erfahrung seyn würde." (I, 226)

Mit Vorgriff auf die zweite, sogleich zu explizierende Überzeugung kann man sagen, daß es im Begriff des Raumes als eines möglichen Gegenstandes der Erfahrung liegt, durchgängig mit Materie erfüllt zu sein.

(b) Kants zweite, dem ersten Beweisschritt zugrundeliegende Überzeugung besteht darin, daß die Formen der Anschauung selbst nicht leer sein dürfen, sondern Raum und Zeit (mit Materie) erfüllt sein müssen, wenn *in* ihnen etwas wahrgenommen (d.h. genauer: etwas Wahrgenommenes in Raum und Zeit angeordnet) werden soll. Mit anderen Worten: Der Raum muß ein Gegenstand der Wahrnehmung sein und darf keine bloße Gedankenform darstellen. Er bezeichnet etwas „ausser mir" (vgl. dazu I, 232).[191] Belegen läßt sich diese zweite Überzeugung für das Nachlaßwerk beispielsweise durch folgende Stelle:

> „Der Grund zu dieser Behauptung [über den Äther und seine Wirkungen] ist: daß die Anschauungen in Raum und Zeit nur Formen sind und ohne etwas das sie auch nur blos für die Sinne kennbar machte gar keine reale Objecte an die Hand geben würden [...]" (I, 217).

Bei dem folgenden Versuch, diese Überzeugung Kants zu plausibilisieren, ist zu beachten, daß auch sie noch keine These über die Beschaffenheit des (empirischen)

---

190 Gegen den Beweis des leeren Raumes hat grundsätzliche, die mögliche Reichweite transzendentaler Aussagen in den Blick nehmende Einwände Bennett formuliert. (1966), 175. Über den leeren Raum aus der Perspektive der physikalischen Theorie vgl. Carrier (1991 und 1992).

191 Dies gibt ein weiteres Indiz für die Nähe zur *Widerlegung des Idealismus*. Vgl. Guyer (1991), 129. Als Revision der kritischen Raumtheorie sieht dagegen Tuschling (1989) diese Passagen.

Raumes enthält. – Darüber sagen erst die folgende Beweisschritte etwas aus. – ‚Materiell zu sein' heißt hier noch nichts anderes, als prinzipiell ein Gegenstand der Wahrnehmung sein zu können, dadurch daß das Ausüben eines Einflusses auf die (äußeren) Sinne als möglich angenommen wird.[192]

Zur Plausibilisierung von Kants Überzeugung kann man zunächst auf die Erfahrung von Körpern im Raum Bezug nehmen und auf deren Bedingungen reflektieren. So ließe sich beispielsweise sagen, daß die Wahrnehmung einer räumlich zurückgelegten Strecke eines Körpers nur unter der Bedingung überhaupt möglich ist, daß der Raum selbst keine ‚bloß subjektive Form' ist. Eine solche Aussage könnte man allerdings insofern unbefriedigend finden, als andere Gegenstände im Raum ausreichende Anhaltspunkte für die Wahrnehmung einer Bewegung des Körpers im Raum zu geben scheinen. Es genügt auch nicht, die Aussage durch die der *Metaphysischen Anfangsgründe* zu ergänzen, daß jeder Raum selbst als ein sich bewegender Körper in einem größeren Raum gedacht werden kann. Denn auch dagegen wäre einzuwenden, daß ein Raum, als Körper betrachtet, Eigenschaften wie die der materiellen Begrenzung voraussetzt, die für eine Wahrnehmung seiner Bewegung ausreichen könnten, selbst jedoch keineswegs der Annahme eines leeren Raumes entgegenstehen.

Im Rahmen der Kantischen Theorie ist diesen Einwänden wie folgt zu begegnen. Die Überleitung der Wahrnehmung von einem Körper zum anderen ist – wenn es dazwischen keine Gegenstände direkter Wahrnehmung gibt – nur unter der Bedingung möglich, daß zwischen den Körpern Materie ist. Denn zwischen den, den Wahrnehmungen von Körpern zugeordneten Empfindungen, müssen Empfindungen liegen, die nur dadurch auf etwas Räumliches beziehbar sind, daß ihnen korrespondierend ein Gegenstand gedacht wird, welcher einen Einfluß auf die äußeren Sinne haben kann. Dieser Gegenstand der Wahrnehmung ist der empirische Raum. Ohne daß der Raum materiell wäre, wären wir also außerstande, den Ort der (wahrgenommenen) Gegenstände zu bestimmen, wir könnten keine räumlichen Abstandsbeziehungen wahrnehmen und keine Orte identifizieren, die nicht von Körpern eingenommen werden.[193] Erst unter der Voraussetzung eines materiellen Raumes sind wir in der Lage, unsere Wahrnehmungen in einen kontinuierlichen Zusammenhang zu bringen, der sich als Zusammenhang von Gegenständen des äußeren Sinns konzipieren läßt. Etwas forciert und auf den ersten und zweiten Beweisschritt zusammen bezogen läßt sich dies so ausdrücken: Die raumerfüllende Materie ist eine Bedingung für die Möglichkeit von Erfahrung, weil eine raumzeitliche Bestimmung von im Raum befindlichen und bewegten Körpern sie voraus-

---

192 Adickes, der die Beweisschritte nicht unterscheidet, macht Kant denn auch zum Vorwurf, es könne höchstens ‚irgendeine Raumerfüllung' bewiesen werden, nicht der Äther. Vgl. Adickes (1920), 395.

193 Vgl. dazu die unten angeführte Passage aus der dritten Analogie der Erfahrung. Vgl. im Nachlaßwerk I, 563: Denn „der durch Wahrnehmungen den Sinnen darzustellende Abstand kann nur vermittelst dazwischen liegender Materie ein Gegenstand möglicher Erfahrung seyn".

setzt. Die Erfülltheit des Raumes ist eine notwendige Bedingung für das Gelingen unserer Wahrnehmungen ordnenden Tätigkeit. An Plausibilität mag dieses Argument gewinnen, wenn man daran erinnert, daß hier noch nichts über die Beschaffenheit eines materiellen Raumes gesagt wird, sondern nur über die Notwendigkeit, ihn als einen empirischen vorauszusetzen.

Als Quellen für diese Interpretation in den früheren Schriften bieten sich insbesondere die *Dritte Analogie der Erfahrung* in der *Kritik der reinen Vernunft* sowie der Beginn der *Metaphysischen Anfangsgründe* an.[194] In der letztgenannten Schrift drückt Kant seine Überzeugung, daß die Erfahrung von im Raum bewegten Körpern einen *materiellen* Raum voraussetze, (IV, 481) relativ deutlich aus. Etwas komplizierter verhält es sich mit der *Dritten Analogie der Erfahrung*. Hier führt Kant den Grundsatz aus, daß die Substanzen, sofern sie im Raum als zugleich wahrgenommen werden, in einer durchgängigen Wechselwirkung und daher in einer realen Gemeinschaft stehen müssen. Im Anschluß an die Erläuterung dieses Grundsatzes bemerkt Kant:

> „Das Wort Gemeinschaft ist in unserer Sprache zweideutig, und kann soviel als *communio*, aber auch als *commercium* bedeuten. Wir bedienen uns hier desselben im letzten Sinn, als einer dynamischen Gemeinschaft, ohne welche selbst die lokale (communio spatii) niemals empirisch erkannt werden könnte. Unseren Erfahrungen ist es leicht anzumerken, daß nur die kontinuierlichen Einflüsse in allen Stellen des Raumes unseren Sinn von einem Gegenstande zum anderen leiten können, daß das Licht, welches zwischen unserem Auge und den Weltkörpern spielt, eine mittelbare Gemeinschaft zwischen uns und diesen bewirken und dadurch das Zugleichsein der letzteren beweisen, daß wir keinen Ort empirisch verändern (diese Veränderung wahrnehmen) können, ohne daß uns allerwärts Materie die Wahrnehmung unserer Stelle möglich mache, und diese nur vermittelst ihres wechselseitigen Einflusses ihr Zugleichsein, und dadurch, bis zu den entlegensten Gegenständen, die Koexistenz derselben (obzwar nur mittelbar) dartun kann [...]" (A 213/B 260).

Diese Passage ist in der Forschung kontrovers diskutiert worden. Im Unterschied zu vielen anderen Interpreten[195] hat Jeffrey Edwards sie so gedeutet, daß Kant eine den Raum durchgehend erfüllende Materie als eine transzendentale Bedingung behandle. Bereits die *Dritte Analogie* der *Kritik der reinen Vernunft* bezeuge daher Kants Auffassung, daß formale Bedingungen gar nicht ausreichten, um eine Theorie der Erkenntnis a priori von Objekten aufzubauen.[196] Demnach,

194 Verweisen kann man ferner auf den bereits genannten Abschnitt über das transzendentale Ideal. Außerdem auf einen Absatz in dem Kapitel über die Modalitäten der *Kritik der reinen Vernunft*. In letzterem führt Kant aus, es gäbe weitere ‚Grundsätze transzendentalen Ursprungs' (A 228 f/B 281), die sich auf die Kategorien zurückführen ließen. Ein Beispiel ist das ‚Prinzip der Kontinuität', durch welches gesagt würde, daß es im Raum keine Lücke zwischen zwei Anschauung geben könne.

195 Die These, Kant wolle in der dritten Analogie nur den Begriff der Gemeinschaft erläutern, vertreten Paton (1936) und Broad (1978). Dagegen, diesen Passagen eine größere Bedeutung beizumessen, argumentiert auch Watkins (1997).

196 Vgl. Edwards (1991), 88.

so Edwards, ist das im Rahmen der Transzendentalphilosophie ‚Befremdliche' des Ätherbeweises ein genuiner Bestandteil der Kritischen Philosophie.[197] Nach meiner, der von Edwards gegebenen Deutung entgegenstehender Interpretation trägt die Annahme einer den Raum erfüllenden Materie nichts zur Theorie der Erkenntnis von Objekten bei. Sie ist vielmehr eine Annahme, die sich, weil sie die Bedingung für eine Erfahrungstatsache ist (die Kant in der soeben zitierten Passage mit den Worten einleitet: „Unseren Erfahrungen ist es leicht anzumerken [...]"), dazu eignet, dasjenige, was eine reale Gemeinschaft ist, zu exemplifizieren.[198] Der Umstand, daß die Bemerkungen zur raumerfüllenden Materie im Rahmen der *Dritten Analogie* den dort entwickelten Begriff der realen Gemeinschaft erläutern, kann aber sehr wohl in Verbindung gebracht werden mit der in diesem Kapitel dargelegten Überzeugung Kants, daß die raumerfüllende Materie, im Hinblick auf unsere Sinnlichkeit, eine notwendige Bedingung für Erfahrung ist. Denn nur dann, wenn der Raum allwärts mit Materie erfüllt ist, sind wir in der Lage, einen kontinuierlichen Zusammenhang von Wahrnehmungen *im* Raum herzustellen oder mit anderen Worten: unsere Wahrnehmungen zu einer Erfahrung von Gegenständen des äußeren Sinns zu synthetisieren. Dies ist aber eben keine Bedingung, die notwendig zur Objekterkenntnis gehört, sondern eine bloß auf unsere Sinnlichkeit bezogene. Beachtet man den Kontext und Status der beiden Annahmen, (1) über den Begriff der Wechselwirkung und (2) über die Bedingungen unserer Erscheinungswelt, so sind sie keine gleichartigen Bedingungen, sondern von ganz unterschiedlicher Art.[199]

---

197 Edwards (1991) und (2000). Edwards hat die hier in anderer Weise in Anspruch genommene These einer Anknüpfung an die *Analogie der Erfahrung* nachdrücklich vertreten. Neben dem oben angeführten, läßt sich gegen seine Interpretation aus meiner Perspektive einwenden, daß sein unmittelbarer Einstieg in die betreffenden Passagen des Nachlaßwerkes über deren Rückbezug zur Transzendentalphilosophie mit Schwierigkeiten behaftet ist. Auf diese Weise wird nämlich erstens nicht deutlich, welcher Zusammenhang zwischen dem Äther und der Erklärung der Bildung von Körpern besteht. Hierfür ist vielmehr die Reflexion auf die *Allgemeine Anmerkung zur Dynamik* der *Metaphysischen Anfangsgründe* nötig. Zweitens ist auf diese Weise der Zusammenhang zwischen der Voraussetzung eines materiellen Raumes und der Rede vom Inbegriff der bewegenden Kräfte (also zwischen den verschiedenen Schritten des Beweises) schwer verständlich zu machen.

198 Als Beleg für den Äther als ‚Grund der Gemeinschaft' kann etwa folgende Stelle des Nachlaßwerkes gelesen werden: „denn der Wärmestoff als die Basis aller im Raum bewegenden Krafte in der Allgemeinheit seiner Wirksamkeit vorgestellt drückt hier keine discursive Allgemeinheit (eines Pradicats was Allem von einer gewissen Species zukommt) sondern eine collective Allgemeinheit aus, die nur dem All (der Materie) einem absoluten Ganzen in dem Begrif des Wärmestoffs zugestanden wird" (II, 614).

199 Die Argumentation dieser Arbeit, daß der Äther keine ‚transzendentale Bedingung' darstellt, richtet sich genauer dagegen, in ihm etwas den Kategorien Gleichartiges zu sehen. Neben Edwards (dadurch, daß er den Äther als Bedingung für Erkenntnis von Objekten ansieht) macht dies beispielsweise auch Wong (2001), 680 f (dadurch, daß er den Äther als Ersatz für die Substanzkategorie ansieht). Guyer (1991), 132 hat mit seiner Interpretation des Ätherbeweises die These verbunden, daß Kant die Reichweite der transzendentalen Deduktion in der *Kritik der Urteilskraft* sowie im Ätherbeweis zu Recht auf Empirisches ausdehne, ohne den Grundsätzen der Kritischen Philosophie zu widersprechen. Ich halte es, wie aus der vorliegenden Arbeit deutlich wer-

Teilt man die beiden unter (a) und (b) explizierten Überzeugungen, kann man in der Art, wie es oben im Zusammenhang der *Widerlegung des Idealismus* bereits gezeigt worden ist, den ersten Beweisschritt durchführen:

Die Erfahrung von Körpern im Raum setzt voraus, daß der Erfahrungsraum materiell ist. Da der Erfahrungsraum prinzipiell erweiterbar sein muß, ist der materielle Raum als Ein alle Räume in sich fassender Raum anzunehmen. Grundlegend für die Annahme *Eines* Raumes ist dabei offenbar die im vierten Raumargument der *Kritik der reinen Vernunft* erläuterte Raumvorstellung (A 25/B 39 f vgl. auch A 438/B 466), nach der jeder Raum als Einschränkung Eines Raumes anzusehen ist.[200] Sowohl für die Erfahrung in einem bestimmten Raum als auch für die Erfahrung in einem erweiterten größeren Erfahrungsraum gilt, daß die Erfahrungsräume allwärts mit Materie erfüllt sein müssen, um nicht in für uns disparate, voneinander isolierte Wahrnehmungen zu fallen. Ein wenig überspitzt spricht Kant daher vom Begriff des Äthers als dem eines „hypostatisch gedachten Raumes" (I, 221).

Zum ersten Beweisschritt ist noch anzumerken, daß Kant mit seiner Argumentation über die Form des Raumes hinaus auch auf die der Zeit zielt. Daraus, daß die leere Zeit kein möglicher Bezugspunkt ist, sondern auch die Zeit als Form der Erfahrung ‚materiell' sein muß, folgert Kant, daß die raumerfüllende Materie – mit den durch die nächsten Beweisschritte zu rechtfertigenden Eigenschaften – *immerwährend* gedacht werden muß. Auf diese Weise versucht Kant der Frage der Anfänglichkeit der Bewegung von Materie zu entgehen und gleichzeitig ihre innere und immerwährende Bewegtheit zum Ausgang seiner Materietheorie machen zu können. Generell überführt Kant, wie schon aus dem dritten Kapitel hervorging, die Frage nach dem Grund der Selbstbewegung des Äthers in die nach dem Rechtsgrund unserer Annahme der Selbstbewegung. Diese Frage nach dem Rechtsgrund läßt sich nach dem Bisherigen so beantworten, daß wir Selbstbewegung der Materie zur Bildung der Körper voraussetzen müssen. Der Versuch zu ihrer Beantwortung würde damit aber in den dritten Beweisschritt fallen, weil erst der eine Antwort auf die Frage geben soll, wie der Äther beschaffen sein müßte, wenn er zur Bildung von Körpern vorausgesetzt wird. Allerdings gibt es, wie sich bei der Analyse des zweiten Beweisschrittes zeigen wird, Indizien dafür, daß Kant die Annahme einer immerwährenden innerlichen Bewegung des Äthers schon im Rahmen der Untersuchung von Raum und Zeit als Gegenständen der Wahrneh-

---

den dürfte, für zweckmäßiger, den Unterschied zwischen transzendentalen und anderen, für unsere Erfahrung notwendigen Bedingungen, beizubehalten, stimme aber mit Guyer in der Einschätzung der Kompatibilität weitgehend überein.

200 Derartige Überlegungen spielen auch bei der im vorliegenden Kapitel oben bereits angeführten Passage aus dem Abschnitt über das transzendentale Ideal der *Kritik der reinen Vernunft* eine Rolle. Dort spricht Kant von dem vorauszusetzenden Inbegriff der Materie, „auf dessen Einschränkung allein alle Möglichkeit empirischer Gegenstände, ihr Unterschied voneinander und ihre durchgängige Bestimmung beruhen kann" (A 582/B 610).

mung rechtfertigen will, und zwar mit der Begründung, daß die Zeit unbegrenzt ist und sie (ebenso wie der Raum) als allwärts ‚erfüllt' angenommen werden muß.

Gemäß dem allgemeinen Zuschnitt des Beweises gelten auch die im Hinblick auf die Form der Zeit formulierten Sätze nur bezogen auf unsere Erscheinungswelt. Diese – gegenüber denen zum Raum unterrepräsentierten – Überlegungen zur Zeit lassen sich mit einem Abschnitt belegen, der auf eine Rechtfertigung der Existenz des Äthers durch die empirische Raumvorstellung folgt und überschrieben ist: „Von der ersten Bewegung und der uranfänglich bewegenden Materie [...]" (I, 217). Dazu führt Kant aus:

> „Was die Zeit und hiemit den ersten Anfang das Anheben der Bewegung der Materie betrifft so ist ein solcher nicht begreiflich weil vor ihm eine leere Zeit und eine nachfolgende Dauer derselben angenommen werden müßte. Aber da die Spontaneitat dieses Anfangs keine andere als eine immaterielle Ursach voraussetzen laßt laßt sich von der Bewegung der Materie welche diese Zeit bezeichnet nur eine gleichformige und beharrliche Fortdauer dieser Bewegung denken." (I, 220)

Zum Abschluß der Analyse des ersten Beweisschrittes ist in Bezug auf die oben explizierte Vorstellung Eines materiellen Raumes noch exkursartig auf zwei Gedankengänge der kritischen Philosophie einzugehen, die daraufhin zu prüfen sind, ob sie mit dieser Vorstellung kollidieren:

(1) Zunächst drängt sich die in den *Metaphysischen Anfangsgründen* eingeführte Idee eines absoluten Raumes auf. Die in der Schrift von 1786 vorgetragene Idee eines absoluten Raumes soll ein für die Physik zum Zwecke der Darstellung und Berechnung erforderliches ‚objektives' Bezugssystem angesichts der These rechtfertigen, daß der Raum eine subjektive Anschauungsform ist. Sie dient also einer zu konkurrierenden (newtonischen) Theorien alternativen philosophischen Rechtfertigung eines räumlichen Bezugssystems in der Physik. Kant argumentiert so: Auf die Idee eines absoluten materiellen Raumes führt die grundsätzlich denkbare Erweiterung jedes Erfahrungsraumes. Des Weiteren läßt dieser vorgestellte Raum sich, unter Abstraktion von der Materialität des Raumes, als Bezugssystem vorstellen.

Mit Blick auf das Nachlaßwerk läßt sich zunächst feststellen, daß der für die *Metaphysischen Anfangsgründe* wichtige Aspekt der Möglichkeit eines Bezugssystems für die im Nachlaßwerk entfaltete Vorstellung einer allwärts verbreiteten Materie gerade nicht der entscheidende ist. Vielmehr ist für das Nachlaßwerk wichtig, daß alle konkreten empirischen Räume als Einschränkungen Eines materiellen Raumes anzusehen sind. Die Überlegungen der *Metaphysischen Anfangsgründe* zur Idee des absoluten Raumes könnten im Nachlaßwerk gleichwohl noch gültig sein. Denn die im Nachlaßwerk gerechtfertigte Annahme der Wirklichkeit Eines empirischen Raumes widerspricht nicht den Überzeugungen der *Metaphysischen Anfangsgründe*, da dort nicht die Vorstellung Eines gegebenen materiellen Raumes dementiert wird, sondern der weitergehende Schritt, den Einen materiellen Raum als etwas anzusehen, das ein Objekt (mit grundsätzlich bestimmbaren Grenzen) ist. Nur als ein solches könnte ja der materielle Raum die Funktion eines Bezugssystems ausüben, die die Idee eines absoluten Raumes zufolge der Konzeption der *Metaphysischen Anfangsgründe* einnehmen soll.

(2) Sodann nötigt die These der Wirklichkeit *Eines* empirischen Raumes zur Rücksicht auf die *Antinomien* der *Kritik der reinen Vernunft*. Zu Antinomien kommt es dann, wenn Erscheinungen unter Bedingungen betrachtet werden, die für Dinge an sich gelten (A 419/B 447). Schon sofern der Beweis der Existenz des Äthers sich deutlich auf die Erscheinungswelt bezieht, zielt er nicht darauf ab, ein von der Vernunft gesuchtes ‚Unbedingtes' einzuführen. Allerdings bleibt im Folgenden durchaus zu untersuchen, ob er nicht dennoch vom Standpunkt des Antinomienkapitels der *Kritik der reinen Vernunft* aus gesehen unrechtmäßige Behauptungen aufstellt.[201]

Wer den Ätherbeweis in einen Konflikt mit den Antinomien bringen wollte, müßte sich zunächst an die erste Antinomie wenden, da sie die Frage nach der Begrenzung der Welt diskutiert. Die von Kant vorgeschlagene Lösung der ersten Antinomie erlaubt nur die negative Aussage: Die Welt hat keinen ersten Anfang und keine äußere Grenze (A 520/B 548). Denn *These* und *Antithese* müssen auf Annahmen zurückgreifen, die sich als Aussagen über Gegenstände der Erscheinung gar nicht machen lassen: Die *These* nimmt eine Grenze der Welt in Raum und Zeit an, aber die Erscheinungswelt läßt sich überhaupt nicht als etwas vorstellen, das den Anschauungsformen Raum und Zeit entzogen ist. Auch kann nicht eine leere Zeit und ein leerer Raum als Begrenzung gedacht werden, weil dies keine Bestimmung der Welt in Raum und Zeit gestatten würde: „Ein dergleichen Verhältnis aber [zu keinem Gegenstande], mithin auch die Begrenzung der Welt durch den leeren Raum, ist nichts" (A 430/B 458). Mit der *Antithese*, daß die Welt dem Raum und der Zeit nach unendlich sei, behandelt man die Welt als den Gegenstand einer Synthesis, die bei einem unendlichen Gegenstand gar nicht vollendet werden könnte.

Beachtenswert ist, daß die gegen die *These* geltend gemachte Argumentation derjenigen gleicht, die Kant für seinen Ätherbeweis in Anschlag bringt:[202] Der Raum muß allwärts mit Materie erfüllt sein, weil wir den vollen nicht als durch einen leeren Raum begrenzt denken können; ist doch der leere Raum gar kein möglicher Gegenstand der Erfahrung. Trotz dieser Ähnlichkeit, die zwischen den Argumenten *gegen* die *These* und *für* die Existenz des Äthers besteht, unterscheiden sich die Überlegungen aufgrund ihrer Kontexte voneinander. Denn der Äther-

201 Die Existenzaussage betreffend, könnte man auch einen Konflikt mit der vierten Antinomie der *Kritik der reinen Vernunft* (A 562/B 590) sehen, insofern hier die Behauptung einer ‚unbedingten Existenz der Substanz' thematisch ist. Im Ätherbeweis wird die Existenz des Äthers jedoch (was die Einschränkung seiner Gültigkeit mit sich bringt) gerade nicht für schlechterdings notwendig erklärt. Vgl. dazu auch (in dieselbe Richtung argumentierend) Mathieu (1989).

202 Vgl. hierzu Guyer (1991), 123 und 131.

beweis sagt positiv überhaupt nichts über die Grenzen der Welt (oder auch des Raumes), sondern nur etwas darüber, wie der Raum beschaffen sein muß. Er beantwortet also die Frage der ersten Antinomie direkt überhaupt nicht. Sein Thema ist das einer „im Raum und der Zeit end// und anfangslos bewegten und bewegenden Materie welche ins Unendliche getheilt alle Materie in Bewegung erhält" (I, 227). Unabhängig davon, wie der Raum seiner Größe nach beschaffen ist, seiner Qualität nach ist er mit Materie erfüllt.

Man könnte nun hier vermuten, daß der Ätherbeweis nicht in einem Konflikt mit der ersten, sondern mit der zweiten Antinomie steht, und zwar deshalb, weil es diese Antinomie ist, die den Qualitätskategorien entspricht. Auch hier gibt es aber keinen Konflikt. Denn auch die zweite Antinomie behandelt nicht die Frage nach der Beschaffenheit des Raumes, sondern die, ob die Welt aus einfachen Teilen bestehe. Allerdings könnte man weiterhin einen Konflikt darin sehen, daß Kant im Zusammenhang der zweiten Antinomie sagt, die Realität im Raum, also die ‚Materie', sei „ein Bedingtes, dessen innere Bedingungen seine Teile und die Teile der Teile die entfernteren Bedingungen sind, so daß hier eine regressive Synthesis stattfindet, deren absolute Totalität die Vernunft fordert" (A 413/B 441). Ein Konflikt mit dem Ätherbeweis besteht aber aus den folgenden zwei Gründen nicht: Erstens wird auch in dieser Passage nicht (wie im Ätherbeweis) danach gefragt, ob der Raum materiell ist, sondern was Materie ‚ansich' sei. Der Ätherbeweis schließt nicht an diese Ausführungen, sondern an die dynamische Materietheorie an, die Materie durch Kräfterelationen bestimmt. Zweitens behandelt Kant in der soeben zitierten Passage aus der *Kritik der reinen Vernunft* die Frage, unter welchen Bedingungen wir etwas zum *Erfahrungsobjekt* unserer Erkenntnis machen können,[203] während der Ätherbeweis den Äther nicht als Objekt betrachten, sondern nur die Raumerfüllung der Materie als Bedingung für Erfahrung behaupten muß.

Gegen die hier zum Zweck der Abgrenzung von den Antinomien angestellten Überlegungen wäre ein etwas anders gearteter, noch einmal auf die erste Antinomie Bezug nehmender Einwand denkbar:[204] Danach betreffen die widersprüchlichen Behauptungen der ersten Antinomie darüber, ob die Welt endlich oder unendlich sei, sehr wohl auch die im Ätherbeweis formulierte These, da mit den für die Antinomie relevanten Begründungen auch die Frage, ob der materielle Weltraum endlich oder unendlich sei, zurückzuweisen ist. Hat Kant aber nicht damit, daß er den Äther als eine sich selbst (irgendwo) begrenzende Materie ansieht (und nach den Bestimmungen der Materie überhaupt ansehen muß), die grundsätzliche Begrenztheit des materiellen Weltraumes schon behauptet? Spricht er doch (allerdings in

203 Eindeutig zeigt sich dies in A 412/B 439 im Zusammenhang mit der Frage nach der Quantität als etwas, das man „Messen" kann.

204 Den der folgenden Überlegung zugrundeliegenden Einwand, daß der Widerspruch die Erscheinungswelt betrifft, macht Hegel (1968 ff), Bd.21, 228.

etwas früheren Entwürfen) vom Äther als „begränzter Raum“ (I, 378). Ist folglich gegen den Äther nicht auch der Einwand berechtigt, der gegen die *These* der ersten Antinomie vorgebracht wurde, nämlich daß er eine Vorstellungswelt jenseits von Raum und Zeit voraussetzt oder aber als Begrenzung einen leeren Raum und eine leere Zeit annehmen muß? Zunächst gilt festzuhalten: Für den Ätherbeweis ist die oben erwähnte, durch die erste Antinomie als *rechtmäßig* anerkannte Aussage, die Welt habe keinen ersten Anfang und keine äußere Grenze, grundlegend (A 520/B 548). So sagt Kant etwa im Zusammenhang mit der schon angesprochenen These des Erfülltseins der Zeit, ein erster Anfang dürfe nicht angenommen werden, weil sonst eine leere Zeit vorhergehend angenommen werden müsse (I, 220). Es ist, wie bereits bemerkt, demnach so, daß Kant die Forderung, die *These* der ersten Antinomie zu vermeiden, in dem Beweis zu einem positiven Grund macht, indem er die Zurückweisung der Annahme, ein leerer Raum und eine leere Zeit begrenzten den erfüllten Raum, zu der Annahme fortbestimmt, der Äther erfülle den Raum *all*wärts mit *immer*währender Bewegung.

Man mag diese Versicherungen Kants unglaubwürdig finden, weil er den Äther doch als Eine raumerfüllende sich selbst beschränkende Materie betrachtet, und meinen, daß er der Argumentation, die in der ersten Antinomie gegen die *These* vorgebracht wurde, nichts entgegen zu halten habe. Gegen diesen neuerlichen Angriff läßt sich die Konzeption des Nachlaßwerkes aber folgendermaßen verteidigen: Die Möglichkeit, dem Fehlschluß der *These* zu entgehen, liegt darin, daß der Äther selbst kein Objekt der Erfahrung werden können soll. Er ist so definiert, daß er dem Raum und der Zeit nach nicht bestimmbar ist, also gar nicht in ein Verhältnis zum leeren Raum gesetzt werden muß. Dem wäre noch hinzuzufügen, daß der Äther so konzipiert wurde, daß er gar nicht als ein *in* Raum und Zeit zu verortender gilt, sondern „sie zu wirklichen Gegenständen der Erfahrung macht“ (I, 227). Der schon bisweilen in den Blick genommenen These, daß die Äthermaterie etwas nicht Bestimmbares ist, kommt auch für den Zusammenhang mit der Antinomienlehre eine große Relevanz zu.[205]

---

205 Diese Lesart besagt, daß man die *These* von der Endlichkeit des Weltraumes in einer bestimmten Weise durchaus vertreten kann. Bei der Frage, ob man die Aussagen der *Thesen* bzw. der *Antithesen* unter bestimmten Einschränkungen vertreten kann, ist der Bezug zur zweiten Antinomie hilfreich: In der zweiten Antinomie argumentiert Kant ähnlich wie in den *Metaphysischen Anfangsgründen* für seine dynamische Materietheorie. Nach letzterer wird (positiv) behauptet, daß Materie unendlich teilbar ist. Eine Aussage über die Teilbarkeit der Materie ist also nicht grundsätzlich zu verwerfen, sondern es ist nur falsch, wenn man die Aussage über die unendliche Teilbarkeit für eine Aussage hält, die etwas über Dinge an sich aussagt. Dadurch verbindet man sie mit der weitergehenden Behauptung, daß es unendlich viele Teile gibt. Gemäß der Kantischen Formulierung (v.a. auch A 463/B 491) kann man das Ziel der zweiten Antinomie möglicherweise auch so formulieren: Ob unabhängig von der unendlichen Teilbarkeit der Materie etwas Einfaches als ihr Grund gedacht werden muß, läßt sich nicht erkennen. Vgl. dazu Malzkorn (1998).

Nach dieser exkursartigen Ausführung läßt sich zum ersten Beweisschritt zusammenfassend sagen: Da eine den Raum erfüllende Materie notwendige Bedingung für die Bestimmung der Gegenstände im Raum ist, darf Kant tatsächlich sagen, daß *die Möglichkeit der Erfahrung* davon abhängt, daß man eine (bezogen auf den Raum möglicher Erfahrung) allwärts verbreitete Materie annimmt. Diese Bedingung kann man als eine materiale Bedingung bezeichnen. Allerdings gilt es zu bedenken, daß es zwar eine Bedingung ist, die sich darauf bezieht, was sinnlich gegeben sein muß. Jedoch handelt es sich um eine a priori als notwendig einsehbare Bedingung und zwar aus dem Grund, daß unsere *Tätigkeit* der Bestimmung von Wahrnehmungen ohne sie unmöglich wäre.

(Zu 2) Der oben herausgestellte zweite Beweisschritt soll die im ersten Beweisschritt eingeführte raumerfüllende Materie als durch bewegende Kräfte bestimmt ausweisen. Im Zusammenhang der bewegenden Kräfte der raumerfüllenden Materie scheinen vor allem zwei Überlegungen ins Spiel zu kommen.

(a) Im Rekurs auf die (vornehmlich im ersten Kapitel wiedergegebenen) Ausführungen der *Metaphysischen Anfangsgründe* läßt sich eine allwärts verbreitete Materie – wie Materie überhaupt – durch die bewegenden Kräfte Anziehungskraft und Repulsivkraft charakterisieren. Zwar könnte man dagegen einwenden, daß die *Metaphysischen Anfangsgründe* nur die Materie, insofern sie als etwas in Raum und Zeit Bewegliches angesehen werden kann, zum Gegenstand der Untersuchung gemacht haben. Jedoch hatte Kant ja schon in die Schrift von 1786, wie ihre eingehende Prüfung gezeigt hat, *Bewegung* als noch ganz unspezifizierte *Grundbestimmung* der Materie überhaupt eingeführt, und zwar im Rückgriff auf die *Antizipationen der Wahrnehmung* – genauer gesagt: auf deren These, daß alles, was Gegenstand des äußeren Sinns werden können soll, als einen Einfluß auf die äußeren Sinne ausübend gedacht werden muß.

Die Tatsache, daß Kant in den *Metaphysischen Anfangsgründen* die Aussage, daß die Bewegung die Grundbestimmung der Materie ist, nicht auf Bewegungen im Raum einschränkt, kann er sich nun zu Nutze machen, um den Äther als Materie mit der Grundbestimmung der Bewegung zu charakterisieren. Dies bringt er im Nachlaßwerk ausdrücklich zur Geltung.

So etwa in folgender Passage.

> „Nun setzt der Begriff des Ganzen äußerer Erfahrung alle mögliche bewegende Kräfte der Materie in collectiver Einheit verbunden voraus und zwar im Vollen Raum (denn der leere er sey innerhalb oder ausser den Körpern ist kein Gegenstand möglicher Erfahrung. * [Einfügungszeichen ohne dazugehörigen Text] Er setzt aber auch eine stetige Bewegung aller Materie voraus welche aufs Subjekt als Sinnengegenstand wirkt denn ohne diese Bewegung d.i. ohne Erregung der Sinnenorgane als jener ihre Wirkung findet keine Wahrnehmung irgend eines Sinnenobjects mithin auch keine Erfahrung statt als welche nur die zu jener gehörende Form enthält“ (I, 572 f).

Im Anschluß an den ersten, bereits vorgeführten Beweisschritt dürfen wir diese These sogar dahingehend zuspitzen, daß die bewegenden Kräfte des Äthers – aufgrund dessen, daß die Materie alle Räume zu jeder Zeit selbst zu Gegenständen der Wahrnehmungen macht – in ihrer Wirkung hinsichtlich ihrer Ausdehnung und Dauer relativ zu Raum und Zeit unbegrenzt sind.

(b) Damit kommen wir zur zweiten für den zweiten Beweisschritt wichtigen Überlegung. Betrachtet man die einschlägigen Stellen des Nachlaßwerkes genauer, so scheint Kant, sich stützend auf die Annahme eines zu unterstellenden möglichen Einflusses auf unsere äußeren Sinne, nicht nur (vage) die Grundbestimmung der Bewegung rechtfertigen zu wollen, sondern speziell die innere Oszillation der den Raum allwärts erfüllenden Materie. So fährt er in der eben zitierten Passage fort: „ – Also ist ein im Raum stetig und unbeschränkt verbreiteter sich selbst agitirender besonderer Stoff als Erfahrungsgegenstand [...]" gegeben (I, 573).

Nun ist nach den bisherigen Ausführungen zwar klar, daß der Äther als oszillierend angenommen werden muß oder daß ihm lebendige bewegende Kräfte zuzuschreiben sind. Der soeben nachvollzogene Schritt auf eine Rechtfertigung der inneren Oszillation hin ist aber mit einer Schwierigkeit behaftet. Geht man nämlich tatsächlich von den Annahmen aus, die der im ersten Kapitel dargestellten dynamischen Materietheorie zugrundeliegen, so läßt sich ein Einfluß auf die Sinne auch einer sich in Ruhe befindlichen Materie, als die Wirkung ihrer bewegenden Kräfte, unterstellen. Auch eine nicht innerlich bewegte Materie wäre daher ein möglicher Gegenstand der Wahrnehmung. Daß der Raum empfindbar sein muß, wäre demnach kein ausreichender Grund dafür, die den Raum erfüllende Materie für oszillierend auszugeben.

Vielleicht basiert die These über die oszillierende Bewegung des Äthers auf folgendem Gedankengang: Die Grundbestimmung der Bewegung muß etwas sein, was auch den Gegenstand der Wahrnehmung in irgendeiner Weise als ‚bewegt' auszeichnet. Da der Äther nicht relativ auf anderes (sei es der Raum oder eine andere Materie) als bewegt zu betrachten ist, muß er eine in sich bewegte Materie sein. Damit würde die These über die Oszillation des Äthers als einer bloß dynamisch bewegten Materie in einer Parallele zu dem stehen, was in den *Metaphysischen Anfangsgründen* unter den einzelnen Kategoriengruppen zu einem im Raum bewegten Gegenstand ausgeführt wurde.

Statt Versuchen einer Rechtfertigung dieses Verfahrens nachzugehen, sollte man hier Folgendes berücksichtigen: Die strikte Trennung von einzelnen Beweisschritten gibt nicht Kant selbst vor, sondern sie dient im gegenwärtigen Zusammenhang nur als Hilfsmaßnahme für die Rekonstruktion. Das im zweiten Beweisschritt angestrebte Ziel, von einer inneren Oszillation der raumerfüllenden Materie zu überzeugen, läßt sich durchaus von dem ersten und dem dritten Beweisschritt aus erreichen. Der erste Beweisschritt eröffnet die Möglichkeit, so zu argumentieren: Man kann die Raum und Zeit durchgehend erfüllende Materie *gemäß den*

Formen von Raum und Zeit in einer bestimmten Weise charakterisieren.[206] Charakteristika sind demnach beispielsweise, daß sie allverbreitet und alldauernd ist. Eine so bestimmte Materie zeichnet sich, wie wir im Rückgriff auf die Überlegungen des zweiten Kapitels sagen können, durch einen steten Wechsel von Anziehungs- und Repulsivkraft oder eben durch eine innere Oszillation aus.

Der dritte Beweisschritt bietet die Möglichkeit, die innere Oszillation nicht über die Raumvorstellung, sondern über die Funktion des Äthers bei der Bildung von Körpern einzuführen. Er legt ein Argument nahe, das, vorgreifend gesagt, so lauten würde, daß die Bildung der Körper zur Annahme einer ihnen vorgängigen Bewegung nötigt: „Diese Bildung aber die von der Materie selbst geschehen soll muß einen ersten Anfang haben davon zwar die Möglichkeit unbegreiflich die Ursprünglichkeit aber als Selbstthätigkeit nicht zu bezweifeln ist“ (I, 216). Auf der Grundlage dieser Einsicht wendet man sich der Frage nach dem Anfang der Bewegung zu und kommt, an den oben explizierten Gedankengang zur Form der Zeit anknüpfend, zu dem Schluß, daß die den Raum erfüllende Materie als immerwährend innerlich bewegt angenommen werden muß, weil wir einen ersten Anfang überhaupt nicht annehmen dürfen. Damit sind wir schon beim dritten Beweisschritt.

(Zu 3) Auch der dritte, auf die Bildung von Körpern rekurrierende Beweisschritt ist auf zwei Überzeugungen zurückführbar.

(a) Die erste Überzeugung kann so zusammengefaßt werden, daß die Erklärung der Wirkungen, die wir an Körpern erfahren, die Begriffe von dynamischen bewegenden Kräften des Äthers voraussetzen. Diese Überzeugung ist in der vorliegenden Arbeit ausführlich behandelt worden. Etwas forciert behauptet Kant im Ätherbeweis: „Der Satz es giebt physische Körper setzt den Satz Voraus: es giebt Materie deren bewegende Kräfte und Bewegung der Erzeugung eines Körpers in der Zeit vorhergeht“ (I, 216).

(b) Auch die Explikation der zweiten Überzeugung kann zunächst den bisherigen Ausführungen folgen: Für die Möglichkeit von empirischer Physik müssen die bewegenden Kräfte der den Raum erfüllenden Materie unter einem Prinzip geordnet werden beziehungsweise es muß ein Plan für sie entworfen werden, anhand dessen unsere Wahrnehmungen zu interpretieren sind. Der Plan aller bewegenden Kräfte ist, so dürfte deutlich geworden sein, das Elementarsystem, in dem der Äther die Basis aller bewegenden Kräfte bildet, weshalb er als Inbegriff der bewegenden Kräfte bezeichnet wird.

---

206 Bereits hier wird diese später noch zu analysierende Überlegung durch den letzten Halbsatz des vorletzten hier angeführten Zitats nahegelegt: „als welche nur die zu jener gehörende Form enthält“ I, 573.

Der dritte Beweisschritt zielt aber nicht nur darauf, den Begriff des Äthers als Bedingung für die Erklärung der Bildung von Körpern einsichtig zu machen. Darüber hinaus soll er aufzeigen, daß der Begriff des Äthers bzw. die Begriffe der dynamischen bewegenden Kräfte Begriffe von etwas *Realem* sind. Allerdings scheint auch hier wieder Vorsicht geboten, weil sich dieses Ziel auch als ein den drei Beweisschritten gemeinsames verstehen läßt. Genauer betrachtet hängt die Entscheidung darüber, auf welche Weise die Realitätsbehauptung des Äthers als Prinzip der Erklärung der Bildung von Körpern begründet werden kann, davon ab, in welchem Verhältnis die einzelnen Überlegungen zueinander stehen. Der oben vorgezeichneten Gliederung folgend, erreichen wir mit dieser Frage Beweisschritt vier.

(Zu 4) Die vorangegangenen drei Abschnitte (1-3) vermochten zwar, die für den Ätherbeweis relevanten Gedankenschritte und die sie leitenden Überzeugungen freizulegen. Es ist aber noch nicht hinreichend klar geworden, mit welchem Recht wir die in diesen Abschnitten herausgehobenen Gedankenschritte als *einen* Ätherbeweis betrachten dürfen: Noch fehlt der Grund ihres Zusammenhangs. Hierzu möchte ich im Folgenden drei verschiedene Varianten durchspielen und gegeneinander abwägen. Ziel ist aber nicht, eine von ihnen als einzig mögliche auszuweisen. Vielmehr sollen sie alle zur Beantwortung der Frage dienen, ob und, wenn ja, auf welche Weise man durch den Ätherbeweis die Rechtfertigung der Erklärungen der empirischen Physik mithilfe des Äthers als Basis für alle bewegenden Kräfte erhält, einer Frage, die ja nach der These der vorliegenden Arbeit den Ätherbeweis überhaupt motiviert. (Ich werde jetzt allerdings nur noch von zwei Argumentationssträngen reden, da der zweite Schritt des Beweises, wie sich auch gezeigt hat, sich dem ersten und/oder dem dritten beiordnen läßt. Die zwei Argumentationsstränge sind: daß eine jeden Raum erfüllende Materie mit bewegenden Kräften existiert und daß der Äther als Inbegriff der bewegenden Kräfte zur Erklärung der Bildung von Körpern vorausgesetzt werden muß.)

(a) In der ersten hier vorzustellenden Variante wird eine relativ lose Verbindung der Argumentationsstränge angenommen. Ihr zufolge stellt der Beweis selbst eine Art Übergang dar, und zwar von der Behauptung, daß eine raumerfüllende Materie mit bewegenden Kräfte existiere, zu der andersartigen Behauptung, daß es einen Inbegriff der bewegenden Kräfte gebe. Etwas forciert läßt sich der Unterschied der Behauptungen so fassen: Die erste nimmt einen eingeschränkt auf unsere Erfahrung gültigen apriorischen Beweis der Notwendigkeit der Existenz an; die zweite formuliert eine logische Bedingung für Erfahrung. Die Pointe dieser Variante ist: Die zweite Behauptung kann auf der ersten aufbauen. Das heißt, man kann sich mit dem zufolge der zweiten Behauptung als notwendig vorauszusetzenden Inbegriff der bewegenden Kräfte auf die in der ersten Behauptung als existierend bewiesene raumerfüllende Materie beziehen. Denn als ein vor den Teilen gegebenes

Ganzes ist die raumerfüllende Materie dem Inbegriff der bewegenden Kräfte strukturell verwandt. Konkret werden die bewegenden Kräfte, die der raumerfüllenden Materie zuzusprechen sind, als die dynamischen Kräfte, die der Bildung von Körpern vorhergehen müssen, interpretiert. Der Inbegriff der bewegenden Kräfte läßt sich demnach als real setzen. Jedoch darf man bei der legitimen Bezugnahme die Verschiedenheit der Aussagen nicht ignorieren. Obwohl beide Aussagen (eingeschränkt auf Erfahrungsbedingungen) notwendig sind, bezieht sich bei der ersten die Notwendigkeit auf die Existenz des Äthers, während sie sich bei der zweiten auf eine epistemologische Bedingung bezieht. Außerdem gilt: Die von der zweiten Behauptung ermöglichte Spezifikation des Ätherbegriffs ist nur unter der Bedingung gültig, daß man sich mit ihr auf die Möglichkeit der Erklärung der Bildung von Körpern bezieht. Gleichwohl hätte man durch einen derartigen Gang des Beweises gezeigt, daß die für die Erklärung der Bildung von Körpern erforderliche Annahme mit einer in Bezug auf die Erfahrung a priori notwendigen Existenzaussage zusammenstimmt. Im Sinne dieser ersten Variante lassen sich alle die Passagen des Nachlaßwerkes lesen, in denen Kant die Argumentationsstränge unkommentiert nebeneinander stellt.[207]

Vergleichen könnte man das beschriebene Verfahren, was hier allerdings nur andeutungsweise geschehen kann, mit einem von der *Kritik der Urteilskraft* her bereits bekannten: Im Zusammenhang mit der teleologischen Urteilskraft (und im weiteren Zusammenhang mit der Frage nach einer möglichen Zusammenstimmung der praktischen und theoretischen Interpretation der Welt) hat Kant die Annahme eines unerkennbaren Grundes der Natur dort als regulative Idee der Urteilskraft eingeführt. In praktisch-moralischer Hinsicht ist der solchermaßen in die theoretische Philosophie eingelassene Grund der Natur als intelligibler, praktische Zwecke verfolgender Weltgrund interpretierbar. In der theoretischen Naturbetrachtung muß etwas eingeführt werden, das strukturell dem entspricht, was in der praktischen Philosophie gefordert wird.

Zweifellos führen Kants Ausführungen zum Ätherbeweis über die in der ersten Variante gegebene Interpretation hinaus. Da die erste Variante eine bloße Bezugnahme der beiden Ätherbegriffe aufeinander rechtfertigt, ist sie die schwächste der hier vorgestellten möglichen Verbindungen der beiden Argumentationsstränge. In einem über sie hinausgehenden Schritt läßt sich die Identität von dem im Elementarsystem entwickelten Begriff des Äthers und dem einer raumerfüllenden Materie fordern. In Kants Worten: „Die logische Einheit die auf das Allgemeine geht wird hier mit der realen identificirt die aufs All der Materie geht." (I, 241) Damit würde hier eine zweite Variante angeboten.

(b) Die zweite Variante intendiert, die beiden in der ersten Variante als bloß sich aufeinander beziehend aufgefaßten Ätherbegriffe, den einer raumerfüllenden

207 Z.B. die schon oft angeführte Passage I, 216.

Materie und den des Inbegriffs der bewegenden Kräfte, miteinander zu identifizieren. Gleichwohl hält sie aber an den beiden vorgestellten Argumentationssträngen als getrennten fest. Dieses Ziel will sie mittels einer Identifikation über Eigenschaften erreichen. Zufolge des Elementarsystems ist der Äther ‚unwägbar', ‚unsperrbar', ‚unzusammenhängend' und ‚unerschöpfbar'. Dem hier auszuführenden Vorschlag gemäß muß die als existierend behauptete raumerfüllende Materie durch Eigenschaften bestimmbar sein, die eine Identifikation mit dem im Elementarsystem bestimmten Äther erlauben.

Die Attribute des Äthers als raumerfüllender Materie lassen sich ihm in Kants Augen aufgrund seiner Funktion, jeden Raum und jede Zeit auszufüllen, zusprechen:

> „Die Attribute dieses Stoffes (weil er allbefassend einzeln (unica) und die Basis aller zur Einheit [aus: Einsicht, geändert von E. Förster (1989)] des Objects der (einen) Erfahrung ist) sind nun nach dem Satz der Identität gegeben nämlich daß er allverbreitet, alldurchdringend und allbewegend ist (nicht aber daß er selbst in seinem Platze beweglich (locomotiva * [Einfügungszeichen ohne Einfügung] d.i. Ortsverändernd) und es als ein solcher nothwendig d.i. auch alldauernd ist." (I, 584)[208]

Die Weise, wie der Äther aufgrund seiner Funktion, Raum und Zeit durchgehend zu erfüllen, bestimmt werden muß, gestattet dem hier diskutierten Vorschlag zufolge seine Identifikation mit den bewegenden Kräften des Äthers, die als Prinzipien für die Erklärung von Körpern anzunehmen waren. In diesem Sinne läßt sich beispielsweise die folgende Passage lesen:

> „Wenn wir von Gegenständen der Sinne im Raum sprechen so setzen wir stillschweigend voraus daß er ein Gegenstand der Erfahrung seyn könne weil wir nicht blos die Form sondern auch das Daseyn von etwas nämlich die Existenz eines Objects darunter verstehen also auch bewegende Kräfte der Materie dieser Form gemas auf unsere Sinne zu wirken und dadurch Principien der Möglichkeit der Erfahrung zu seyn" (AA XXIII, 487).[209]

Diese These einer Bestimmbarkeit des Äthers durch seine Funktion und der damit einhergehenden ‚Einzelheit' setzt sich dem Einwand aus, daß die Bestimmungen des Äthers in Wirklichkeit doch ohne Rückgriff auf das Elementarsystem gar nicht zu gewinnen sind und daher die in unserer zweiten Variante angezielte Identifikation schon voraussetzen. Allerdings wäre das Recht des Einwurfs im Einzelnen zu prüfen. Allverbreitend und alldauernd soll die Materie deswegen sein, weil nach der Überzeugung Kants Raum und Zeit für uns anfangs- und grenzenlos sind. Weiterhin versucht Kant etwa das Prädikat ‚alldurchdringend' mit dem Hinweis darauf zu rechtfertigen, daß die den Raum erfüllende Materie „keine andere aus ihrem Platze verdrängt sondern sie insgesamt durchdringt [...]" (I, 224).

---

208 Zu dieser Variante vgl. auch beispielsweise Kants Ausführungen zu den Eigenschaften des Weltstoffs (I, 232).

209 Aber auch all die Stellen, an denen Kant das Prinzip der Möglichkeit der Erfahrung eindeutig auf den Äther als raumerfüllende Materie bezieht, vgl. etwa I, 563.

(c) Die dritte Variante unterscheidet sich von den vorangegangenen zunächst durch einen Perspektivenwechsel. Die bisher getrennt gehaltenen Argumentationsstränge lassen sich nämlich beide als Antwort auf die Frage verstehen, was für die Bestimmung eines Gegenstands der empirischen Physik erforderlich ist. Da der erste Argumentationsstrang die Bedingung für die Bestimmung der Wahrnehmungen in Raum und Zeit, der zweite die Bedingung für eine Erklärung und begriffliche Bestimmung der im Raum als bewegt wahrgenommenen Körper aufdeckt, müssen vom Standpunkt dessen, der die empirische Physik als Wissenschaft ansieht, beide Bedingungen notwendigerweise erfüllt sein.

Dies läßt sich, das Bisherige aufgreifend, wie folgt ausführen: Zum einen ist der Äther als raumerfüllende Materie Bedingung dafür, daß wir das Objekt als ein zu anderen Gegenständen in einem bestimmten Verhältnis stehendes begreifen können. Dafür ist die folgende Textstelle des Nachlaßwerkes ein Beleg:

> „[Es ist so, daß dieser Stoff] alle andere[n] bewegende Kräfte in beständig und an allen Orten reger Wirksamkeit erhält. Der Grund zu dieser Behauptung ist: daß die Anschauungen in Raum und Zeit nur Formen sind und ohne etwas das sie auch nur blos für die Sinne kennbar machte gar keine reale Objecte an die Hand geben würden welche eine Existenz überhaupt vornehmlich auch die der Größe möglich machte [...]" (I, 217).

Zum anderen wären, wie oben betont, ohne die dynamischen bewegenden Kräfte (oder kurz: ohne das Prinzip des Äthers) der Begriff eines Körpers und die quantitativ, qualitativ und relational bestimmbaren Eigenschaften von Körpern nicht verständlich zu machen.

So gesehen liegt der Gedanke nahe: Es ist *dieselbe* Handlung der Bestimmung eines Objekts der empirischen Physik, die sowohl die Verortung der Wahrnehmungen in Raum und Zeit als auch die Interpretation dieser Wahrnehmungen durch a priori vorgegebene Prinzipien leistet; und weil die Bestimmung des Objekts durch *eine* Handlung erfüllt wird, muß sich die Ordnung der Wahrnehmungen und die Bestimmung der Wahrnehmung anhand von Prinzipien auf dasselbe (in dem Akt als Gegenstand Konzipierte) beziehen. Zugunsten dieser Lesart lassen sich insbesondere die Passagen anführen, in denen Kant die Tätigkeit des Subjekts bei der Bestimmung des Gegenstands betont. So fügt Kant dem Existenzbeweis (am Rand) hinzu: „Nicht von wann an die Bewegung anhebt sondern von wann an ich die Bewegung anfange [...]" (I, 221; vgl. auch II, 550).[210] Die dritte Variante kann sich aber auch darauf berufen, daß Kant das Prinzip der Möglichkeit von Erfahrung auf die beiden oben explizierten Argumentationsstränge bezieht. Betrachten wir dies näher: Kant charakterisiert den Beweis mit verschiedenen Ausdrücken. Er nennt ihn indirekt und kommentiert ihn mit den Worten, er beruhe auf einem *subjektiven Beweisgrund* (I, 221) oder auch *auf einem Prinzip der Möglichkeit der Erfahrung* (I, 226). Solche Formulierungen lassen sich nun einerseits in Zusammenhang bringen mit den mit der Vorstellung des empirischen Raumes verbunde-

210 Vgl auch: Loses Blatt Leipzig I, in: Stark (1991).

nen Argumenten, das heißt beispielsweise mit der Aussage, die Erfahrung von im Raum bewegten Körpern setze voraus, daß der Raum, in dem die Erfahrung gemacht werde, selbst materiell ist. Andererseits ist dieselbe Versicherung, daß der Beweis auf dem Prinzip der Möglichkeit der Erfahrung beruhe, auch mit dem zweiten der ihn durchziehenden Argumentationsstränge verknüpft. Denn die bewegenden Kräfte des Elementarsystems bilden – das dürfte aus dem Bisherigen deutlich geworden sein – als Erklärungsprinzipien die Voraussetzung dafür, überhaupt den physikalischen Begriff eines Körpers haben und systematisch Naturforschung betreiben zu können. Zwar stellt Kant diese Prinzipien im Elementarsystem als bloß mögliche, subjektive (II, 260) auf, und die hier durchgespielten Erklärungsvorschläge sind grundsätzlich revidierbar. Aber es müssen doch derartige Prinzipien zur Naturforschung vorausgesetzt werden. Dahingehend läßt sich Kants im Nachlaßwerk gemachte Bemerkung verstehen, daß das, was formaliter zur Erfahrung gehört, auch realiter in ihr enthalten sein müsse (I, 583). Die in dem zweiten Argumentationsstrang behauptete Bedingung für *Erfahrung* ist, anders als die des ersten Argumentationsstranges, demnach formaler Art. Eine ‚formale Bedingung' bezieht sich, grob gesagt, auf das, was wir begrifflich leisten müssen, damit Erfahrung zustande kommt. Dennoch beruhen beide in den Argumentationssträngen geltend gemachten Bedingungen auf dem Prinzip der Möglichkeit der Erfahrung.

Im Zusammenhang mit der in der vorliegenden Arbeit leitenden Frage nach dem ‚Charakter des Übergangs', läßt sich natürlich auch hier fragen, ob Kant, im Zuge der dritten Variante, den Charakter des Elementarsystems verändert und/oder die Erklärungsprinzipien der empirischen Physik nun so behandelt, als seien sie a priori als objektiv gültig zu erkennen. Wie schon in der früheren Konzeption des Systems der empirischen Physik (was im ersten Kapitel deutlich geworden sein dürfte), findet sich auch hier die Option und (zumindest später im Nachlaßwerk) die Tendenz, eine Umdeutung des Status der Prinzipien des Übergangs vorzunehmen.[211] Wichtig ist aber zu sehen, daß eine solche Umdeutung für den Gedanken Kants nicht notwendig ist. Die Konzeption von empirischem Wissen, die hier im ersten Kapitel skizziert wurde, gibt die Möglichkeit an die Hand, Begriffe und Prinzipien, nach denen wir Wahrnehmungen verknüpfen, für objektiv zu erklären, wenn sie auf die Grundkräfte zurückführbar sind und wenn die, die Erklärungen tragenden Annahmen sich als solche ausweisen lassen, die einen Erfahrungsbezug haben.[212] Einen Erfahrungsbezug der relevanten Begriffe vermag der Ätherbeweis aufzuzeigen. Die bewegenden Kräfte und die auf ihnen aufbauen-

211 So sagt Kant etwa über die bewegenden Kräfte, daß sie „Zusammen ein System nach principien a priori ausmachen und man der Natur (gleichsam) gebieten, nach welchen Gesetzen sie wirken soll damit zerstreute Wahrnehmungen eine Erfahrung ausmachen" (AA XXIII, 486).

212 Vgl. hierzu: „Die Gesammteinheit aber der bewegenden Kräfte ist objectiv die Wirkung des absoluten Ganzen des Elementarstoffs" (I, 601 f).

den (empirischen) Gesetze können sich daher in der empirischen Physik als wahr behaupten. In diesem Punkt unterscheiden sich die ersten beiden Varianten nicht von der dritten. In ihnen wurden ja die Argumentationsstränge sogar noch deutlicher unterschieden.

Nach den hier angestellten Überlegungen muß Kant den Beweis der Existenz des Äthers allerdings unter bestimmte Einschränkungen stellen. Kants in diese Richtung weisende Äußerungen, wie: der Beweis geschehe aus einem subjektiven Prinzip oder der Beweisgrund sei subjektiv, sind abschließend zu kommentieren.

Allgemein gilt: Die Aussage, der Beweisgrund sei (bloß) subjektiv, zielt darauf, die in dem Beweis behaupteten Bedingungen als Bedingungen zu charakterisieren, ohne die für uns Erfahrung nicht möglich wäre, die aber, aus welchen Gründen auch immer, nichts zur Bestimmungen des Objekts beitragen.

Als Beispiele für ‚bloß subjektive Prinzipien', die nichts zur Bestimmung des Objekts beitragen, können die Grundsätze der Modalität der *Kritik der reinen Vernunft* angeführt werden (A 233 f/B 286). Subjektiv sind aber auch solche Prinzipien, die bloß subjektive Bedingungen für Erfahrung ausdrücken. Als (bloß) subjektive Bedingungen bezeichnet Kant in der *Kritik der reinen Vernunft* solche, die sich auf Bedingungen der Sinnlichkeit beziehen. Dies führt er vornehmlich im Abschnitt über die *Amphibolie der Reflexionsbegriffe* aus, der die subjektiven Bedingungen aufdeckt, unter denen wir zu Begriffen gelangen. Wie bereits oben ausgeführt, enthält dieser Abschnitt eine Kritik an der traditionellen Metaphysik, die den Unterschied von Ding an sich und Erscheinung einebnet. Subjektive Bedingungen sind demzufolge solche, die nur mit Bezug auf unsere Erscheinungswelt gelten. In diesem Sinne sagt Kant etwa in dem Abschnitt über das transzendentale Ideal, das Prinzip der Möglichkeit der Dinge als Erscheinungen sei ein *empirisches* Prinzip (A 582/B 610).[213]

Wenn man diese Ausführungen in einen Zusammenhang mit dem Ätherbeweis stellt, wird deutlich, daß eine Parallele darin besteht, daß auch die Gültigkeit des Beweises der Existenz des Äthers beschränkt ist, weil er erstens nichts zur Bestimmung des Objekts beiträgt – er zeigt nur auf, daß der Äther notwendig *existiert* – und zweitens, weil er bloß Bedingungen *unserer Sinnlichkeit* angibt. Daß der Beweisgrund in diesem Sinne subjektiv ist, bezeugen beispielsweise Formulierungen wie die: „Folglich ist jeder Raum im Verhältnis auf unsere äußere Sinne mit Materie erfüllt [...]" (I, 219). Aus diesen Gründen kann man also bei der Existenzannahme davon sprechen, sie beruhe auf einem subjektiven Prinzip oder sei eine subjektive Bedingung von Erfahrung. Unterschiede man dieses Prinzip nicht von einem objektiven, würde man den Inbegriff der bewegenden Kräfte mit dem Inbe-

213 ‚Empirisches Prinzip' ist hier, wie sich dem Zusammenhang entnehmen läßt, eine Kurzform dafür, daß das Prinzip nur für die Erscheinungswelt formuliert ist und nur in Bezug auf sie Gültigkeit hat.

griff der Realität überhaupt gleichsetzen. Dies ist der Grund dafür, warum Kant im Nachlaßwerk von einer Amphibolie spricht, die dadurch zustande komme, daß man ein subjektives Prinzip mit einem objektiven Prinzip verwechsle (I, 545).

Bisher sind wir dem Wink auf die subjektiven Bedingungen der Sinnlichkeit gefolgt. Kant bezieht jedoch, wie bereits expliziert, die Rede von einem Prinzip zur Möglichkeit von Erfahrung in dem Beweis auch darauf, daß unsere Wahrnehmungen sich unter formalen Prinzipien ordnen lassen müssen. Da dies als formale Bedingung betrachtet wurde, legt sich nun allerdings aufs neue die Vermutung einer Anknüpfung an die Überlegungen der *Kritik der Urteilskraft* nahe. Die Möglichkeit, ein Prinzip als subjektives Ordnungsprinzip für die Möglichkeit der Erfahrung anzunehmen, hat Kant nämlich dort ausgeführt. Zwar spielt die im Zusammenhang mit der *Amphibolie* erläuterte Bedeutung von ‚subjektiv' auch in der *Kritik der Urteilskraft* eine Rolle, sofern auch die Annahme der Zweckmäßigkeit im Hinblick auf unsere Erscheinungswelt formuliert wird und sich darauf bezieht, wie wir die mannigfaltigen Formen der Erscheinungen, die durch die Grundsätze unbestimmt bleiben, durch Gesetze als notwendig bestimmen können. Kant nennt das Prinzip der Zweckmäßigkeit in der *Kritik der Urteilskraft* denn auch deswegen ein subjektives Prinzip, weil es nichts über Objekte selbst aussagt, sondern eine Bedingung formuliert, unter der wir die Natur betrachten müssen. Die in der *Kritik der Urteilskraft* angegebene ‚Bedingung' hat allerdings offenkundig einen anderen Charakter als die, die in der vorliegenden Arbeit als *materiale* Bedingung bezeichnet wurde. Sehr plakativ könnte man den Unterschied so beschreiben: In der *Kritik der Urteilskraft* wird keine materiale Bedingung freigelegt, sondern ein formales Prinzip aufgestellt, das wir uns selbst vorgeben müssen, um Erfahrung machen zu können. Es ist nun durchaus möglich, daß Kant sich bei den Überlegungen seines Ätherbeweises, die wir als dritten der Beweisschritte ausgeführt haben, an diesen Ausführungen der *Kritik der Urteilskraft* orientiert hat. Es ist aber zu beachten, daß die formalen Prinzipien der bewegenden Kräfte (oder auch das Prinzip des Äthers)[214] anders als das Prinzip der Zweckmäßigkeit der *Kritik der Urteilskraft* etwas Reales bezeichnen sollen. Aus diesem Grund würde ein subjektives transzendentales Prinzip, wie das Prinzip der Urteilskraft, hier nicht ausreichen. Die mithilfe des Prinzips des Äthers zu gebenden Erklärungen stehen, wie wir sehen konnten, eher in gewisser Nähe zu denen der Organismen. Die Annahme des Äthers kann aber, anders als die über den Bereich der möglichen Erfahrung sinnlich gegebener Gegenstände hinausgehende Annahme einer zweckesetzenden Natur, sehr wohl in den Naturwissenschaften einen Platz haben. Daß die Idee des Äthers naturwissenschaftlich zu verwenden ist, ohne die auf ihr beruhenden Urteile in ihrer Gültigkeit zu beschränken, ist, folgt man der in der vorliegenden Arbeit vorgeschlagenen Rekonstruktion, gerade die Pointe des Ätherbeweises.

214 Da die bewegenden Kräfte des Äthers gemeint sind, kann Kant auch von *einem* Prinzip sprechen.

Schluß

Ein Ergebnis des Versuchs, die Begründungsmöglichkeiten der einzelnen Schritte Kants in den Gedankengängen des Nachlaßwerkes bis Mitte 1799 auszuloten, besteht in dem Nachweis, daß diese Gedankengänge in der Aufnahme und Weiterführung der durch die *Kritik der reinen Vernunft* begründeten kritischen philosophischen Konzeption anzusiedeln sind. Sie beabsichtigen nicht deren Revision, sondern ihre Fortsetzung – wenngleich sie dafür auch mit zum Teil befremdlichen Zusatzannahmen arbeiten müssen. Insofern leistet die in dieser Arbeit vorgeschlagene Interpretation des Nachlaßwerkes eine Spezifikation der anfangs zur Diskussion gestellten These, daß Kant die Fundierung der empirischen Wissenschaften als ein philosophisches Unternehmen ansieht. Drei unterschiedliche Überzeugungen standen bei dieser These im Hintergrund. Die ersten beiden, den Gesamtaufbau des Systems der Naturwissenschaften betreffenden, lauten: Es können a priori Prinzipien und Gesetze der Naturwissenschaft erkannt werden, und es bedarf in allen Bereichen der empirischen Wissenschaften einer systematischen Bezugnahme auf diese Prinzipien und Gesetze. Dazu kommt die (dritte) Überzeugung: Der von einer empirischen Wissenschaft zu intendierende Systemanspruch läßt sich nur durch einen der Naturforschung vorhergehenden Plan des Ganzen der Wissenschaft einlösen. Geht man von diesen Überzeugungen aus, so ist anzunehmen, daß Kant eine Aufgabe der Philosophie darin sieht, einen Plan der in den empirischen Wissenschaften vorkommenden Begriffe und Prinzipien zu entwerfen, der diese auf ihren Zusammenhang, ihren Status, ihre Reichweite und ihre Funktion hin durchsichtig macht.

Zwar könnte der empirische Naturforscher auch ohne die philosophische Fundierung arbeiten. In Kants Augen hätte er dann aber unter anderem die Frage offen zu lassen, welchen Rechtfertigungsgrund seine Gesetzesannahmen, Erklärungsprinzipien und Theorien haben. Oder mit anderen Worten: Ohne eine Prüfung der Rechtmäßigkeit ist ungeklärt, was unter unseren Erkenntnisbedingungen als hinreichende wissenschaftliche Erklärung gelten kann. Die bloße Erklärungstauglichkeit ist vor allem aus zwei Gründen kein ausreichendes Kriterium für eine wissenschaftlich fundierte Aussage. Zum einen gibt es Kant zufolge im System wissenschaftlicher Aussagen synthetische, a priori als gültig erkennbare Sätze, die im Unterschied zu anderen unter keinen Umständen aufgegeben werden dürfen. Eine erklärungstaugliche Annahme stellt keine wissenschaftlich fundierte Aussage dar, wenn sie diesen Sätzen widerspricht. Ein relativ eindeutiges Beispiel hierfür wäre die Annahme eines dem Satz vom zureichenden Grund widersprechenden willkürlichen

Eingriffs Gottes in die Natur. Zum anderen gilt im Rahmen der Kantischen Konzeption, daß Prinzipien, die durchaus für einen Teilbereich erklärungstauglich sind, dennoch letztlich nichts zu einer wissenschaftlich fundierten Naturerklärung beitragen können, und zwar dann, wenn sie selbst keinen Erfahrungsbezug und infolgedessen den Status von bloßen Fiktionen haben. Ein Beispiel hierfür wäre die Annahme des leeren Raumes.

Was diese Ergebnisse betrifft, so sind sie zwar durch die vorliegende Arbeit im Einzelnen nachgewiesen worden. Jedoch machen sie noch nicht das Spezifische des Nachlaßwerkes deutlich. Dazu ist in drei Punkten zusammenzufassend zu sagen: (1) Als die Hauptaufgabe, der Kant sich im Nachlaßwerk bei der philosophischen Fundierung der empirischen Wissenschaften stellt, wurde die Aufstellung eines Planes für die empirische Physik identifiziert. Der Plan der empirischen Physik steht für Kant grundsätzlich unter dem Anspruch, die in der empirischen Physik verwendeten Erklärungsprinzipien so zu ordnen, daß ihr Bezug zu den apriorischen Prinzipien der *Metaphysischen Anfangsgründe* zu Tage tritt. Daß es einen vollständigen Plan dieser Art gibt, ist in Kants Augen eine notwendige Bedingung für die Möglichkeit der empirischen Physik als Wissenschaft. Gleichwohl muß ein solcher Plan offen für Revisionen und Umgestaltungen sein. (2) Vor dem Hintergrund dieser Überlegung war auch verständlich zu machen, daß die neue und komplexe Gestaltung des Planes der empirischen Physik im Nachlaßwerk durch ein Zirkelproblem der früheren Konzeption erzwungen worden war. Die Notwendigkeit einer Lösung dieses Problems hatte zur weiteren Folge, daß Kant den ‚Äther' mit in den Plan aufnehmen mußte. Damit stand die Ausführung des Planes der empirischen Physik im Nachlaßwerk unter einer ganz neuen Bedingung. Wie der Plan diesem Erfordernis gerecht zu werden versuchte und welche Gestalt die philosophische Aufgabe einer Fundierung der empirischen Wissenschaften demgemäß annahm, war unter verschiedenen Aspekten zu beleuchten. Einer dieser Aspekte ist hier noch einmal herauszuheben. (3) Bei der Ausführung des Plans der besonderen Begriffe und Prinzipien für die empirische Physik spielen die Begriffe eine maßgebliche Rolle, die Kant ‚Mittel'- oder ‚Zwischenbegriffe' nennt. Mit der Bezeichnung der im System aufgestellten Begriffe als ‚Zwischenbegriffe' versucht Kant einerseits dem Rechnung zu tragen, daß sie eine eigentümliche Zwischenstellung zwischen apriorischer Lehre und empirischer Forschung einnehmen. Diese Begriffe sollen die apriorischen Prinzipien, die für die empirische Naturforschung die Basis darstellen sollen, im Hinblick auf die empirischen Phänomene spezifizieren. Dies geschieht, genauer gesagt, im Rekurs auf das Verfahren der empirischen Physik, auf deren Experimente sowie Geräte oder Werkzeuge. Ein solcher ‚Mittel'- oder ‚Zwischenbegriff' ist im Nachlaßwerk der Begriff der ‚Wägbarkeit'. Andererseits nennt Kant die Begriffe des Übergangs ‚Mittel'- und ‚Zwischenbegriffe', weil sie zwar Konstrukte sind, aber dennoch einen Erfahrungsbezug haben müssen. Ein Konstrukt mit Erfahrungsbezug zu sein, kennzeichnet besonders den Äther. Denn neben den am Prinzip der Wägbarkeit exemplifizierten Prinzipien, die in dem

Übergang zum Zwecke der Bestimmbarkeit des empirisch Gegebenen eingeführt werden, gehört zum im Nachlaßwerk konzipierten System der empirischen Physik der Begriff des Äthers als einer Materie, der eine immerwährende innerliche Bewegung unterstellt wird und die als Basis aller zur Erklärung von Körpern erforderlichen bewegenden Kräfte dient. Da alle in dem Übergang angeführten Prinzipien einen Erfahrungsbezug haben müssen, muß ein solcher auch für den Äther nachgewiesen werden. Mit anderen Worten: Um davon zu überzeugen, daß der Äther ein den Erklärungen der Naturwissenschaft zugrundeliegendes Prinzip sein kann, ohne eine Einschränkung der Gültigkeit der Urteile mit sich zu bringen, mußte sein Erfahrungsbezug mit dem sogenannten Ätherbeweis aufgezeigt werden.

Nicht übersehen sollte man jedoch bei alledem, daß eine philosophische Fundierung der empirischen Wissenschaften nicht nur verlangt, einen Plan für die empirische Physik aufzustellen und die darin gemachten Annahmen und Prinzipien zu rechtfertigen. Eine *andere* Aufgabe, der Kant vor allem in der *Kritik der Urteilskraft* nachgegangen ist, besteht in der Begründung der Annahme, daß alle besonderen Erscheinungsweisen der Natur überhaupt einer von uns gemachten Ordnung fähig sind. Noch ein anderer Auftrag der Philosophie bei der Fundierung der empirischen Wissenschaften ist ferner die Klärung weitergehender Fragen, wie die nach dem Verhältnis der jeweiligen Wissenschaften zueinander und nach ihrem Selbstverständnis (I, 207; vgl. auch die Konvolute X und XI, etwa II, 318). Ein auch aus der Perspektive dieser Arbeit wichtiges Beispiel für die philosophische Vorgehensweise im Rahmen der Aufgabe der Fundierung der empirischen Wissenschaften ist die Unterscheidung von Erklärungen von Unorganischem und Organischem. Dieses Beispiel lehrt, daß die Reflexion auf den Status von Prinzipien, die in Erklärungen verwendet werden, eine Prüfung der Wissenschaftlichkeit der jeweiligen Erklärung ist. Die weitergehenden Fragen laufen allesamt letztlich auf die Frage nach der Rechtmäßigkeit von Wissensansprüchen und damit nach der Möglichkeit von empirischem Wissen hinaus.

In diesem Zusammenhang wurde in der vorliegenden Arbeit darauf hingewiesen, daß es die Möglichkeit gibt, den Status der mit dem System der empirischen Physik verbundenen Wissensansprüche zu modifizieren. So könnte Kant, wie im ersten und vierten Kapitel der Arbeit betont worden ist, durch eine Änderung des Status der Prinzipien des Systems der empirischen Physik das Wissen über die besonderen Erscheinungsweisen zu apodiktischem Wissen erklären. Jedoch dürfte ebenfalls deutlich geworden sein, daß Kant diese Möglichkeit (zumindest in den hier behandelten Entwürfen bis Mitte 1799) nicht verfolgt. Vielmehr sind gerade Kants Ausführungen zum Äther und auch zum Ätherbeweis als Versuche anzusehen, auch unter den mit der Materietheorie zusammenhängenden neuen Bedingungen des Systems der empirischen Physik die Form von empirischem Wissen, von der er früher ausgegangen war, zu verteidigen: Erkenntnisse über die nicht a priori zu erkennenden Besonderheiten der Natur können nicht – ohne eine Einschränkung der Gültigkeit der Urteile mit sich zu bringen – mit Voraussetzungen arbeiten, die hyperphysisch sind, und sie müssen sich (soweit dies möglich ist) empirisch bestätigen.

Es ist daher abschließend besonders darauf zu insistieren, daß der im vierten Kapitel rekonstruierte Ätherbeweis keine Revision der kritischen Philosophie darstellt. In welcher der hier vorgestellten Varianten Kant ihn auch immer durchführen wollte, er behandelt den Äther als eine für die empirische Physik erforderliche Annahme. Diese Einsicht stellt auch deshalb ein wichtiges Ergebnis dar, weil (nur) unter dieser Voraussetzung das ganze Projekt des Nachlaßwerkes bis Mitte 1799 als Übergangsprojekt von den Metaphysischen Anfangsgründen zur empirischen Physik anzusehen ist.

Die Behauptung, daß der Ätherbeweis innerhalb des Systems der theoretischen Philosophie anzusiedeln ist, das durch die *Kritik der reinen Vernunft* begründet wurde, führt zurück auf die Frage, wie sich das Übergangsprojekt zur Transzendentalphilosophie insgesamt verhält. Deutlich dürfte in der vorliegenden Arbeit zum Ausdruck gekommen sein, daß einerseits das Projekt des Übergangs der Sache nach als Bestandteil der kritischen Philosophie anzusehen ist und daß sich andererseits auch das erweiterte Projekt des Nachlaßwerkes trotz aller Neuerungen nur unter der Annahme verstehen läßt, daß die Teile der Philosophie Kants, die sich mit transzendentalphilosophischen und mit apodiktisch gewissen Erkenntnissen der theoretischen Philosophie beschäftigen, als gültig angesehen werden. Vor dem Hintergrund der in dieser Arbeit angestellten Überlegungen läßt sich im Zusammenhang mit dieser Frage auch eine weiterreichende Einschätzung zum Charakter des Kantischen Systems der theoretischen Philosophie geben: Die Grundlegung der Naturwissenschaft ist als ein stufenartig angelegtes, nach Graden der Allgemeinheit und des empirischen Gehalts gegliedertes System von Begriffen und Urteilen anzusehen, bei dem sich unter verschiedenen Hinsichten Teilsysteme identifizieren lassen. Die *Metaphysischen Anfangsgründe* stellen das gesondert darstellbare System der apodiktisch gewissen synthetischen Sätze a priori dar. Diese synthetischen Sätze müssen jedoch auch Bestandteile eines größeren Systems sein, in welchem es neben ihnen Prinzipien und Sätze anderer Art von Gültigkeit gibt. Die dynamische Materietheorie ist ein System, in dem sowohl apodiktisch gewisse als auch grundsätzlich ersetzbare Prinzipien vorkommen, deren offengelegter Zusammenhang es erlaubt, einerseits auszuschließen, mit nicht erfahrungsbezogenen Ideen arbeiten zu müssen, andererseits die jeweiligen Begriffe und Urteile auf ihre Quellen zurückzuführen. Damit erweist sich zum einen das Nachlaßwerk als notwendige Fortsetzung des Programms, Status und Reichweite von Wissensansprüchen zu analysieren. Ohne diesen Teil- oder Zwischenschritt gäbe es keine Möglichkeit für empirisches Wissen als systematisches, ‚wissenschaftliches Wissen'. Zum anderen läßt sich im Hinblick auf Kants Methode sagen: Die in dem stufenartigen Gang der Grundlegung der Naturwissenschaften geltend gemachten a priori einsehbaren Bedingungen für Erfahrung lassen sich als verschiedenartige Bedingungen hinreichend voneinander unterscheiden, indem man die Art ihres Erfahrungsbezugs ausbuchstabiert. Veranschaulichen läßt sich dies durch den Ätherbeweis: Die Existenz einer jeden Erfahrungsraum erfüllenden Materie ist für uns eine notwendige Bedingung dafür, empirische Körper raum-zeitlich zu bestimmen. Sie als Bedingung für Erfahrung zu behaupten, bedeutet nicht, die transzendentalphilosophischen Grundbestimmungen zu erweitern oder aufzulösen.

Die in der vorliegenden Arbeit vorgenommene und soeben angedeutete Art, den Ätherbeweis durch Ausleuchtung seines Stellenwerts zu rechtfertigen, entspricht auch ihrem argumentativen Vorgehen an vielen anderen Stellen. Nahm doch die Reflexion darauf, welchen Status Kant der jeweiligen Aussage gibt, von Anfang an in der Rekonstruktion der Gedanken Kants eine wichtige Rolle ein. Nach den hier gemachten Ausführungen ist eine derartige Reflexion für Kant ein legitimes und philosophisches Verfahren. Am Ende möchte man da aber vielleicht fragen, ob denn diese Art der Rechtfertigung und Begründung nicht unbefriedigend sei, wobei sich das Unbehagen in Einwänden verschiedener Art ausdrücken mag. Ein derartiges Verfahren auf seine Tragweite zu prüfen, wäre nur durch eine weitere Arbeit möglich. Zur Reichweite dreier in diese Richtung gehender Einwände sei aber Folgendes angemerkt:

(1) Ein Einwand, mit dem man sich in einer für die Philosophie nicht untypischen Situation wiederfände, läßt sich so formulieren: Die Differenzierungen und mit den Erweiterungen des Projekts jeweils verbundenen Einschränkungen der Gültigkeit von Urteilen lassen die grundlegenden Annahmen und Unterscheidungen der Transzendentalphilosophie so vage werden, daß sie das ganze Projekt gefährden. Ein Beispiel für diese Aufweichung der Bedeutung wichtiger Termini stellt die in der vorliegenden Arbeit für das Nachlaßwerk explizierte Rede vom ‚Prinzip der Möglichkeit der Erfahrung' dar. Im Falle eines derartigen Unbehagens ist man allerdings tatsächlich in einem schwer zu lösenden Konflikt: Da der vermeintlich klare Plan, von dem man mit Kant ausgehen will, auf seine Ausführung angelegt ist, kann man auf eine solche gar nicht verzichten. Die vorgelegte Arbeit stellt auch den Versuch dar zu zeigen, daß diese Ausführung nicht dazu führt, die für die Transzendentalphilosophie grundlegenden Unterscheidungen zu verschleifen.

(2) Die in meiner Arbeit vorgestellte Interpretation des Nachlaßwerkes läßt sich außerdem mit dem Hinweis kommentieren, daß man zwar die meisten Einwände entkräften kann, die sich intern gegen Kants Projekt einer Fundierung der empirischen Wissenschaft wenden, daß Kant aber die späte Konzeption insgesamt so komplex anlegt, daß sie letztlich unhandlich wird und deswegen in ihrem selbstgestellten Anspruch einer Fundierungsleistung scheitern muß. Der mit diesem Einwand gegen das Projekt des Nachlaßwerkes möglicherweise einhergehende Verzicht auf solche Fundierungsforderungen an die Philosophie scheint tatsächlich auch aus pragmatischen Gründen gerechtfertigt. Die Diskussion zu Möglichkeit und Sinn von Fundierungsansprüchen kann aber nur, wie in der vorliegenden

Arbeit auch ansatzweise (im dritten Kapitel) geschehen, im Zusammenhang mit den entsprechenden Versuchen, eine solche Fundierungsaufgabe zu lösen, geführt werden.[215]

(3) Schließlich lassen sich gegen das hier für Kant nachgewiesene und von mir zum Teil auch selbst in Anspruch genommene Vorgehen einer Differenzierung von Wissensansprüchen noch grundlegendere Einwände anbringen. Letztlich laufen sie wohl alle darauf hinaus, daß die dem intendierten System zugrundeliegenden Überzeugungen, wie beispielsweise die sich auf die Objektivitäts- oder auf die Vernunftvorstellung beziehenden, falsch seien. Eine für die vorliegende Arbeit besonders interessante Art von solchen Einwänden richtet sich direkt gegen Kants Methode. Man kann nämlich die Annahme, daß es möglich ist, Prinzipien, die der Sache nach zusammen vorkommen, bezüglich ihres Charakters, ihres Inhalts und ihrer Funktion auseinander zu halten, selbst als eine Vorentscheidung betrachten, deren Berechtigung zweifelhaft ist. Eine solche Vorentscheidung wäre umso bedenklicher, als sie möglicherweise auch inhaltliche Auswirkungen auf die Theorie hat. Ob eine solche Vorentscheidung tatsächlich getroffen werden muß, ob sie sich rechtfertigen läßt, wenn sie getroffen werden muß, sowie ob es alternative grundlegende Entscheidungen gibt, und wie diese aussehen könnten – dies alles liegt jenseits der Grenze des hier noch zu Behandelnden. Der Kantischen Methode folgend, lassen sich, wie die vorliegende Arbeit gezeigt hat, in seinem gegliederten System der theoretischen Philosophie Sätze unterschiedlichsten Gehalts durch ihre Art und ihren Ursprung voneinander unterscheiden. Dies ist für die Frage nach der Rechtmäßigkeit der jeweiligen Behauptungen, die Kant im Rahmen seiner Naturphilosophie macht, von erheblicher Bedeutung. In diesem Sinne ist Kant auch im Nachlaßwerk dem gefolgt, was er dem Philosophen in der Methodenlehre der *Kritik der reinen Vernunft* (A 842/B870) auferlegt hat:

> „Es ist von der äußersten Erheblichkeit, Erkenntnisse, die ihrer Gattung und ihrem Ursprunge nach von anderen unterschieden sind, zu isolieren, und sorgfältig zu verhüten, daß sie nicht mit anderen, mit welchen sie im Gebrauche gewöhnlich verbunden sind, in ein Gemisch zusammenfließen. Was Chemiker beim Scheiden der Materien, was Mathematiker in ihrer reinen Größenlehre tun, das liegt noch weit mehr dem Philosophen ob, damit er den Anteil, den eine besondere Art der Erkenntnis am herumschweifenden Verstandesgebrauch hat, ihren eigenen Wert und Einfluß sicher bestimmen könne."

215 Zu dieser Diskussion (allerdings vor allem im Zusammenhang mit den *Metaphysischen Anfangsgründen der Naturwissenschaft)* vgl. Friedman (1992a) und (dazu kritisch) Kitcher (1996).

Literaturverzeichnis

Adickes, Erich (1920): Kants Opus postumum dargestellt und beurteilt, Berlin
– (1922): Zur Lehre von der Wärme von Fr. Bacon bis Kant, in: Kant-Studien 27, 328-368
– (1924 f): Kant als Naturforscher, Berlin, 2 Bde

Baader, Franz Xaver von (1987): Sämtliche Werke. Systematisch geordnete, vollständige Ausgabe, hg. von F. Hoffmann, 2. Nachdruck der Ausgabe Leipzig 1852, 15 Bde (Über das pythagoräische Quadrat in der Natur oder die vier Weltgegenden, Tübingen bei Cotta 1798, in: 3. Band.: Gesammelte Schriften zur Naturphilosophie, 247-268)
Beck, Lewis White (1981): Über die Regelmäßigkeit der Natur bei Kant, in: dialectica, vol 35, Fasc. 1-2, 42-56
Bennett, Jonathan (1966): Kant's Analytic, Cambridge
Blasche, Siegfried (Hg.) (1991): Übergang: Untersuchungen zum Spätwerk Immanuel Kants, Frankfurt am Main
– (1991): Vorbemerkung, in: ders. (Hg.), vii-xxvi
Bonsiepen, Wolfgang (1997): Die Begründung der Naturphilosophie bei Kant, Schelling, Fries und Hegel, Frankfurt am Main
Brandt, Reinhard (1991): Kants Vorarbeiten zum Übergang von der „Metaphysik der Natur zur Physik". Probleme der Edition, in: S. Blasche (Hg.), 1-28
– (1999): Die „Krause-Papiere", in: Staatsbibliothek zu Berlin. Preußischer Kulturbesitz. Mikrofiche-ausgabe von Tilo Brandis: Immanuel Kant. Opus postumum. Berlin, 11-28
Broad, Charlie Dunbar (1978): Kant. An Introduction, ed. C. Levy, Cambridge
Brittan, Gordon G. (1978): Kant's Theory of Science, Princeton
Buchdahl, Gerd (1984): Zum Verhältnis von allgemeiner Metaphysik der Natur und besonderer metaphysischer Naturwissenschaft bei Kant, in: B. Tuschling (Hg.): Probleme der ‚Kritik der reinen Vernunft', Berlin, 97-142
– (1992): Kant and the Dynamics of Reason: Essay on the Structure of Kant's Philosophy, Oxford
Butts, Robert E. (Ed.) (1986): Kant's Philosophy of Physical Science. Metaphysische Anfangsgründe der Naturwissenschaft 1786-1986, Dordrecht/ Boston/ Lancaster/Tokyo
– (1986): The Methodological Structure of Kant's Metaphysics of Science, in: ders. (Ed.), 127-162

Carrier, Martin (1990): Kants Theorie der Materie und ihre Wirkung auf die zeitgenössische Chemie, in: Kant-Studien 81, 170-210
– (1991): Kraft und Wirklichkeit. Kants späte Theorie der Materie, in: S. Blasche (Hg.), 208-230
– (1992): Kant's Relational Theory of Absolute Space, in: Kant-Studien 83, 399-416
– (2001a): Kant's Mechanical Determination of Matter in the Metaphysical Foundations of Natural Science, in: E. Watkins (Ed.), 117-135
– (2001b): Kant's Theory of Matter and his Views on Chemistry, in: E. Watkins (Ed.), 205-230
Cramer, Konrad (1985): Nicht-reine synthetische Urteile a Priori: Ein Problem der Transzendentalphilosophie Immanuel Kants, Heidelberg

Dobbs, Betty Jo Teeter (1991): The Janus faces of genius. The role of alchemy in Newton's thought, Cambridge
Dryer, Douglas Poole (1966): Kant's Solution for Verification in Metaphysics, Toronto
Duncan, Howard (1986): Kant's Methodology: Progress beyond Newton?, in: R.E. Butts (Ed.), 273-306

Edwards, Jeffrey (1991): Der Ätherbeweis des Opus Postumum und Kants 3. Analogie der Erfahrung, in: S. Blasche (Hg.), 77-104
– (2000): Substance, Force and the Possibility of Knowledge. On Kant's Philosophy of Material Nature, Berkeley/Los Angeles/London
Emundts, Dina (2000): Warum musste Kant noch ein Werk schreiben?, in: dies. (Hg.): Immanuel Kant und die Berliner Aufklärung, Wiesbaden, 190-212
– (2001): Das Problem der Organismen in Kants *Kritik der Urteilskraft* und im Nachlasswerk, in: V. Gerhardt/R.-P. Horstmann/R. Schumacher (Hg.): Kant und die Berliner Aufklärung. Akten des IX. Internationalen Kant-Kongresses, Berlin, Bd. 4, 503-512

Falkenburg, Brigitte (1987): Die Form der Materie: Zur Metaphysik der Natur bei Kant und Hegel, Frankfurt am Main
– (2000): Kants Kosmologie. Die wissenschaftliche Revolution der Naturphilosophie im 18. Jahrhundert. Frankfurt am Main
Förster, Eckart (1989): Kant's Notion of Philosophy, in: Monist 72, 285-304
– (1991): Die Idee des Übergangs. Überlegungen zum Elementarsystem der bewegenden Kräfte, in: S. Blasche (Hg.), 28-48
– (1993): Introduction in: Immanuel Kant. Opus postumum. Edited, with an introduction and notes by E. Förster. Translated by E. Förster and M. Rosen, Cambridge, xv-lv

– (2000): Kant's Final Synthesis. An Essay on the *Opus postumum*, Cambridge, Massachusetts/London, England
– (2001a): Kants Materietheorie im Lichte der Kritik Schellings, in: R. Schumacher (Hg.): Idealismus als Theorie der Repräsentation? Paderborn, 339-355
– (2001b): Kants Philosophische Konstruktion, in: V. Gerhardt/R.-P. Horstmann/R. Schumacher (Hg.): Kant und die Berliner Aufklärung. Akten des IX. Internationalen Kant-Kongresses, Berlin, Bd. 1, 172-184
Franzwa, Gregg E. (1978): Space and the Schematism, in: Kant-Studien 69, 149-159
Friedman, Michael (1986): The Metaphysical Foundations of Newtonian Science, in: R.E. Butts (Ed.), 25-60
– (1992a): Kant and the Exact Sciences, Cambridge, Mass
– (1992b): Causal Law and the Foundation of Natural Sciences, in: P. Guyer (Hg.): The Cambridge Companion to Kant, Cambridge, 161-199
– (2001a): Kant on Science and Experience, in: V. Gerhardt/R.-P. Horstmann/R. Schumacher (Hg.): Kant und die Berliner Aufklärung. Akten des IX. Internationalen Kant-Kongresses, Berlin, Bd. 1, 233-245
– (2001b): Matter and Motion in the *Metaphysical Foundations* and the First *Critique*: The Empirical Concept of Matter and the Categories, in: E. Watkins (Ed.), 53-69

Gehler, Johann Samuel Traugott (1785 ff): Physicalisches Wörterbuch oder der Versuch einer Erklärung der vornehmsten Begriffe und Kunstwörter der Naturlehre, 4 Bde und ‚Supplemente von A-Z', Leipzig
Gloy, Karen (1976): Die Kantische Theorie der Naturwissenschaft. Eine Strukturanalyse ihrer Möglichkeit, ihres Umfangs und ihrer Grenzen, Berlin
Guyer, Paul (1991): Kant's Ether Deduction and the Possibility of Experience, in: G. Funke (Hg.): Akten des Siebenten Internationalen Kant-Kongresses, Bonn, 119-132

Harman, Peter M. (1983): Force and Inertia: Euler and Kant's *Metaphysical Foundations of Natural Science*, in: W.R. Shea (Ed.): Nature Mathematized. Historical and Philosophical Case Studies in Classical Modern Natural Philosophy, Dordrecht/Boston/London, vol. I, 229-249
Hegel, Georg Wilhelm Friedrich (1968 ff): Gesammelte Werke. Hg. von der Rheinisch-westfälischen Akademie der Wissenschaften. Hamburg (21. Bd.: Wissenschaft der Logik)
Hoppe, Hansgeorg (1969): Kants Theorie der Physik. Eine Untersuchung über das Opus postumum von Kant, Frankfurt am Main
Horstmann, Rolf-Peter (1997): Zweckmäßigkeit als transzendentales Prinzip – ein Problem und keine Lösung, in: ders.: Bausteine kritischer Philosophie, Bodenheim bei Mainz, 165-181

– (erscheint 2004): Unity of Reason against Diversity of Life. The Idea of a System in Kant and in 19th Century Philosophy, in: A. Wood (Ed.): Cambridge History of Philosophy in the 19th Century, Cambridge
– (unveröffentlichtes Manuskript): Skepsis – Die nachkantischen Optionen in der Skeptizismusdiskussion

Kant, Immanuel (1900 ff): *Kant's Gesammelte Schriften*, Hg. von der Preußischen Akademie der Wissenschaften, Berlin
Kitcher, Philip (1986): Projecting the Order of Nature, in: R.E. Butts (Ed.), 201-235
– (1996): Aprioristic Yearnings. A Critical Discussion. [Rezension zu M. Friedman 1992a], in: Erkenntnis 44, 397-416
Kötter, Rudolf (1991): Kants Schwierigkeiten mit der Physik. Ansätze zu einer problemorientierten Interpretation seiner späten Schriften zur Philosophie der Natur, in: S. Blasche (Hg.), 157-184

Landau, Albert (Hg.) (1991): Rezensionen zur Kantischen Philosophie, 1781-87, Bebra
Lehmann, Gerhard (1939): Kants Nachlaßwerk und die Kritik der Urteilskraft. Neudruck (1968) in: Beiträge zur Geschichte und Interpretationen der Philosophie Kants, Berlin, 295-373.
Longuenesse, Béatrice (2001): Kant über den Satz vom Grund, in: V. Gerhardt/R.-P. Horstmann/R. Schumacher (Hg.): Kant und die Berliner Aufklärung. Akten des IX. Internationalen Kant-Kongresses, Berlin, Bd. 1, 66-85

Malzkorn, Wolfgang (1998): Kant über die Teilbarkeit der Materie, in: Kant-Studien 89, 385-409
Mathieu, Vittorio (1967): Äther und Organismus in Kants „Opus Postumum", in: H. Heimsoeth/D. Henrich/G. Tonelli (Hg.): Studien zu Kants Philosophischer Entwicklung, Hildesheim, 184-191
– (1989): Kants Opus postumum, hg. von Gerd Held, Frankfurt am Main
McEvoy, John G. (1988): The Enlightenment and the Chemical Revolution, in: R.S. Woolhouse (Ed.): Metaphysics and Philosophy of Science in Seventeenth and Eighteenth Centuries. Essays in honour of Gerd Buchdahl, Dordrecht/ Boston/ London, 307-325
McLaughlin, Peter (1989): Kants Kritik der teleologischen Urteilskraft, Bonn
Mudroch, Vilem (1987): Kants Theorie der physikalischen Gesetze, Berlin

Parsons, Charles (1984): Remark on Pure Natural Science, in: A. Wood (Ed.): Self and Nature and Kant's Philosophy, Ithaca, 216-227
Paton, Herbert J.. (1936): Kant's Metaphysic of Experience. 2 Bde, New York (Reprint: London 1970)

Plaaß, Peter (1965): Kants Theorie der Naturwissenschaft, Göttingen
Pollok, Konstantin (2001): Kants „Metaphysische Anfangsgründe der Naturwissenschaft". Ein kritischer Kommentar, Hamburg
– (2002): "Fabricating a World in Accordance with mere Fantasy..." The Origins of Kant's Critical Theory of Matter, in: Review of Metaphysics 56 (1), 61-97

Schäfer, Lothar (1966): Kants Metaphysik der Natur, Berlin
Schelling, Friedrich Wilhelm Joseph von (1857 ff): Schelling's sämmtliche Werke, hg. von K. F. A. Schelling, Stuttgart (Ideen zu einer Philosophie der Natur (1797), in: II. Band, 75-343; Erster Entwurf eines Systems der Naturphilosophie (1799), in: III. Band, 1-268; Allgemeine Deduktion des dynamischen Prozesses oder der Kategorien der Physik (1800), in: IV. Band, 1-78)
Schulze, Stefan (1994): Kants Verteidigung der Metaphysik, Marburg
Stark, Werner (1991): Loses Blatt Leipzig I, Transkription und Bemerkungen, in: S. Blasche (Hg.), 146-156
– (1993): Nachforschungen zu Briefen und Handschriften Immanuel Kants, Berlin

Tharakan, Jacob (1993): Metaphysische Anfangsgründe der Naturwissenschaft. Zur Kantischen Arbeit an der Theorie des Übergangs von der Metaphysik zur Physik, Stuttgart
Theunissen, Michael (erscheint 2004): Artikel ‚Zwischen' in: Historisches Wörterbuch der Philosophie, 13. Bd, hg. von J. Ritter/G. Gabriel/K. Gründer, Darmstadt
Thöle, Bernhard (2000): Die Einheit der Erfahrung, in: R. Enskat (Hg.): Erfahrung und Urteilskraft, Würzburg, 113-134
Tuschling, Burkhard (1968): Metaphysische und transzendentale Dynamik in Kants opus postumum, Marburg/Lahn (Die Arbeit ist 1971 bei Walter de Gruyter, Berlin, im Buchhandel erschienen)
– (1989): Apperception and Ether: On the Idea of a Transcendental Deduction of Matter in Kant's *Opus postumum*, in: E. Förster (Ed.): Kant's Transcendental Deductions. The Three 'Critiques' and the 'Opus postumum', Stanford, 193-216

Vasconi, Paola (2001): Fragen der Datierung des *Opus postumum* im Verhältnis zur chemischen Revolution Lavoisiers, in: V. Gerhardt/R.-P. Horstmann/R. Schumacher (Hg.): Kant und die Berliner Aufklärung. Akten des IX. Internationalen Kant-Kongresses, Berlin, Bd. 4, 658-666
Vuillemin, Jules (1955): Physique et metaphysique Kantiennes, Paris
– (1989): Kant's ‚Dynamics': Comments on Tuschling and Förster, in: E. Förster (Ed.): Kant's Transcendental Deductions: The Three 'Critiques' and the 'Opus postumum', Stanford, 239-247

Walker, Ralph C. S. (1974): The Status of Kant's Theory of Matter, in: L. W. Beck (Ed.): Kant's Theory of Knowledge, Selected Papers from the Third International Kant Congress, Dordrecht, 591-596

Washner, Renate (1981): Das Aktive und das Passive, Berlin

Watkins, Eric (1997): Kant's Third Analogy of Experience, in: Kant-Studien 88, 406-441

– (Ed.) (2001): Kant and the Sciences, New York

Weber, Jürgen (1998): Begriff und Konstruktion. Rezeptionsanalytische Untersuchungen zu Kant und Schelling, Göttingen

Westphal, Kenneth R. (1995): Kant's Dynamical Constructions, in: Journal of Philosophical Research 20, 382-429

Wolff, Michael (1981): Der Begriff des Widerspruchs. Eine Studie zur Dialektik Kants und Hegels, Hain

Wolff-Metternich, Brigitta-Sophia von (1995): Die Überwindung des mathematischen Erkenntnisideals. Kants Grenzbestimmung von Mathematik und Philosophie, Berlin

Wong, Wing-Chun (2001): On the Idea of an Ether-Deduction in the Opus postumum, in: V. Gerhardt/R.-P. Horstmann/R. Schumacher (Hg.): Kant und die Berliner Aufklärung. Akten des IX. Internationalen Kant-Kongresses, Berlin, Bd. 4, 676-684

Personenregister

Bei Fragen zur Produktsicherheit wenden Sie sich bitte an:
If you have any questions regarding product safety, please contact:

Walter de Gruyter GmbH
Genthiner Straße 13
10785 Berlin
productsafety@degruyterbrill.com